U0295598

能源与环境出版工程

总主编　翁史烈

上海科技专著出版资金资助

环境空气$PM_{2.5}$监测、预报与公众信息服务

Ambient $PM_{2.5}$ Monitoring, Forecasting, and Public Information Service

伏晴艳　王东方　张懿华　编著

内容提要

本书立足于$PM_{2.5}$监测、预报及信息发布的业务工作需求，在介绍$PM_{2.5}$的基本概念、物化特征及环境影响的基础上，以$PM_{2.5}$监测工作的业务化流程为主线，重点阐述$PM_{2.5}$手工监测及自动监测的技术方法体系，$PM_{2.5}$环境空气监测站点的选址及监测网络的设计和优化方法，$PM_{2.5}$监测的质量控制和质量保证体系，$PM_{2.5}$数据统计和评价方法，$PM_{2.5}$预报技术与预警方案以及空气质量公众信息发布系统。本书力求涵盖国内外最新、最全面的$PM_{2.5}$监测技术，并针对我国空气质量预报工作的现状总结了目前国内外应用较为广泛的$PM_{2.5}$预报技术手段与方法，以期为环境监测和管理部门的工作人员提供业务指导。

图书在版编目(CIP)数据

环境空气$PM_{2.5}$监测、预报与公众信息服务/伏晴艳，王东方，张懿华编著. —上海:上海交通大学出版社，2016

(能源与环境出版工程)

ISBN 978-7-313-13949-8

Ⅰ.①环… Ⅱ.①伏…②王…③张… Ⅲ.①可吸入颗粒物-空气污染监测

Ⅳ.①X831

中国版本图书馆CIP数据核字(2015)第242451号

环境空气$PM_{2.5}$监测、预报与公众信息服务

编　　著：伏晴艳　王东方　张懿华

出版发行：上海交通大学出版社　　地　　址：上海市番禺路951号

邮政编码：200030　　电　　话：021-64071208

出 版 人：韩建民

印　　制：上海天地海印刷有限公司　　经　　销：全国新华书店

开　　本：787mm×1092mm 1/16　　印　　张：13.5

字　　数：256千字

版　　次：2016年3月第1版　　印　　次：2016年3月第1次印刷

书　　号：ISBN 978-7-313-13949-8/X

定　　价：68.00元

能源与环境出版工程
丛书学术指导委员会

能源与环境出版工程
丛书编委会

总　　序

能源是经济社会发展的基础，同时也是影响经济社会发展的主要因素。为了满足经济社会发展的需要，进入21世纪以来，短短十年间(2002—2012年)，全世界一次能源总消费从96亿吨油当量增加到125亿吨油当量，能源资源供需矛盾和生态环境恶化问题日益突显。

在此期间，改革开放政策的实施极大地解放了我国的社会生产力，我国国内生产总值从10万亿元人民币猛增到52万亿元人民币，一跃成为仅次于美国的世界第二大经济体，经济社会发展取得了举世瞩目的成绩！

为了支持经济社会的高速发展，我国能源生产和消费也有惊人的进步和变化，此期间全世界一次能源的消费增量28.8亿吨油当量竟有57.7%发生在中国！经济发展面临着能源供应和环境保护的双重巨大压力。

目前，为了人类社会的可持续发展，世界能源发展已进入新一轮战略调整期，发达国家和新兴国家纷纷制定能源发展战略。战略重点在于：提高化石能源开采和利用率；大力开发可再生能源；最大限度地减少有害物质和温室气体排放，从而实现能源生产和消费的高效、低碳、清洁发展。对高速发展中的我国而言，能源问题的求解直接关系到现代化建设进程，能源已成为中国可持续发展的关键！因此，我们更有必要以加快转变能源发展方式为主线，以增强自主创新能力为着力点，规划能源新技术的研发和应用。

在国家重视和政策激励之下，我国能源领域的新概念、新技术、新成果不断涌现；上海交通大学出版社出版的江泽民学长著作《中国能源问题研究》(2008年)更是从战略的高度为我国指出了能源可持续的健康发展之路。为了“对接国家能源可持续发展战略，构建适应世界能源科学技术发展趋势的能源科研交流平台”，我们策划、组织编写了这套“能源与环境出版工程”丛书，其目的在于：

一是系统总结几十年来机械动力中能源利用和环境保护的新技术新成果；

二是引进、翻译一些关于“能源与环境”研究领域前沿的书籍，为我国能源与环境领域的技术攻关提供智力参考；

三是优化能源与环境专业教材，为高水平技术人员的培养提供一套系统、全面的教科书或教学参考书，满足人才培养对教材的迫切需求；

四是构建一个适应世界能源科学技术发展趋势的能源科研交流平台。

该学术丛书以能源和环境的关系为主线，重点围绕机械过程中的能源转换和利用过程以及这些过程中产生的环境污染治理问题，主要涵盖能源与动力、生物质能、燃料电池、太阳能、风能、智能电网、能源材料、大气污染与气候变化等专业方向，汇集能源与环境领域的关键性技术和成果，注重理论与实践的结合，注重经典性与前瞻性的结合。图书分为译著、专著、教材和工具书等几个模块，其内容包括能源与环境领域内专家们最先进的理论方法和技术成果，也包括能源与环境工程一线的理论和实践。如钟芳源等撰写的《燃气轮机设计》是经典性与前瞻性相统一的工程力作；黄震等撰写的《机动车可吸入颗粒物排放与城市大气污染》和王如竹等撰写的《绿色建筑能源系统》是依托国家重大科研项目的新成果新技术。

为确保这套“能源与环境”丛书具有高品质和重大的社会价值，出版社邀请了杜祥琬院士、黄震教授、王如竹教授等专家，组建了学术指导委员会和编委会，并召开了多次编撰研讨会，商谈丛书框架，精选书目，落实作者。

该学术丛书在策划之初，就受到了国际科技出版集团 Springer 和国际学术出版集团 John Wiley & Sons 的关注，与我们签订了合作出版框架协议。经过严格的同行评审，Springer 首批购买了《低铂燃料电池技术》(*Low Platinum Fuel Cell Technologies*)，《生物质水热氧化法生产高附加值化工产品》(*Hydrothermal Conversion of Biomass into Chemicals*)和《燃煤烟气汞排放控制》(*Coal Fired Flue Gas Mercury Emission Controls*)三本书的英文版权，John Wiley & Sons 购买了《除湿剂超声波再生技术》(*Ultrasonic Technology for Desiccant Regeneration*)的英文版权。这些著作的成功输出体现了图书较高的学术水平和良好的品质。

希望这套书的出版能够有益于能源与环境领域里人才的培养，有益于能源与环境领域的技术创新，为我国能源与环境的科研成果提供一个展示的平台，引领国内外前沿学术交流和创新并推动平台的国际化发展！

翁史烈

2013 年 8 月

序

自2012年正式颁布《环境空气质量标准(GB 3095—2012)》以来，在近四年内，环境空气中$PM_{2.5}$自动监测和手工监测在我国迅速发展，空气质量指数(AQI)自动监测网络已涵盖全国321个城市近1 400个点位，多个城市开展了$PM_{2.5}$源解析手工监测，不同类型的超级站先后建成。2014年底前后，京津冀、长三角和珠三角区域空气质量预测预报中心初步建成，2015年10月，针对新修订的空气质量标准省级空气质量预报工作全面实现，$PM_{2.5}$的监测、预报和公众信息服务已成为我国环境监测工作的首要任务。从环境空气中$PM_{2.5}$监测到预测预报，从日常环境空气质量信息发布到重大活动预警保障，我国环境监测部门的技术人员为我国环境保护事业的快速进步付出了艰辛、富有成效的努力。然而，与不断增长的环境监测业务需求相比，对应的技术储备显得尤为薄弱。相应的方法标准和技术体系亟待完善，$PM_{2.5}$的自动和手工监测的质量控制和保证体系急需改进，刚刚起步的环境空气质量信息服务尚无经验可循，环境监测数据的应用和重污染日预测、预报、预警等能力均亟待提高。

环境空气中$PM_{2.5}$监测、预报和公众信息服务涉及环境科学、环境工程和技术、空气污染气象学、管理学和社会学多个学科领域，编著相应的技术方法不仅需要对有关领域有广泛和深入的认识与理解，同时还要具有业务实践的亲身经验。在大气环境监测领域内，上海市环境监测中心的年轻团队显得尤为突出，富有朝气且充满创新精神，我很欣慰见证了他们伴随着中国环境监测事业发展而逐步成长。2003年，上海建成首个城市等级大气污染物排放清单，2010年成功保障世博会空气质量预警监测，2012年实现$PM_{2.5}$自动监测和实时信息发布，2014年正式成立长三角区域空气质量预测预报中心，2015年发布$PM_{2.5}$源解析结果。通过归纳提炼多年业务实践和科研成果，该书总结了近年来我国 $PM_{2.5}$ 监测、预报和公众服务研究领域的最新进展，为环境监测同行和相关研究人员提供了一本较为全面的专业指导参考书。该书内容丰富，实用性和科学性兼备，相信该书的出版，将对指导我国 $PM_{2.5}$ 监测相关业务的开展、提高监测技术人员业务水平起到积极推动作用。

2015 年 12 月

前　　言

随着我国工业化和城市化的快速发展，发达国家经历了上百年的环境污染问题在我国经济较发达地区二三十年内集中爆发，使得我国的大气污染问题呈现压缩性、复合型、区域化的态势。

近年来，我国中东部大范围的雾霾污染过程更是引起了政府部门、社会公众及媒体的高度关注。而作为雾霾污染的核心污染物——细颗粒物 $PM_{2.5}$ 更是成为家喻户晓的专业名词。大气细颗粒物 $PM_{2.5}$ 因其复杂的理化特征、形成机制及其来源，也成为国际大气环境领域的研究热点和前沿。

国外发达国家从20世纪90年代后期陆续开始了 $PM_{2.5}$ 的业务化监测和预报工作，我国于2012年发布了新版《环境空气质量标准》(GB 3095—2012)，并逐步探索开展 $PM_{2.5}$ 的业务化监测和预报工作。$PM_{2.5}$ 的业务化监测工作刚刚起步，监测方法及质控质保体系均有待完善；预报工作尚处于探索发展期，规范性预报技术体系、业务化的预报会商制度，均有待逐步建立完善。另外，$PM_{2.5}$ 的信息发布工作，既是一项专业技术工作，也是一项社会服务工作，如何做好环境信息发布的公众服务，促进全社会参与环境保护正是当前业务部门需要面对的紧要问题。

因此，针对 $PM_{2.5}$ 的监测、预报及信息发布的广泛业务需求，同时为了促进环境监测领域的技术发展和专业人才培养，作者总结研究团队多年来的环境空气质量监测技术成果以及空气质量预测预报和公众信息服务的经验编写了此书。

全书分8章，主要内容包括：$PM_{2.5}$ 的基本概念、特征及环境影响，$PM_{2.5}$ 的手工监测及自动监测的技术方法体系，$PM_{2.5}$ 以及环境空气监测站点的选址及监测网络的设计和优化方法，$PM_{2.5}$ 监测的质量控制和质量保证体系，$PM_{2.5}$ 数据统计及评价，$PM_{2.5}$ 预报预警及公众信息服务。全书以 $PM_{2.5}$ 监测工作的业务化流程为主线，力求系统、全面地介绍业务化工作的全过程，以期为环境监测和管理部门的工作人员提供业务指导，同时为环境领域的相关研究人员提供技术参考。

本书由伏晴艳、王东方、张懿华策划并统稿。第1章由张懿华、段玉森执笔；第2章由胡鸣、张懿华执笔；第3章由王东方、霍俊涛、林燕芬、王晓浩执笔；第4章由赵倩彪、黄嫣旻执笔；第5章由吴迓名、胡鸣执笔；第6章由黄嫣旻、赵倩彪执笔；第7章由王茜、霍俊涛、伏晴艳执笔；第8章由陆涛、易敏、夏晓玲执笔。感谢相关仪器公司在编写过程中提供的信息和资料。作者对上海交通大学出版社的支持和杨迎春编辑的悉心审核与加工衷心致谢。

由于我国 $PM_{2.5}$ 的监测、预测预报和公众信息服务等相关业务化工作仍处于探索起步阶段，鉴于作者能力有限，书中存在的不足之处，敬请同行专家和各界读者指正。

目　录

第1章 绪 论

大气是包围在地球周围的一层气体，其中与人类生活密切相关的是紧靠地球表面15～20 km的对流层，而环境空气通常是指近地面的几百米至几千米的空气层，也是环境空气监测所代表的范围。从组成来看，大气中除了各类气体的混合物之外，还包含了水汽和少量杂质。大气颗粒物(particulate matter, PM)作为大气污染物的一类，在大气中的含量甚微，但随着人类对大气环境研究的不断深入，却越来越受到科学家和环境工作者的重视。大气颗粒物不同于气态的大气污染物，它是由悬浮于空气中的液体或固体微粒组成的混合体，因此无法用化学式进行表达，但颗粒物对人体健康、能见度、酸沉降、大气辐射平衡、成云过程乃至全球气候变化都有重要影响。

与粒径较大的粗颗粒相比，细颗粒物 $PM_{2.5}$ 对暴露人群的健康危害更大，同时在大气中的生命周期更长，对于大气环境的影响更为深远，这也是近年来研究和监测重点逐步转向细颗粒物的原因。本章主要介绍 $PM_{2.5}$ 的相关基本概念、理化特性、源汇机制及其对大气环境的影响。

1.1 $PM_{2.5}$的定义

《环境空气质量标准》(GB 3095—2012)中明确将 $PM_{2.5}$ 定义为“空气动力学当量直径小于等于2.5 μm的颗粒物，也称细颗粒物”。由于空气中的颗粒物没有统一的形态和成分，且颗粒物的物理化学性质与它的大小(又称粒径)密切相关，因此以颗粒物粒径作为划分颗粒物类别的依据[1]。

空气中的颗粒呈不规则形状，研究中多采用较为简单的等效直径办法来度量颗粒物的大小。将颗粒物假设成几何球体，根据不同的测量方法和研究目的，通过物理、光学或动力学性质的等效可以得到体积等效直径、光学等效直径和空气动力学等效直径等。标准中已确定将动力学当量(等效)直径作为 $PM_{2.5}$ 粒径的度量方法，因此本书着重介绍空气动力学等效直径的定义、计算和测量。

所谓空气动力学等效直径，是指所研究的不规则形状粒子与单位密度直径为 D_p 的球形粒子具有相同的空气动力学效应，则定义 D_p 为该粒子的空气动力学等效直径，即指密度为1 g/cm^3 的球体在静止空气中做低雷诺数运动时，达到与所研究粒子相同的最终沉降速度时的直径。这种粒径度量方式着重反映的是粒子大小与沉降速率的关系，与粒子的一些性质与行为有着紧密联系，例如粒子在空气中的停留时间，粒子对能见度的影响程度，粒子在人体呼吸道中的沉积部位等。空气动力学直径 D_p 可由下式计算得到：

$$D_p = D_g K \sqrt{\frac{\rho_p}{\rho_0}} \tag{1-1}$$

式中：D_g 为粒子的几何直径；ρ_p 为忽略浮力效应的粒子密度；ρ_0 为参考密度（$\rho_0 = 1\ g/cm^3$）；K 为形状系数，当粒子为球形时，$K = 1.0$。

从式(1-1)可见，球形粒子的密度对于动力学等效直径是有影响的。当粒子密度较大时，粒子的动力学等效直径会大于几何直径，但由于空气中的粒子密度基本上≤10，因此粒子的动力学等效直径与几何直径的差值在3以内。

常见的测量颗粒物的设备中，根据惯性原理设计的撞击式测量仪以及根据带电粒子的迁移速率与粒子尺度关系设计的粒径测量仪测量的粒子直径均为空气动力学直径。需要指出的是，现实中的监测设备无法完美地将空气动力学直径小于等于 2.5 μm 的细颗粒物从空气中悬浮的总颗粒物中分离开，因此通过对不同切割效率的切割粒径加以限制，对 $PM_{2.5}$ 采样设备的切割器进行规范化。国家环保部颁布的《环境空气颗粒物（PM_{10} 和 $PM_{2.5}$）采样器技术要求及检测方法》（HJ 93—2013）中提出两条切割性能指标，即 50% 切割粒径：$D_{a50} = (2.5 \pm 0.2)\ \mu m$；捕集效率的几何标准偏差：$\sigma_g = 1.2 \pm 0.1$，具体内容参见标准 HJ 93—2013。

$PM_{2.5}$ 因其粒径太小而无法被人类肉眼看见。它的直径相当于人类头发直径的 1/20～1/30。自然界中常见的雨滴、雾滴以及沙尘颗粒粒径基本大于 2.5 μm，而与 $PM_{2.5}$ 粒径相当的是细菌以及燃烧产生的烟尘（见图 1-1）[2]。

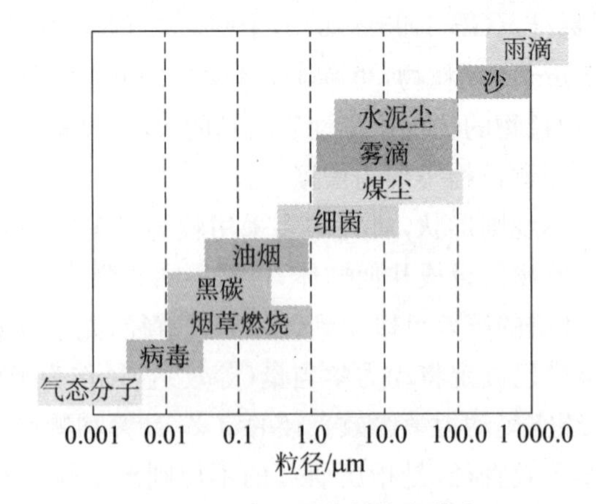

图 1-1 常见颗粒的粒径分布

1.2 $PM_{2.5}$的基本特征

1.2.1 形貌

$PM_{2.5}$是从粒径上定义的一类颗粒物的混合体，因此它的形貌特征多样。例如，研究发现液体颗粒的形状一般接近球形，而固体颗粒的形貌多呈不规则状，有链状、片状、晶体状等（见图 1－2）[3－5]。一些特定来源形成的 $PM_{2.5}$具有独特的形貌特征，因此通过对 $PM_{2.5}$颗粒的显微观察，可以初步定性判断部分细颗粒物的来源。

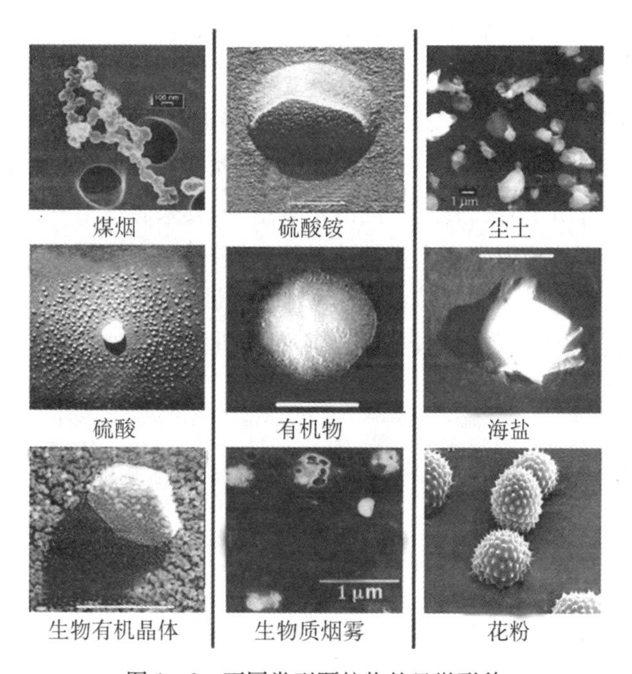

图 1－2 不同类型颗粒物的显微形貌

燃烧源产生的烟尘通常以碳粒聚集体（soot）为主，并且以链状的形式存在，形貌特征明显，其单个颗粒为球形或椭圆形的超细粒子，产生后聚集呈链状，若进一步老化则会形成团絮状物质。来自尘土、海盐、生物有机体等自然来源的细颗粒多以晶体状存在，而如细菌或植物孢粉之类的生物源颗粒一般会具有特殊的形态和成分。单纯的硫酸或硫酸铵是以近似液滴的状态存在于空气中的，因此呈规则的球形状。

由于空气中的细颗粒物并不是来自单一的排放源，因此不同来源和不同形态的颗粒物往往以外部混合或者内部混合的形式结合在一起，例如燃料燃烧产生的黑碳或者碳质化合物在适宜的条件下，被气态前体物形成的硫酸盐、硝酸盐等包裹，形成混合特质的颗粒。一般而言，存在时间越长、老化程度越高的颗粒物，其混合程度越高、形貌特征趋于复杂，对于这种类型的细颗粒物而言，微观形貌的观测手段对于颗粒物来源判断的作用十分有限。

1.2.2 化学组成

$PM_{2.5}$的化学组成十分复杂，是由许多不同的自然源和人为源排放的化学物质所构成的混合物，因此不同于其他气态污染物，$PM_{2.5}$无法用化学式表达。根据目前的研究结果，$PM_{2.5}$主要由以下几大类化学组分构成：水溶性离子、含碳组分和无机元素，在我国上述三类化学组分占 $PM_{2.5}$ 质量浓度的 50%～90%[6]，剩余的 $PM_{2.5}$受到检测手段的限制，无法确切知晓其化学组成。

化学组分的测定对于 $PM_{2.5}$的监测和研究来说都是十分重要的环节。对于不同的地区，排放源不同，尽管 $PM_{2.5}$的质量浓度接近，但是其化学组成会有很大差异（见图 1-3）[7,8]。在掌握一个地区 $PM_{2.5}$质量浓度变化特征的同时，更需要对其化学组分的构成有所了解。并且不同的化学组分，其来源也不一样，例如由二次污染物转化形成的颗粒物中含有大量的硫酸盐、硝酸盐和有机物等，来自地表土壤的颗粒物中地壳元素的含量相对较高，甚至某些痕量金属元素只来源于某几个特定污染源[9]。因此，化学组分的测定还能够帮助定性或定量地判断 $PM_{2.5}$的来源。

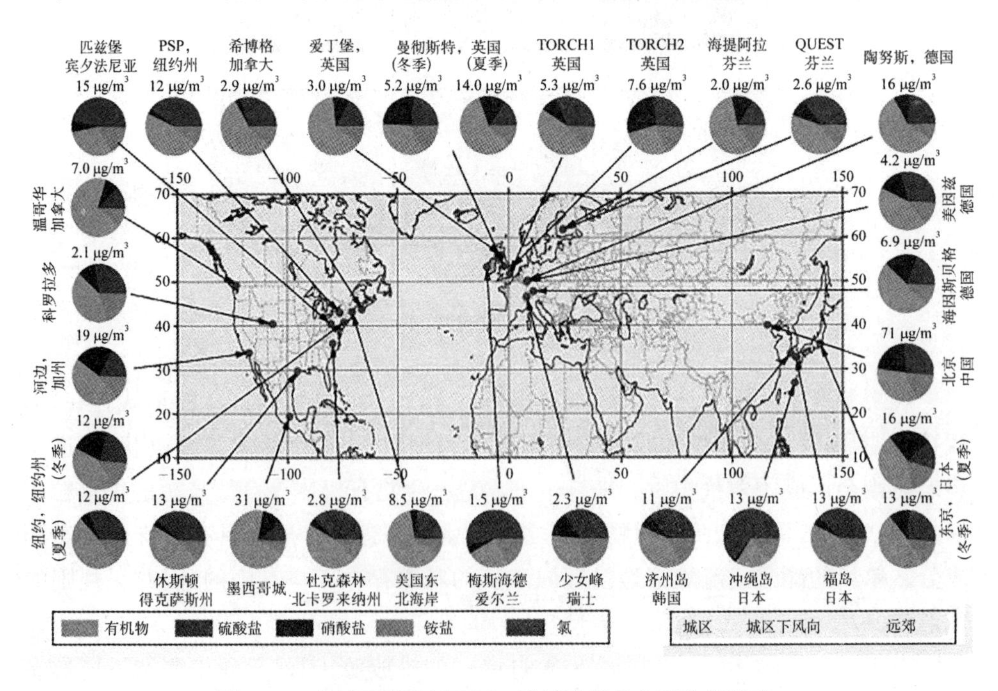

图 1-3 全球不同地区 $PM_{2.5}$质量浓度及主要化学组成

$PM_{2.5}$中的水溶性离子组分主要包括硫酸根(SO_4^{2-})、硝酸根(NO_3^-)、铵根(NH_4^+)、氯离子(Cl^-)、钾离子(K^+)、钠离子(Na^+)、钙离子(Ca^{2+})、镁离子(Mg^{2+})等。其中 SO_4^{2-}、NO_3^- 和 NH_4^+ 合称为 SNA,是 $PM_{2.5}$中水溶性离子的主要组成部分,也是其中主要的二次离子组分,即上述三种离子主要来自相应气态前体物 SO_2、NO_x 和 NH_3 的气粒转化反应,尤其是在城市地区 SNA 的一次来源几乎可以忽略不计[10, 11]。$PM_{2.5}$中 SNA 的浓度不仅与相关气态前体物的浓度有关,还受到温度和湿度等因素的影响。通常这三种离子以$(NH_4)_2SO_4$,NH_4HSO_4 和 NH_4NO_3 等形式存在。$(NH_4)_2SO_4$ 和 NH_4HSO_4 由硫酸与氨的不可逆反应生成,因此相对稳定,而 NH_4NO_3 具有强挥发性和不稳定性,环境温度、湿度和压力均会对 NH_4NO_3 的存在形式产生影响[12],例如有实验结果表明当温度低于 15℃时,NH_4NO_3 主要以颗粒态存在,当温度高于 30℃时,则以气态的 HNO_3 和 NH_3 存在[13]。除 SNA 外,其余的水溶性离子也有一些特定的来源指征性,如 K^+ 是生物质燃烧的特征标识物[14],当沙尘影响较大时 $PM_{2.5}$中 Ca^{2+} 浓度会上升[15],Na^+ 和 Cl^- 被认为是海盐中的主要组分[16]。需要指出的是,上述来源指征只能进行大致判断,因为可能存在其他特殊源对某种离子组分也有贡献,因此还需要综合多方面的数据和监测结果进行更准确的来源判断。

$PM_{2.5}$中的含碳组分主要包括有机碳(OC)和元素碳(EC)。上述含碳组分并不是严格意义上的化学组分,而是由实验室分析方法定义的某一类化学物质,具体可参见本书 2.6.3 节。OC 通常代表了颗粒有机物中的碳元素,包括烷烃类、芳香族化合物、脂肪族化合物和有机酸等,OC 的来源包括一次来源和二次来源两种,一次来源主要是指燃烧源直接排放的有机颗粒物,而二次来源主要来自空气中挥发性有机物(VOCs)和半挥发性有机物(SVOCs)的转化反应。EC 包括颗粒物中以单质形式存在的碳和少量难溶的高分子有机物中的碳,与 OC 不同,一般认为 EC 主要来自燃烧过程的一次排放,且由于 EC 具有良好的稳定性,因此研究中常将 EC 作为一次人为排放源的示踪物。除了 OC 和 EC,$PM_{2.5}$中还含有少量碳酸盐碳(CC),包括碳酸钾、碳酸钠、碳酸镁和碳酸钙等碳酸盐类,因其在 $PM_{2.5}$中的含量很低,所以通常都忽略不计,但有观测结果显示在沙尘暴期间颗粒物中的 CC 含量会有较大提升[17]。

随着化学分析方法的不断发展和进步,目前已能在 $PM_{2.5}$的含碳组分中进一步检测出数百种有机化合物,包括正构烷烃、正构烷酸、正构烷醛、脂肪族二元羧酸、双萜酸、芳香族多元羧酸、多环芳烃、多环芳酮、多环芳醌、甾醇化合物以及藿烷等。这些有机物同样来自一次源和二次源,一次源排放的有植物蜡、树脂、长链烃等,二次源转化的主要为带有多官能团的氧化态有机物。但是,人们对有机物的组成、浓度水平和形成机制的了解远不如无机组分,甚至目前能够检测出的有机物种类不到总有机物含量的 20%。因此颗粒物中的有机物是当前研究的热点和前沿,

并且有机物在 $PM_{2.5}$ 中虽然含量很低，但是其对污染来源的指征性更高，所以在颗粒物源解析的领域中也越来越多地将有机化学组分纳入其中[18-20]。

$PM_{2.5}$ 中另一类主要化学成分是种类繁多的地壳元素和痕量元素，目前已经发现的细颗粒物中的元素种类多达 70 余种。这些元素来自天然源和人为源，例如铝、硅、铁、钙等就是常见的地壳元素，而铅、砷、铬、镉、汞、镍、锌等有毒有害元素更多地来自化石燃料高温燃烧和工业加工过程。这些元素虽然来源不同，但均属于一次颗粒，因此 $PM_{2.5}$ 中元素含量的测定对于一次颗粒物的来源解析非常有帮助。

前面涉及的均是细颗粒物中的化学组分，大气中的粗颗粒物中同样也包含这几大类的化学物质，但因粗颗粒物的来源和形成机制与细颗粒物有较大不同，所以化学组成也有较大区别。与细颗粒物相比，粗颗粒物中的无机物含量相对较高，主要是由于海盐、地壳土壤、矿物等自然来源对粗颗粒的贡献更高，而细颗粒物中更易富集重金属、有机物等有毒有害的化学物质[21]，对人体危害更大。这也是为什么环境监测的重点逐步从原先的 PM_{10} 转移至 $PM_{2.5}$ 的重要原因之一。

1.2.3 光学特性

光的减弱作用包括两种方式，即散射与吸收，空气中的 $PM_{2.5}$ 颗粒可以同时通过这两种方式对太阳辐射的传输产生影响，使其传输方向和辐射强度发生改变，从而影响大气能见度，这种影响称为 $PM_{2.5}$ 的消光作用。$PM_{2.5}$ 的消光作用不仅与颗粒的粒径分布有关，还和颗粒物的化学组成、环境条件等相关，因此对颗粒物消光特性的研究也逐步从大气物理学拓展到大气化学领域，旨在更全面更准确地定量评估细颗粒物对能见度的影响程度。

根据 Beer-Lambert 定律，一束平行入射的光线穿过气溶胶颗粒后，其光强由 I 变为 I_0，两者之间存在下列关系：

$$I = I_0 e^{-\sigma_{ext} z} \tag{1-2}$$

式中：σ_{ext} 为气溶胶的消光系数，单位为 m^{-1}；z 是光线穿过气溶胶的路径长度，单位为 m；$\sigma_{ext} z$ 称为光学厚度、无量纲。

消光系数 σ_{ext} 可进一步分解为

$$\sigma_{ext} = \sigma_{ag} + \sigma_{ap} + \sigma_{sg} + \sigma_{sp} \tag{1-3}$$

式中：σ_{ag} 为气体的吸收系数；σ_{ap} 为颗粒物的吸收系数；σ_{sg} 为气体的散射系数；σ_{sp} 为颗粒物的散射系数。由式(1-3)可以看出，空气中的气体和颗粒物均存在吸收和散射作用，通常气体的散射作用相对于气溶胶而言可以忽略不计。

随着人们对 $PM_{2.5}$ 中化学组分与消光系数关系研究的不断深入，发现在众多的化学组成中硫酸盐、硝酸盐以及含碳组分是对颗粒物消光特性影响较大的主要组分[22]。其中硫酸盐、硝酸盐和部分有机物因具有较强的吸湿性，对颗粒物的光散射系数起主导作用，尤其是在环境相对湿度较高的条件下，这些二次组分会导致细颗粒发生吸湿增长，从而提高光散射效率[23]；而 $PM_{2.5}$ 中的 EC 是产生光吸收的主要组分，是颗粒物吸光系数 σ_{ap} 的主要贡献者[24]；此外相对湿度(RH)也会对消光系数产生影响，其主要通过影响颗粒物的粒径分布、形态以及折射率等特征间接地对颗粒物的消光特性产生影响[25]。

USEPA 在这些研究成果的基础上建立了化学消光系数的计算方法，即将消光系数分配给各相关的大气成分，基于这些成分的含量来计算总消光系数，也称消光收支分析[26]。这一方法的原理是基于所测量的能见度和气溶胶的光学性质参数，以及颗粒物中的各化学组分浓度，通过逐步回归获得各组分对消光贡献的经验参数，获得的经验参数可用于定量评估颗粒物中各化学组分对总消光系数的贡献比例。

美国 IMPROVE(Interagency Monitoring of Protected Visual Environment)观测网建立于 1988 年，旨在跟踪观测美国国家公园的能见度变化趋势以及能见度改善策略的制订。经过长期的 $PM_{2.5}$ 化学物种采样、粗颗粒物 $PM_{10-2.5}$(也称 PM_{coarse})浓度以及能见度观测，通过大量的数据积累建立了颗粒物消光系数 b_{ext} 的经验等式：

$$\begin{aligned} b_{ext}(\text{Mm}^{-1}) &= \sum \text{干消光系数}(\text{m}^2/\text{g}) \times \text{湿度系数} \times \text{化学物种浓度}(\mu\text{g/m}^3) \\ &= 3 \times f(\text{RH}) \times (\text{NH}_4)_2\text{SO}_4 + 3 \times f(\text{RH}) \times \text{NH}_4\text{NO}_3 + \\ &\quad 4 \times \text{OM} + 10 \times \text{EC} + 1 \times \text{Soil} + 0.6 \times \text{PM}_{10-2.5} + 10 \end{aligned} \tag{1-4}$$

式中：$f(RH)$ 为湿度修正因子，随相对湿度的增加而非线性增大；硫酸盐和硝酸盐假定以 $(NH_4)_2SO_4$ 和 NH_4NO_3 的形式存在，则 $[(NH_4)_2SO_4] = 1.375 \times [SO_4^{2-}]$，$[NH_4NO_3] = 1.29 \times [NO_3^-]$；OM 是通过 OC 浓度换算得到的有机物浓度；Soil 为矿物尘浓度；$PM_{10-2.5}$ 为粗颗粒物质量浓度；常数 10 表示洁净空气的本底消光系数。

经过不断修正与改进，IMPROVE 观测网对式(1-4)进行了进一步的细化，将化学组分根据含量进行拆分，同时不同组分的 $f(RH)$ 也有所差异，具体为

$$\begin{aligned} b_{ext} = {} & 2.2 \times f_S(\text{RH}) \times [\text{Small Sulfate}] + 4.8 \times f_L(\text{RH}) \times [\text{Large Sulfate}] + \\ & 2.4 \times f_S(\text{RH}) \times [\text{Small Nitrate}] + 5.1 \times f_L(\text{RH}) \times [\text{Large Nitrate}] + \\ & 2.8 \times [\text{Small OM}] + 6.1 \times [\text{Large OM}] + 10 \times \text{EC} + 1 \times \text{Soil} + \\ & 1.7 \times f_{SS}(\text{RH}) \times [\text{Sea Salt}] + 0.6 \times \text{PM}_{10-2.5} + \text{Rayleigh Scattering} + \\ & 0.33 \times [\text{NO}_2(\text{ppb})] \end{aligned} \tag{1-5}$$

与式(1-4)相比，式(1-5)中对硫酸盐、硝酸盐和有机物均进行了拆分，同时增加

了海盐的影响考虑和 NO_2 气体的吸光效应，本底的瑞利散射系数不再以常数表达，而是根据观测点位的不同而不同，具体参见 http://vista.cira.colostate.edu/IMPROVE/Publications/GrayLit/gray_literature.htm。

需要指出的是，式(1-4)和式(1-5)仅是针对美国 IMPROVE 观测网得出的经验等式，可能对于其他城市或地区并不一定适用，因此建议开展相关研究的城市或地区可根据当地的实际观测结果建立本地化的经验系数和计算等式，从而获得更贴近当地环境和气候条件的颗粒物消光特性。

我国关于 $PM_{2.5}$与能见度影响的研究由颗粒物质量浓度逐步扩展至颗粒物化学组分，但缺少 IMPROVE 网这样的系统观测网络，仍以零散的科学研究为主。在我国典型的北方城市北京和南方城市广州的观测研究表明，$PM_{2.5}$和 RH 是影响能见度的主要因子，当 $PM_{2.5} > 0.05$ mg/m^3 时，随着 $PM_{2.5}$ 的降低，能见度变化不明显；当 $PM_{2.5} < 0.05$ mg/m^3 时，随着 $PM_{2.5}$的降低，能见度迅速改善。因此在颗粒物治理的起始阶段，$PM_{2.5}$下降对能见度的改善效果不很明显，但当 $PM_{2.5}$降低到一定程度后，能见度的改善效果就非常显著了[27]。在天津开展的颗粒物组分消光贡献研究显示，小粒径颗粒对能见度的影响作用明显，随着能见度的降低，小粒径颗粒与大粒径颗粒浓度的比值明显增加，化学组分中 SO_4^{2-}、NO_3^-、OC 和 EC 对大气消光贡献平均值分别为 28.7%，6.1%，27.6%和 19.2%[28]。对 2009 年上海 $PM_{2.5}$化学组分的散射特性研究中，利用多元回归得到 OC、EC 和硫酸铵盐为估算消光系数的主要贡献成分，依据 IMPROVE 估算公式将 OC 分为吸湿性和非吸湿性部分，并加入海盐影响，使估算 b_{ext}值更接近监测值[29]。总体来看，我国关于细颗粒物光学特性的研究仍较少，应逐步由科学研究转向体系性监测，通过深入研究大气消光特性的关键性因素，从而为有效提升大气能见度提供科学支撑。

1.3 $PM_{2.5}$的源与汇

1.3.1 来源与形成

环境空气中 $PM_{2.5}$的来源可以分为天然源和人为源。天然源主要是指自然过程所形成的颗粒物排放，例如海浪飞沫产生的海盐颗粒、大风扬沙产生的沙尘等。人为源是指人类活动所形成的污染排放，来源相对较多，人们所从事的工业、农业活动以及社会生活活动都会排出各类与 $PM_{2.5}$相关的污染物。工业活动中所涉及的能源消耗、化石燃料燃烧以及金属加工制造等，农业活动中的土地开垦、露天燃烧秸秆等，生活中的机动车排放、餐饮烹调、涂料使用等均是 $PM_{2.5}$的来源。从全球尺度来看，$PM_{2.5}$的天然来源占主导地位[30]，并且在较长时间段内可以视为稳定的排放源。但是在人口密集的城市地区人为源的贡献远超天然源，尤其是工业革命后，人类社会飞速发展，随之而来的是大量排放的人为源颗粒物已显著增加全球气溶胶的平均含量[31]。

从形成过程来分，$PM_{2.5}$可以进一步分为一次颗粒物和二次颗粒物。一次颗粒物是直接从排放源以固体形式排出的颗粒物；二次颗粒物是由 SO_2，NO_x，NH_3 和 VOCs 等气态前体物经过大气化学反应后形成的细颗粒物。反应过程又有均相成核与非均相成核之分。均相成核是某物质的蒸气达到一定过饱和度时，由单个蒸气分子凝结成为分子团的过程。如果大气中已存在适宜的气溶胶粒子为蒸气分子的凝结提供反应表面，则反应过程称为非均相成核。二次转化的化学反应受到环境温度、湿度、气压、辐射以及前体物浓度等多个因素的影响，也是城市地区 $PM_{2.5}$ 的重要形成途径。

表 1-1 汇总了 $PM_{2.5}$中几大类主要化学组分的来源。在实际的大气环境中，各种来源及形成过程可能混合在一起，形成更为复杂的大气反应过程。例如海盐输送至城市地区后，空气中的 NO_x 氧化形成的 HNO_3 会置换出海盐中的 Cl^-，生成 $NaNO_3$[32, 33]；沙尘扬起后的颗粒物在长距离的输送过程中不断吸附人为排放的气溶胶，最终形成天然源与人为源排放混合的气溶胶[34]；燃烧生成的 EC 为非均相反应提供了反应表面，使得 SO_2，NO_x 和 VOCs 等前体物转化形成的二次颗粒物进一步包裹在外层，形成混合状态的细颗粒物[35]。因此，前面涉及的 $PM_{2.5}$天然源与人为源排放以及一次排放与二次反应生成是相对的过程，实际大气条件下的 $PM_{2.5}$形成过程是更为复杂多变的。

表 1-1 $PM_{2.5}$主要化学组分来源汇总表

化学组分	一次来源		二次来源	
	天然源	人为源	天然源	人为源
SO_4^{2-}	海盐	硫酸工业、硫酸矿制造、石膏业、化石燃料燃烧	海洋浮游植物释放的二甲基硫(DMS)以及火山、森林火灾等排放的 SO_2 的氧化	燃料燃烧产生 SO_2 的转化
NO_3^-	—	硝酸铵肥料制造、燃料燃烧、机动车尾气	闪电、土壤释放以及森林火灾产生的 NO_x 的氧化	机动车尾气和燃料燃烧产生 NO_x 的转化
NH_4^+	—	机动车尾气、燃料燃烧	动植物活动排放、动植物尸体腐烂、土壤微生物排放等过程产生的 NH_3 的转化	土壤施肥、动物饲养以及氨相关工业过程产生的 NH_3 的转化

（续表）

化学组分	一次来源		二次来源	
	天然源	人为源	天然源	人为源
OC	森林火灾	机动车尾气、道路轮胎磨损、生物质焚烧、食物烹调等	森林火灾以及植物释放VOCs的转化	机动车尾气、生物质焚烧等人为燃烧行为产生的VOCs的转化
EC	森林火灾	机动车尾气、生物质燃烧、食物烹调等	—	—
地壳元素	扬沙、土壤风化	建筑工地扬尘、农林业无组织排放	—	—
重金属元素	火山喷发	化石燃料燃烧、金属工业等	—	—

1.3.2 去除与汇

颗粒物一旦形成进入大气后，它的去除主要有两种途径：干沉降（dry deposition）和湿沉降（wet deposition）。

干沉降是指颗粒在重力作用下或与地面其他物体碰撞后，发生沉降而被去除。干沉降对于粗颗粒来说是一个相对有效的去除途径，但对于 $PM_{2.5}$ 之类的细颗粒物而言，这一种去除方式的效果有限。例如，在 5 000 m 的高空，不考虑风力等气象条件的影响，只考虑粒子的重力作用，则粒径为 10 μm 的粒子需要 19 天左右的时间完成干沉降，而粒径为 1.0 μm 的粒子则需要约 48 个月的时间沉降至地面[36]。

对于 $PM_{2.5}$ 而言，更有效的去除方式是湿沉降。湿沉降是指颗粒物与云滴或雨滴结合后沉降，从大气圈中去除。湿沉降又分为雨除（rain out）和冲刷（wash out）两种途径。雨除是指气溶胶粒子中的部分细粒子，尤其是粒径小于 0.1 μm的粒子，可以作为云的凝结核，这些凝结核成为云滴的中心，通过凝结过程和碰并过程，云滴不断成长为雨滴，一旦形成雨滴后，在适当的气象条件下雨滴进一步长大成雨降落到地面上，颗粒物也随之去除。当大气层温度低于 0℃时，云中的冰、水和水蒸气也可能生成雪晶，雪晶长大形成雪降落至地面，也可作为雨除的方式去除颗粒物。冲刷的去除方式是指在降雨（或降雪）过程中，雨滴（或雪晶、雪片）不断地将大气中的颗粒物挟带、溶解或冲刷下来，这种方式的颗粒物去除效率随着粒子直径的增大而增大，同时也会改变大气中粗、细粒子的含量。

颗粒物在大气中停留的时间主要取决于粒子的沉降速度与去除方式。表 1-2[37]列出了不同粒径段颗粒物的汇机制及其在大气中的存在寿命。如表 1-2

所示，大粒径的粗颗粒受雨除和干沉降的作用较明显，粒径越大在大气中的停留时间越短。粒径小的颗粒，由于碰撞而凝聚成较大的粒子，虽然不能直接从大气中被清除掉，却可以通过改变颗粒的大小和形态，通过其他机制去除，因此存活时间也较短。而与 $PM_{2.5}$ 粒径相近的细颗粒，其去除效应不如上述两种粒子，因此在空气中能够存在较长时间。例如，粒径为 0.01 μm、原始粒子数浓度为 $10^5/cm^3$ 的粒子在30 min内可减少一半数量；而粒径为 0.2 μm、原始粒子数浓度为 $10^3/cm^3$ 的粒子却需要 500 h 才能减少一半[38]。

表 1-2　气溶胶粒子的汇与大气寿命

颗粒物	细颗粒		粗颗粒	
	$D_p < 0.05$ μm	0.05 μm < $D_p < 2$ μm	$D_p < 10$ μm	$D_p > 10$ μm
汇	核凝聚 ←→；云滴俘获 ←→		雨冲刷 ←→；干沉降 ←→	
寿命	在污染空气中及云中短于 1 小时	3～5 天	几小时～几天	几分钟～几小时

图 1-4[39]总结了大气中各类化学组分的寿命及其在空间尺度上的变化范围。从图中可以看到气溶胶粒子属于中等寿命物种，相对于环境空气中常见的一些气态污染物，颗粒物的存在寿命相对较长，尤其是粒径相对较小的 $PM_{2.5}$，可以在城市尺度乃至区域尺度或中尺度的范围内产生影响，形成长距离输送。

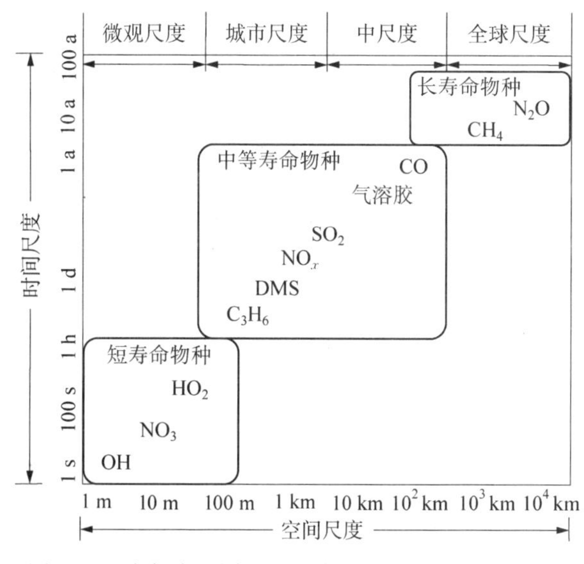

图 1-4　大气中不同化学组分的时间和空间尺度变化

1.4 $PM_{2.5}$的影响

1.4.1 对人体健康的影响

环境空气中的颗粒物浓度急剧升高会严重危害暴露人群的健康，其中粒径越小的细颗粒物对人体健康的影响越甚于粗颗粒，因此，近年来人们对 $PM_{2.5}$ 的关注度持续升温。如图 1-5 所示，粒径大于 10 μm 的颗粒物，大部分会被挡在呼吸道以外，少量能够进入鼻腔，2.5～10 μm 的颗粒物能够进入人体的上呼吸道，而粒径小于 2.5 μm 的细颗粒物却能够进入肺部，甚至直达肺泡内。并且 $PM_{2.5}$ 本身具有一定的毒性，颗粒中含有少量重金属元素以及多环芳烃等，同时 $PM_{2.5}$ 表面也会吸附一些有毒有害气体，当粒子进入肺部之后，这些有毒物质会进入人体循环系统，从而对人体的健康产生危害。

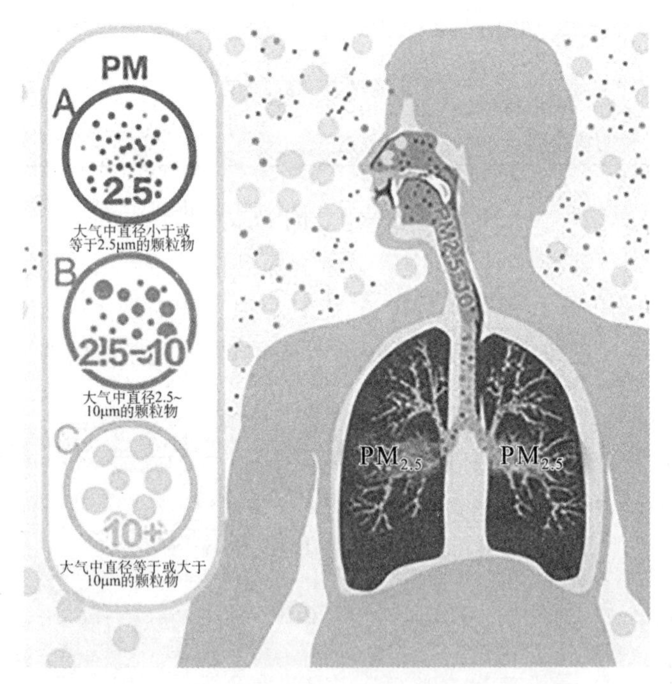

图 1-5 不同粒径颗粒物在呼吸系统中的沉积部位

$PM_{2.5}$对人体的最直接危害是作用于呼吸道系统，高浓度的颗粒物会刺激呼吸道，使原本患有咳嗽哮喘、支气管炎等慢性疾病的人群更易发病，而长期暴露于一定浓度的 $PM_{2.5}$ 中会对呼吸系统产生损伤；另一方面 $PM_{2.5}$ 还会对心血管疾病产生影响，这是由于部分极细小的颗粒物进入肺部后，能够越过血气屏障，进入心血管系统，从而引发心血管疾病。美国癌症协会(ACS)在美国 50 个城市开展的长期跟踪评估研究显示，$PM_{2.5}$浓度每升高 10 μg/m^3，暴露人群的非意外死亡风险上升4%，而心肺疾病死亡风险和肺癌死亡风险分别上升 6%和 8%[40]。2013 年由美国健康影响研究所(Health Effects Institute)发布的《2010 年全球疾病负担评估》(2010 Global Burden of Disease)中指出，在全球范围内，$PM_{2.5}$形式的室外空气污染所导致的公共健康风险比通常认为的要严重得多，每年在全世界导致 320 万人过早死亡以及 7 600 万健康生命年的损失，而中国的室外空气污染更是成为位列第四的健康风险因素[41]。

因此，我国当前面临严峻的空气污染形势，如何有效地治理细颗粒物污染、显著降低 $PM_{2.5}$浓度、切实保障人民群众健康是亟待解决的难题。

1.4.2 对能见度的影响

如果说 $PM_{2.5}$的健康影响是与公众最密切相关的，那么 $PM_{2.5}$对能见度的影响是最容易直观感受到的。悬浮在空气中的颗粒物通过散射和吸收作用对光在大气中的传播产生干扰，从而导致能见度降低。

大气能见度定义为水平背景下人的肉眼可识别黑色目标物体的最远距离。$PM_{2.5}$影响能见度的基本原理在于：当光波在传输过程中遇到与自己波长相近的物体时，会发生反射、透射和散射作用，这样从目标物体反射进入人眼的光波强度就会减弱，使得人看到的远处事物变得模糊(见图 1-6)。通常人眼能够感知到的可见光波长为 400～700 nm，从图 1-7 中可以发现与可见光波长相对应的颗粒物

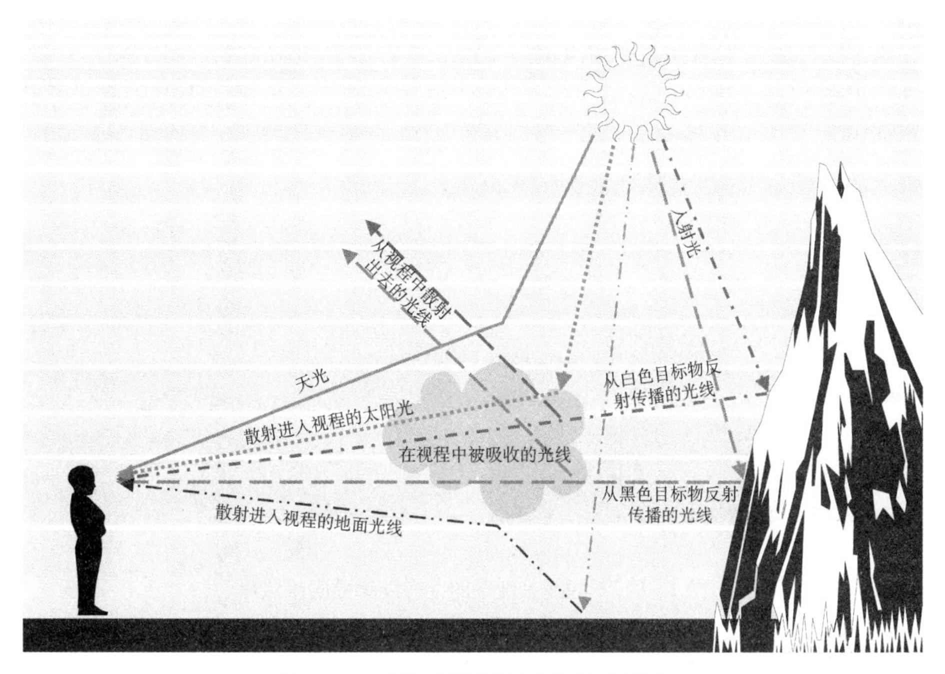

图 1-6 $PM_{2.5}$影响能见度的基本原理

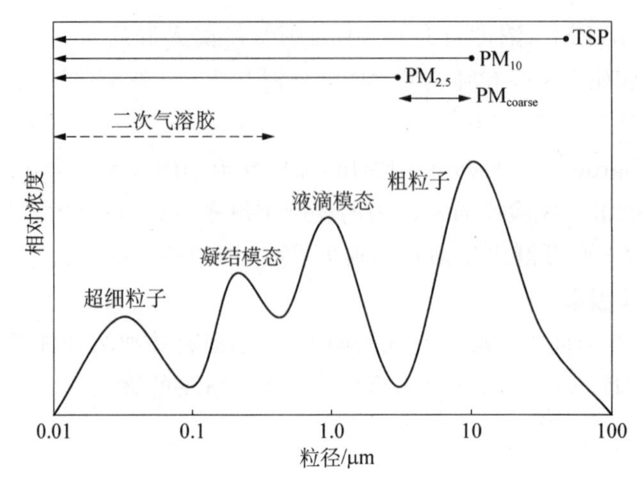

图 1-7　环境空气中颗粒物的粒径分布

是位于液滴模态的细粒子。从相对浓度角度而言,这一模态的粒子正是 $PM_{2.5}$ 中的主体,因此 $PM_{2.5}$ 相对于 PM_{10} 来说对能见度有更大的影响。

随着人们对能见度认识的不断加深,将这种由大气颗粒物及气体引起的可察觉的能见度降低现象称为霾。中国气象局《地面气象观测规范》将霾定义为“大量极细微的干尘粒等均匀地浮游在空中,使水平能见度<10 km 的空气普遍有浑浊现象,使远处光亮物带黄、红色,使黑暗物带蓝色”。最初的霾是一种天气现象,但随着工业化的迅速发展和城市化进程,如今人们所说的霾已经变为一种环境问题,究其本质,是由于飘浮在空气中大量人为产生的细粒子所产生的能见度恶化。

由 $PM_{2.5}$ 浓度上升引起的能见度下降,能够很明显地被感知(见图 1-8),对整个城市形象都会产生巨大影响。而 2013 年冬季我国多次出现的大范围雾霾事件,更是使得多个省市和地区的高速公路封闭、航班大面积延误,给人们的交通出行带来极大的不便,同时也给整个社会带来巨大的经济损失。

(a)

(b)

图 1-8　不同能见度下的上海陆家嘴实景照片

(a) 2012 年 7 月 19 日 14 点,能见度:5.5 km, $PM_{2.5}$ 浓度:115 $\mu g/m^3$
(b) 2012 年 7 月 21 日 14 点,能见度:大于 20 km, $PM_{2.5}$ 浓度:21 $\mu g/m^3$

1.4.3 对气候变化的影响

从全球尺度来看，人为产生的 $PM_{2.5}$ 对于全球气候变化有着深远影响。其影响气候的方式有两种：①颗粒物通过吸收和散射太阳辐射，以及吸收和释放地表红外辐射而影响气候，称为直接效应；②细粒子作为云凝结核(CNN)或冰核(IN)，改变云的微物理过程及降水效率，从而影响气候，称为间接效应。此外，气溶胶还可以改变一些具有反应活性的温室气体的非均相化学反应，为海洋生物提供营养物并进一步影响二甲基硫(DMS)等辐射活性气体的释放，从而产生极为重要的生态环境和气候效应。

人为排放的温室气体及气溶胶对气候效应的影响程度是用辐射强迫来衡量的。所谓辐射强迫，是对地球-大气系统失去能量平衡的一种度量，它用净辐射通量表示，单位为 W/m^2，当它取正值时，使地-气系统增温；取负值则使其变冷。图1-9[42]

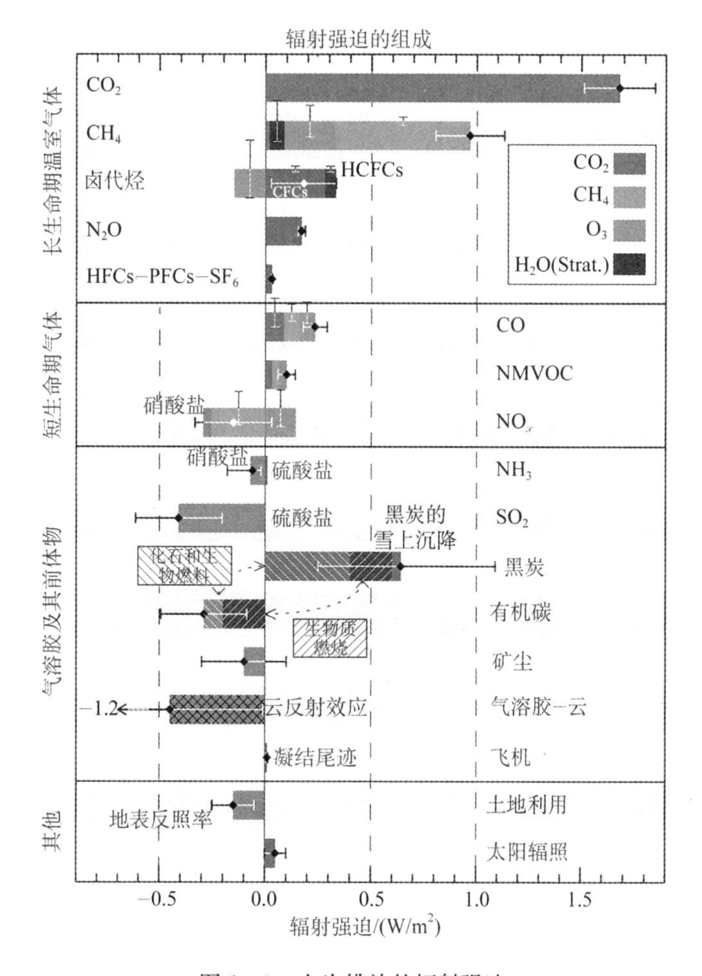

图1-9 人为排放的辐射强迫

是政府间气候变化专门委员会(Intergovernmental Panel on Climate Change, IPCC)于 2013 年发布的各类人为排放的温室气体以及气溶胶粒子的辐射强迫效应。其中,气溶胶的净效应是导致达到地球的辐射减少,对地表起到降温的作用。但是目前对于气溶胶的这两种效应的科学认识仍处于低和中低的程度,对这两个辐射强迫值的估算不确定度甚至大于估算值本身,因此在学术界对于颗粒物的气候效应研究是前沿热点之一。

当大气中的气溶胶影响气候系统辐射平衡的同时,气候变化也会反作用于气溶胶过程。例如全球气温的变化可能会对大气化学反应速率、天然源排放以及颗粒物传输方式等产生影响。此外,气溶胶的辐射强迫作用可能在某些高排放地区更加明显,但目前这些领域仍有待进一步的深入研究。

参考文献

[1] 美国环境保护局,联邦环境评估中收办公室,美国环境保护局研究和发展办公室. 颗粒物环境空气质量 USEPA 基准 上卷[M]. 北京市环境保护局,北京市环境保护科学研究院,北京市环境保护监测中心,译. 北京:中国环境科学出版社,2008.

[2] 唐孝炎,张远航,邵敏. 大气环境化学[M]. 北京:高等教育出版社,2006.

[3] Shi Z B, Shao L Y, Jones T P, et al. Characterization of airborne individual particles collected in an urban area, a satellite city and a clean air area in Beijing, 2001 [J]. Atmospheric Environment, 2003,37(29):4097 - 4108.

[4] Kocbach A, Johansen B V, Schwarze P E, et al. Analytical electron microscopy of combustion particles: a comparison of vehicle exhaust and residential wood smoke [J]. Science of the Total Environment, 2005,346:231 - 243.

[5] Zhao J P, Peng P A, Song J Z, et al. Characterization of macromolecular organic matter in atmospheric dust from Guangzhou, China [J]. Atmospheric Environment, 2011,45(31):5612 - 5620.

[6] Yang F, Tan J, Zhao Q, et al. Characteristics of $PM_{2.5}$ speciation in representative megacities and across China [J]. Atmospheric Chemistry and Physics, 2011,11:5207 - 5219.

[7] Wang Y, Zhuang G S, Zhang X Y, et al. The ion chemistry, seasonal cycle, and sources of $PM_{2.5}$ and TSP aerosol in Shanghai [J]. Atmospheric Environment, 2006, 40:2935 - 2952.

[8] Wang Y, Zhuang G S, Tang A H, et al. The evolution of chemical components of aerosols at five monitoring sites of China during dust storms [J]. Atmospheric Environment, 2007,41:1091 - 1106.

[9] Zhang Q, Jimenez J L, Canagaratna M R, et al. Ubiquity and dominance of

oxygenated species in organic aerosols in anthropogenically-influenced Northern Hemisphere midlatitudes [J]. Geophysical Research Letters, 2007,34, L13801.

[10] Chen L W A, Watson J G, Chow J C, et al. Chemical mass balance source apportionment for combined $PM_{2.5}$ measurements from U. S. non-urban and urban long-term networks [J]. Atmospheric Environment, 2010,44(38):4908 - 4918.

[11] Cheng M C, You C F, Cao J J, et al. Spatial and seasonal variability of water-soluble ions in $PM_{2.5}$ aerosols in 14 major cities in China [J]. Atmospheric Environment, 2012,60:182 - 192.

[12] Stelson A W, Seinfeld J H. Relative humidity and temperature dependence of the ammonium nitrate dissociation constant [J]. Atmospheric Environment, 1982, 16: 983 - 992.

[13] Chow J C. Measurement methods to determine compliance with ambient air quality standards for suspended particles [J]. Journal of Air Waste Management Association, 1995,45:320 - 382.

[14] Andreae M O. Soot carbon and excess fine potassium: long-range transport of combustion-derived aerosols [J]. Science, 1983,220:1148 - 1151.

[15] Wang Y, Zhuang G S, Tang A, et al. The evolution of chemical components of aerosols at five monitoring sites of China during dust storms [J]. Atmospheric Environment, 2007,41(5):1091 - 1106.

[16] White W H. Chemical markers for sea salt in IMPROVE aerosol data [J]. Atmospheric Environment, 2008,42(2):261 - 274.

[17] Ho K F, Zhang R J, Lee S C, et al. Characteristics of carbonate carbon in $PM_{2.5}$ in a typical semi-arid area of Northeastern China [J]. Atmospheric Environment, 2011,45(6):1268 - 1274.

[18] Schauer J J, Rogge W F, Hildemann L M, et al. Source apportionment of airborne particulate matter using organic compounds as tracers [J]. Atmospheric Environment, 1996,30:3837 - 3855.

[19] Zheng M, Cass G R, Schauer J J, et al. Source apportionment of $PM_{2.5}$ in the southeastern United States using solvent-extractable organic compounds as tracers [J]. Environmental Science and Technology, 2002,36:2361 - 371.

[20] 李红,邵龙义,单忠健,等. 气溶胶中有机物的研究进展和前景[J]. 中国环境监测, 2001,3:62 - 67.

[21] 滕恩江,胡伟,吴国平,等. 中国四城市空气中粗细颗粒物元素组成特征[J]. 中国环境科学,1999,3:238 - 242.

[22] Seinfeld J H, Pandis S N. Atmospheric chemistry and physics: from air pollution to climate change [M]. New York: Wiley, 1998.

[23] Watson J G, Chow J C. A wintertime $PM_{2.5}$ episode at the Fresno, CA, supersite [J].

Atmospheric Environment, 2002,36(3):465 - 475.

[24] Horvath H. Atmospheric light absorption: a review [J]. Atmospheric Environment, 1993,27A: 293 - 317.

[25] Covert D S, Charlson R J, Ahlquist N C. A study of the relationship of chemical composition and humidity to light scattering by aerosols [J]. Journal of Applied Meteorology, 1972,11(6):968 - 976.

[26] Extinction budget analysis USEPA. Regional haze regulations [J]. Federal Register, 1999,64:35714 - 35771.

[27] 陈义珍,赵丹,柴发合,等.广州市与北京市大气能见度与颗粒物质量浓度的关系[J].中国环境科学,2010,07:967 - 971.

[28] 边海,韩素芹,张裕芬,等.天津市大气能见度与颗粒物污染的关系[J].中国环境科学,2012,03:406 - 410.

[29] 徐薇,修光利,陶俊,等.上海市大气散射消光特征及其与颗粒物化学组成关系研究[J].环境科学学报,2015,02:379 - 385.

[30] Andreae M O. Climatic effects of changing atmospheric aerosol levels. In World Survey of climatology, Vol. 16, "Future climates of the world" [M]. Amsterdam: Elsevier, 1995.

[31] Tsigaridis K, Krol M, Dentener F J, et al. Change in global aerosol composition since preindustrial times [J]. Atmospheric Chemistry and Physics, 2006,6:5143 - 5162.

[32] Kerminen V M, Teinila K, Hillamo R, et al. Substitution of chloride in sea-salt particles by inorganic and organic anions [J]. Journal of Aerosol Science, 1998,29(8): 929 - 942.

[33] 刘倩,王体健,李树,等.海盐气溶胶影响酸碱气体及无机盐气溶胶的敏感性试验[J].气候与环境研究,2008,13(5):598 - 607.

[34] Zhang W J, Zhuang G S, Huang K, et al. Mixing and transformation of Asian dust with pollution in the two dust storms over the northern China in 2006 [J]. Atmospheric Environment, 2010,44(28):3394 - 3403.

[35] Zhang G H, Bi X H, He J J, et al. Variation of secondary coatings associated with elemental carbon by single particle analysis [J]. Atmospheric Environment, 2014,92: 162 - 170.

[36] 唐孝炎,张远航,邵敏.大气环境化学[M].北京:高等教育出版社,2006.

[37] 华莱士,霍布斯.大气科学概观[M].王鹏飞等,译.上海:上海科学技术出版社,1981.

[38] Currie L A, Klouda G A, Benner B A, et al. Isotopic and molecular fractionation in combustion: Three routes to molecular marker validation, including direct molecular 'dating' (GC/AMS) [J]. Atmospheric Environment, 1999,33:2789 - 2806.

[39] Brasseur G P, Orlando J J, Tyndall G S. Atmospheric chemistry and global change [M]. New York: Oxford University Press, 1999.

[40] Pope C A, Burnett R T, Thun M J, et al. Lung cancer, cardiopulmonary mortality, and long-term exposure to fine particulate air pollution [J]. The Journal of the American Medical Association, 2002,287:1132 - 1141.
[41] Lopez A D, Mathers C D, Ezzati M, et al. Global burden of disease and risk factors [M]. New York: Oxford University Press, 2012.
[42] IPCC. Climate change 2013: The physical science basis [R]. Cambridge, United Kingdom and New York, USA, Cambridge University Press, 2013.

第 2 章　$PM_{2.5}$手工监测

2.1　概述

大气颗粒物的监测有不同分类方法，根据采样手段的不同，可分为传统的基于滤膜采样的离线手工监测和实时在线监测。实时在线监测可以及时地提供颗粒物的浓度、粒径分布以及某些化学成分的信息，时间分辨率高，但其准确性需以手工监测（重量法）这一参比方法作为比对来进行验证。自动监测仪在满足一定测试指标后，方可作为等效方法应用于 $PM_{2.5}$浓度监测。另外，实时监测的仪器成本一般较高，且难以提供颗粒物全面化学成分信息。传统的离线手工监测方法是在现场采集样品后在实验室进行分析，其采样周期长，时间分辨率低，难以反映大气颗粒物在短时间内的变化趋势，且存在操作繁琐、工作量大等问题。虽然自动监测方法具有快速及时等优点，但手工监测方法仍是自动监测设备的基准，是环境管理的重要组成部分，具有不可替代性[1]。

目前，全球范围内其他区域的 $PM_{2.5}$监测网普遍采用手工采样重量法作为 $PM_{2.5}$质量浓度的标准方法，如美国将手工监测方法的结果作为法定考核数据的依据，基于采样 24 h 的采集到滤膜上的气溶胶重量制定粒子标准，同时已建立了一系列的环境颗粒物监测网，用于提供空间、时间和气溶胶组成的不同程度的信息。

我国 $PM_{2.5}$的监测起步较晚，于 2005 年起陆续颁布《环境空气质量手工监测技术规范》（HJ/T 194—2005）和《环境空气 PM_{10} 和 $PM_{2.5}$ 的测定　重量法》（HJ 618—2011），规范了颗粒物的手工监测工作，但随着新《环境空气质量标准》（GB 3095—2012）的颁布，原有的监测方法标准、规范难以满足新标准的要求，2013 年又颁布了《环境空气颗粒物（$PM_{2.5}$）手工监测方法（重量法）技术规范》（HJ 656—2013），对旧的颗粒物手工方法进行了补充，特别详细规定了 $PM_{2.5}$的具体监测操作细则，包括采样、分析、数据处理、质量控制和质量保证等方面。本章在此基础上，围绕 $PM_{2.5}$综合分析的研究需要，介绍了 $PM_{2.5}$手工采样仪器、滤膜和采样方法，以及主要的分析技术。

2.2 PM2.5手工采样仪器及设备

2.2.1 PM2.5采样器

颗粒物采样器主要由采样入口、切割器、滤膜夹、连接杆、流量测量及控制装置、抽气泵等组成。环境空气样品以恒定的流量经过采样器入口、切割器，$PM_{2.5}$被捕集在滤膜上，气体再经流量计、抽气泵由排气口排出。$PM_{2.5}$手工采样仪器的选择和性能要求可参见国家新颁布的《环境空气颗粒物（$PM_{2.5}$）手工监测方法（重量法）技术规范》（HJ 656—2013）、《环境空气颗粒物（PM_{10}和$PM_{2.5}$）采样器技术要求及检测方法》（HJ 93—2013）的要求及规定。

切割器是颗粒物采样器的关键部分，是具有将不同粒径粒子分离功能的装置，$PM_{2.5}$切割器是指能对空气动力学直径为2.5 μm的粒子具有50%切割效率的装置，常用惯性分离器进行粒度选择，以去除超过一定空气动力学直径的粒子。切割器的切割性能一般用50%的切割粒径$D_{\alpha50}$和捕集效率的几何标准偏差σ_g表示，HJ 93—2013中要求$PM_{2.5}$采样器的性能指标为$D_{\alpha50}=(2.5\pm0.2)\mu m$；$\sigma_g=1.2\pm0.1$。

气流中的颗粒能否被切割由斯托克斯数决定，斯托克斯数表示颗粒物的运动特征，是粒子的制动距离与收集器物理直径的比值，并可以决定粒子是否能冲击到机体收集器上。对于惯性分离器，斯托克斯数是制动距离和圆形喷嘴半径的比值，或是与矩形喷嘴半宽度的比值，实际应用中，人们一般关心切割效率为50%时所对应的斯托克斯数S_{tk50}，定义公式如下：

$$S_{tk50}=\frac{\rho D_{\alpha50}^2 CU}{9\mu\omega} \qquad (2-1)$$

式中：ρ为颗粒物密度；$D_{\alpha50}$为50%的切割粒径；C为滑动修正系数；U为喷嘴的气流流速；μ是空气黏滞系数；ω为喷嘴直径。

在同一切割粒径下，采样器的流量与喷嘴直径成正比；在同一流量下，采样器的切割粒径与喷嘴直径成正比。

采样器的切割粒径是由切割效率与粒径的关系曲线确定的，如图2-1所示。理想的特性曲线是在切割点处的竖直线。而在实际采样过程中，采样器经常会出现内壁损失、颗粒物自身碰撞及反弹等现象，影响采样器的切割特性，所以实际的切割效率曲线为S形曲线。

对于捕集效率的几何标准偏差σ_g，切割器对颗粒物的捕集效率有以下两种表述方法：

（1）捕集效率为16%时对应的粒子空气动力学直径$D_{\alpha16}$与捕集效率为50%时对应的粒子空气动力学直径$D_{\alpha50}$的比值。

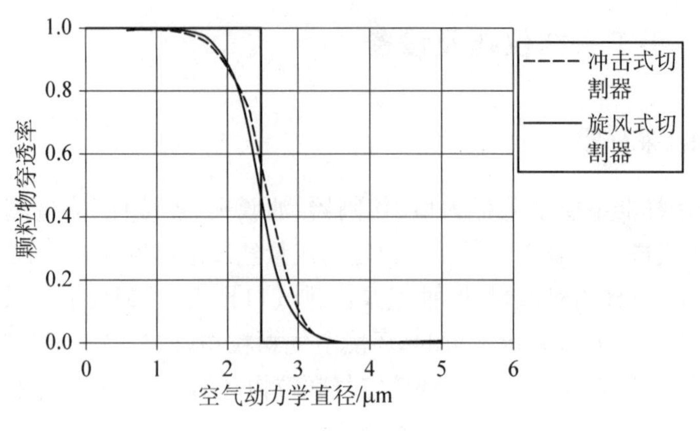

图 2－1　切割效率曲线

(2) 捕集效率为 50%时对应的粒子空气动力学直径 $D_{\alpha50}$ 与捕集效率为 84%时对应的粒子空气动力学直径 $D_{\alpha84}$ 的比值。

上述两个比值应符合 $\sigma_g = 1.2 \pm 0.1$ 的要求。

切割器可以分为冲击式、旋风式以及虚拟冲击式 3 种。

冲击式切割器使用最为广泛，是测量颗粒物粒径分布的首选仪器，其切割原理为：含颗粒物的气体以一定速度由喷嘴喷出后，颗粒物获得一定动能并有一定惯性。在同一喷射速度下，粒径越大，惯性越大，惯性大的大颗粒难以改变运动方向，因此在与捕集板撞击后沉积下来，而惯性较小的颗粒则随着气流绕过捕集板向下级运动。图 2－2 为冲击式切割器的原理示意图。在使用时，冲击式切割器容易出现粒子在采集表面反弹的现象，因此一般会在冲击板上使用黏性表面，如涂上硅胶。

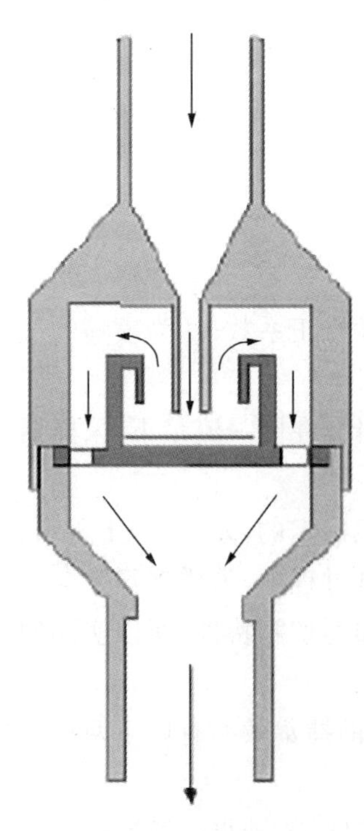

图 2－2　冲击式切割器原理

虚拟冲击式切割器是一种比冲击式切割器更新型的惯性分离器，利用采样探头代替了冲击板。探头比喷嘴稍大，使待分离的粒子能进入探头。通过探头的一小部分气流将待分离的粒子运到探头末端。气流的其他部分，即主流部分，在探头处反向运动并从上边缘排出。图 2－3 为虚拟冲击式切割器的原理示意图。由示意图可看出，带有粒子的喷射气流通过喷嘴进入探头并发生分离，大粒子比小粒子在探头中穿入更远。小部分气流，能够带着粒径大于切割粒径的粒子穿过探头，大部分气流带着粒径小于切割粒径的粒子反向运动，从探头顶部离开。

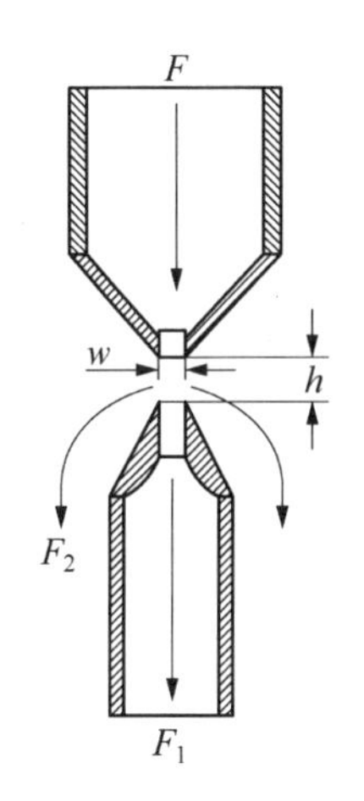

图2-3　虚拟冲击式切割器原理

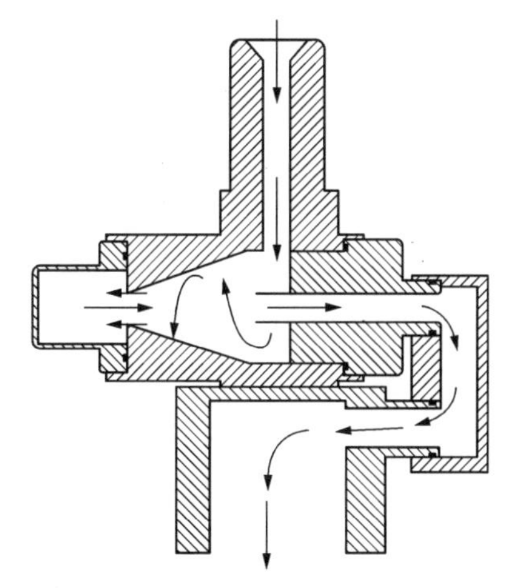

图2-4　旋风式切割器切割原理

旋风式切割器也是一种广泛使用的粒子切割器，其切割原理如图2-4所示。空气以高速度沿180°渐开线进入切割器的圆筒里，形成旋转气流，在离心力的作用下，将颗粒物甩到筒壁上并继续向下运动，粗颗粒物在不断与筒壁撞击中失去前进的能量而堕入大颗粒物收集器中，细颗粒物则随着气流排出管上升，被过滤器的滤膜补集。旋风式切割器的切割直径一般由流速、入口和出口大小以及圆柱体的大小决定。一般来说，旋风式切割器对粒子的分离不像冲击式切割器那么明显，但足以满足其作为分级器的要求，其与冲击式切割器的最主要区别在于其能收集更多的粒子。

表2-1比较了几种切割器的特点。

表2-1　常见切割器类型比较

切割器类型	特　点
冲击式切割器	设计简单、应用广泛、可进行多级采样
旋风式切割器	应用广泛，对粒子的分离没有冲击式明显，但也满足要求，并可以收集更多的粒子
虚拟冲击式切割器	粒子在分级之后仍然可以悬浮在空气中，便于将粒子传送到其他分析仪器或将粒径大于切割粒径的粒子富集

2.2.2 滤膜的选择

用于颗粒物测量的滤膜有多种规格,可以根据具体情况选择合适的滤膜,主要考虑参数包括颗粒物的收集效率、气流通过滤膜时的压力降、滤膜对采样环境及采样中各个过程的适应性、滤膜表面化学反应产生的干扰误差、静电、吸湿性、价格以及可利用性等。最常用的采集颗粒物的滤膜有特氟龙(Teflon)膜、石英膜、尼龙膜、纤维膜、特氟龙包裹的玻璃纤维膜、蚀刻聚碳酸酯薄膜及玻璃纤维膜等,不同材料可满足不同的需求,规格也各异,常见的有 ϕ25 mm, ϕ37 mm, ϕ47 mm, ϕ90 mm, 200 mm×250 mm 等。分析技术是选择采样滤膜种类的最大影响因素,目前对于 $PM_{2.5}$的研究分析大致分为三种类型:重量分析、微观分析和化学分析。

1) 重量分析

采样器以恒定采样流量抽取环境空气,使环境空气中 $PM_{2.5}$被截留在已知质量的滤膜上,根据采样前后滤膜的质量变化和累积采样体积,得到 $PM_{2.5}$的质量浓度。重量分析最易受到湿度及滤膜材料静电效应的影响。

研究表明,纤维素结构的滤膜最容易吸收水蒸气,而玻璃和纤维素石英滤膜则不易吸收水蒸气。聚四氟乙烯(polytetrafluoroethene, PTFE)滤膜最不易吸收水蒸气,其次是聚碳酸酯滤膜和聚氯乙烯膜滤膜[2-4]。为最小化湿度的影响,一般要求在采样前、后将滤膜在恒温恒湿的条件下平衡 24 h。我国标准中要求平衡温度控制在 15~30℃任意一点,控温精度为±1℃,湿度控制在(50±5)% RH 以内。

此外,滤膜上静电荷的积累将给操作带来困难,影响离子收集数量并导致电子天平称量中出现质量误差[5]。一般利用除静电装置最小化静电影响,或将滤膜暴露在一个产生双极离子的源处,如^{210}Po或^{241}Am。

美国联邦参比方法(Federal Reference Method, FRM)规定采集颗粒物的滤膜为特氟龙(Teflon)滤膜,是由 PTFE 滤膜制成,不吸湿,不吸附无机及有机气体,适合进行称量分析。2013 年国家新颁布的《环境空气颗粒物($PM_{2.5}$)手工监测方法(重量法)技术规范(试行)》(HJ 656—2013)中,对于测定 $PM_{2.5}$质量浓度的滤膜,可根据监测目的选用玻璃纤维滤膜、石英滤膜等无机滤膜或聚四氟乙烯、聚氯乙烯、聚丙烯、混合纤维素等有机滤膜,同时规定滤膜对 0.3 μm 标准粒子的截留效率不低于 99.7%,针对有机滤膜,要求滤膜孔径小于等于 2 μm,滤膜厚度为 0.2~0.25 mm;在 0.45 m/s 的洁净空气流速时,压降应小于 3 kPa;在 35%的相对湿度空气中暴露 24 h 和 40%的相对湿度空气中暴露 24 h 后的质量增加值不超过 10 μg;在掉落测试实验中,将平衡称量后的滤膜放入滤膜夹,从 25 cm 高处自由跌落到平整的硬表面,重复 2 次后其质量变化平均小于 20 μg;在温度稳定性实验中,平衡称量后的滤膜在(40±2)℃的烘箱中放置 48 h 后,质量变化小于 20 μg。

2）微观分析

为获得气溶胶粒度、形态和成分等信息，一般选用光学显微镜或电子显微镜对颗粒物粒子进行微观分析，要求粒子收集在平整的或尽量接近平整的滤膜表面，同时在分析中应最小化颗粒物的收集表面区，最小化滤膜背景浓度或滤膜空白材料的影响。微孔滤膜和直通孔滤膜适用于此类分析技术。聚碳酸酯直通孔滤膜表面平整光滑，接近于完全表面收集，常用于微观分析中。PTFE 膜具有惰性和低背景浓度值，常用于气溶胶的 X 射线荧光法（XRF）分析[6]，并能够在低负载粒子时用于 X 射线衍射（XRD）分析[7]。金属银制成的银质膜在衍射光谱的石英区域内的干扰性低，可用作 XRD 分析晶体硅。使用 α 射线或 β 射线检测器进行气溶胶放射性分析时，常选用孔径为 0.45～0.8 μm 的微孔纤维脂膜以最小化射线的吸收。

3）化学分析

为了解颗粒物的化学组分特征，会将采集在滤膜上的颗粒物粒子进行化学分析。因此，在滤膜材质的选择上，不仅需要考虑所需的颗粒物浓度，同时还要将空白滤膜的背景值、采样过程及采样后滤膜上化学反应产生的误差等降低至最小。

石英纤维滤膜具有低蒸气吸附性和低背景元素浓度，并且其在高温下灼烧后的有机浓度空白值可降至很低，常用于采集有机物质，用于有机碳、元素碳以及离子色谱分析。聚四氟乙烯滤膜的化学物质背景浓度低，并具有化学惰性，常用于分析颗粒物中的无机元素。

表 2－2 列举了常见的各类滤膜的应用、优点和不足。

表 2－2　常见的 $PM_{2.5}$ 滤膜及其特性

滤膜类型	应　用	优　点	缺　点
特氟龙滤膜（PTFE）	重量分析、离子色谱、元素分析（XRF，ICP－MS，ICP－AES）	化学惰性；湿度效应小；背景浓度低	铵氮化学物易损失；静电效应；成本高
石英纤维滤膜（QMA）	离子色谱、碳分析、多环芳烃分析等	吸湿性低；高温下稳定；低背景/空白元素浓度；可通过焙烧消除痕量有机物质；成本低	易碎；易损失铵氮化合物
玻璃纤维滤膜	重量分析	成本低；不易受湿度影响	基本不用于化学分析
纤维素滤膜	元素分析、离子分析	化学背景值低	具有吸湿性
蚀刻聚碳酸酯滤膜	元素分析、离子分析、电子显微镜分析	元素空白水平低；表面平滑，适合电子显微分析	静电效应

滤膜托是可以密封滤膜边界的框架，保证空气通过滤膜多孔中心的同时，其多

孔支撑网栅设计避免滤膜被真空泵吸入滤膜托。选择滤膜托时，其应与采样器及气流系统相配套，使粒子均匀沉降在滤膜表面，同时通过空载滤膜托的压力降较小，滤膜托要与常见的滤膜尺寸相适配，持久耐用且价格合适，在取放滤膜时不应出现污染，使滤膜的损害以及待测物质的损失最小化[8, 9]。美国环保署 FRM 详细说明了直径为 47 mm 的滤膜托环的材料和尺寸，由聚甲醛树脂制造，并带有不锈钢的网栅，每个网格的直径为 100 μm，相互之间的距离为 100 μm。

2.3　$PM_{2.5}$的手工采样

2.3.1　采样前准备

采样之前，根据采样目的和研究需要准备好所需的采样器和滤膜。采样器使用之前必须先对温度、大气压、气密性、流量等进行检查和校准。每次采样前用温度计和气压计检查环境温度和环境大气压的测量示值误差，温度误差应控制在±2℃以内，大气压误差应控制在±1 kPa，若超过允差需进行温度和压力的校准。

对于气密性的检查，主要包括 3 种方法：①将采样器的连接杆入口密封，在抽气泵之前接入一个嵌入式的三通阀门，阀门的另一接口接负压表，启动采样器抽气泵，抽取空气，使采样器处于部分真空状态，负压表显示为(30±5)kPa 的任一点；关闭三通阀，阻断抽气泵和流量计的流路，然后关闭抽气泵；观察负压表的压力值，若 30 s 内变化小于等于 7 kPa 则气密性检查通过。②在采样器的滤膜夹中装载 1 张玻璃纤维滤膜，将流量校准器和滤膜夹紧密连接；设定仪器的采样工作流量，启动抽气泵，用流量校准器测量仪器的实际流量，并记录流量值；然后再同时装载 3 张玻璃纤维滤膜于滤膜夹中，重复操作，记录流量值；若两次测量的流量值相对偏差小于±2%，则气密性检查通过。③将采样器的采样入口取下，将标准流量计、阻力调节阀通过流量测量适配器接到采样器的连接杆入口，使阻力调节阀保持完全开通状态；设定仪器采样的工作流量，启动抽气泵，待流量稳定后，读取标准流量计的流量值；用阻力调节阀调节阻力，使标准流量计流量显示值迅速下降到设定工作流量的 80%左右，同时观察仪器和标准流量计的流量显示值，若标准流量计的最终测量值稳定在 98%～102%的设定流量，则气密性检查通过。

采样流量的检查也必不可少，新购置或者维修后的采样器在使用前必须进行流量校准，而正常使用的采样器一般情况下累计采样 7 天需检查采样流量，若流量测量误差超过采样器设定流量的±2%，应对采样流量进行校准。具体检查方法如下所述。

首先使用温度计、气压计分别测量并记录环境温度和大气压值，将流量校准器连接电源，开机后输入环境温度和大气压值；在采样器中放置一张空滤膜，将流量校准器连接到采样器的采样入口，并确保连接处不漏气；启动抽气泵，待流量稳定后，分别记录流量校准器和采样器的工况流量值；若流量测量误差超过±2%，需对采样器的流量进行校准。流量测量误差计算公式为

$$测量误差 = \frac{流量校准器的测量值 - 采样器设定的流量值}{采样器设定的流量值} \times 100\% \quad (2-2)$$

采样头及切割器作为采样器的重要部分，清洁与否影响着颗粒物采样的切割效率，必须定期清洗。一般情况下，累计采样 7 天应清洗一次切割器，如遇到扬尘、沙尘暴等恶劣天气或连续重污染日，应及时清洗。根据实际操作经验，清洗时需将整个采样头摘下，拆卸成尽可能多的部件，用清水或无水乙醇逐一清洗，并用无尘试纸擦拭干净，同时需要及时在采样头内部涂抹凡士林，以保护密封 O 圈。

根据实际研究目的选择不同的滤膜，而不同的滤膜前处理方法也不尽相同。$PM_{2.5}$手工监测中最常用的滤膜种类包括特氟龙滤膜、石英滤膜和玻璃纤维滤膜等，应挑选边缘平整、厚薄均匀、无毛刺、无污染、无针孔或任何破损的滤膜。在采样之前，滤膜需进行初重的称量，将滤膜置于恒温恒湿的环境中平衡至恒重，具体操作及方法见本章 2.4 节，再将称量后的滤膜放入滤膜盒中备用。用于碳组分 EC/OC、有机组分分析的石英滤膜在采样之前，需放置马弗炉中 450～550℃烘焙 4 h左右，以去除干扰杂质。

2.3.2　样品采集

根据国标《环境空气颗粒物（$PM_{2.5}$）手工监测方法（重量法）技术规范》（HJ 656—2013），采样器的采样入口距地面或采样平台高度不低于 1.5 m，切割器的流路应垂直于地面。当多台采样器平行采样时，若采样器的采样流量≤200 L/min 时，相互之间距离为 1 m 左右；若采样流量＞200 L/min 时，相互之间的距离约为 2～4 m，以避免仪器间的相互干扰。

为测定 $PM_{2.5}$的日平均浓度，一般设定为 24 h 采样，也可根据当地的空气污染状况、称重天平的精度要求、采样器流量大小等因素适当加长或缩短采样时段。考虑到连续采样，一般设定为 23 h 采样，剩余 1 h 用于滤膜更换、流量校准、采样头清洗等操作。

采样时，将已编号的滤膜用无锯齿状镊子（用于颗粒物中金属元素分析时，为避免干扰影响，避免使用金属镊子，可使用塑料材质、竹制或特氟龙材质包裹的镊子）放入洁净的滤膜夹内，滤膜毛面应朝向进气方向，并将滤膜牢固压紧。再将滤膜夹正确放入采样器中，设定好采样时间等参数，启动采样器采样。采样结束后，用镊子取出滤膜，放入滤膜盒中，并记录采样相关的基本信息，如采样器编号、采样开始和结束日期及时间、采样流量、采样体积、天气状况、操作技术人员等。需注意

采样体积和流量是工况还是标况，以便于后续的浓度计算。工况流量与标况流量转换计算公式如下：

$$标况流量(L/min)=工况流量(L/min)\times\frac{环境大气压(kPa)\times 273}{101.325\times 环境温度(K)} \quad (2-3)$$

进口手工采样器在国外的应用环境与我国有所差别，某些采样器设置的滤膜负荷上限较低，在国内应用时，尤其空气污染严重的情况下，采样器会因为滤膜超负荷而启动断电保护，停止抽气采样，导致采样时间不足。尤其在使用 Teflon 膜采样时，断电次数更多。如果在手工监测中出现以上情况，应特别记录该天的采样时段。

根据采样经验，每台手工采样器需配备至少两套膜托，一套膜托用于实际采样的同时，另外一套可提前放置空白滤膜以备用；在室外更换滤膜时，取出已采样膜托后，可直接将已放置空白膜的另一套膜托安置于采样器内。这样操作一方面可以节省换膜时间，省去现场拆卸膜托、安放空白滤膜的操作，提高换膜效率；另一方面，可在操作室内提前完成空白滤膜在膜托中的安放操作，避免外界风沙等对空白滤膜的影响。

样品采集完成后，滤膜应尽快平衡称量，如不能及时平衡称量，应将滤膜放置在 4℃条件下密闭冷藏保存，最长不得超过 30 天。

2.4 重量分析

质量浓度是颗粒物的最基本属性，也是用来表征颗粒物污染的重要参数，不同国家和地区制定的环境空气质量标准均将质量浓度纳入评价指标。质量浓度的测定可分为手工和自动两种，手工法采用传统的重量分析（即重量法），自动法利用光学或力学原理实现颗粒物浓度的实时监测，将在本书第 3 章中具体阐述。

重量分析是一种差额测量方法，即在一定条件下，分别称量采样前后的滤膜质量，两者之差即为滤膜上所捕获的颗粒物的质量，再根据采样流量和时间，确定采样体积，从而计算出颗粒物的质量浓度，单位一般为 $\mu g/m^3$（或 mg/m^3）。重量分析所使用的仪器是分析天平，用于对滤膜进行称量获得质量数据。HJ 656—2013 规范中规定天平的检定分度值不超过 0.1 mg，属于特种准确度级，技术性能应符合电子天平 JJG 1036 的规定。分析天平的选择主要考虑天平的灵敏度、检定分度值以及滤膜上的颗粒物重量，一般来说，需保证滤膜上的颗粒物负载量不少于称量天平检定分度值的 100 倍。如，使用的天平检定分度值为 0.01 mg 时，滤膜上的颗粒物负载量应不少于 1 mg。较之 TSP 和 PM_{10}，$PM_{2.5}$一般选用中小流量采样器采样并收集在 47 mm 的小滤膜上，需选用灵敏度更高的分析天平，但对称量环境的要求也相对更高。

称量环境的影响因素包括:实验室的温度、湿度、空气风速、洁净度、是否有震动等因素。其中,环境大气中的水分是难以避开的一个干扰因素[9,10]:采样滤膜对水分子的吸附或亲和作用会导致滤膜在截留大气颗粒物的同时,吸附一部分自由水分子,其将促进颗粒物样品中化学组分之间发生反应。因此,必须尽量减少滤膜及其上颗粒物在称量过程中受环境温湿度变化而产生的影响,而环境温湿度的控制条件都是标准、可重现的。根据《环境空气颗粒物($PM_{2.5}$)手工监测方法(重量法)技术规范》(HJ 656—2013),滤膜称量之前必须放在恒温恒湿设备中平衡至少 24 h,平衡条件为:温度控制在 15～30℃范围内任意一点,控温精度在±1℃;湿度应控制在(50±5)% RH。天平室的温、湿度条件应与恒温恒湿设备保持一致。美国 EPA 对环境温湿度的要求更为严格:温度在 20～23℃,且 24 h 内的变化不超过±2℃;相对湿度在 30%～40%,且 24 h 内的变化不超过 5%[11]。另外,根据《电子天平检定规程》(JJG 1036—2008),除环境温、湿度需满足规范和检定规程要求外,振动、大气中水汽凝结和气流及磁场等其他影响量也不得对测量结果产生影响。为保证称量环境,一般会建立专用天平室用于滤膜的称重,天平室的构成主要以恒温恒湿天平为主体,要求全年 365 天 24 小时全天候连续运行,以保证天平室达到恒温、恒湿、防震功能。相关天平室的建设参见本书第 5 章 5.2.1.3。

每次称量前,需记录恒温恒湿设备的平衡温度和湿度,确保滤膜在采样前后平衡条件一致。滤膜称量时,需记录滤膜质量和编号等信息。滤膜首次称量后,在相同条件平衡 1 h 后需再次称量,前后两次称量结果之差必须在允差范围内。HJ 656—2013 规范中对允差的规定如下:若使用大流量采样器时,同一滤膜两次称量质量之差应小于 0.4 mg;若使用中流量或小流量采样器时,同一滤膜两次称量质量之差应小于 0.04 mg,滤膜的最终重量结果是两次称量结果的平均值,若两次称量之差超过允差,则该滤膜作废。$PM_{2.5}$浓度的计算公式如下:

$$\rho = \frac{w_2 - w_1}{V} \times 1\,000 \tag{2-4}$$

式中:ρ 为 $PM_{2.5}$浓度,$\mu g/m^3$; w_2 为采样后滤膜的质量,mg; w_1 为采样前滤膜的质量,mg; V 为标准状态下的采样体积,m^3。

滤膜上静电荷的积累将给操作带来困难,提高或减少粒子的收集并导致电子天平出现质量误差[12]。在称量前必须消除滤膜上的静电以最小化静电对天平表面的吸引,对于用于低流速采样的特氟龙或其他滤膜来说,静电所引起的潜在误差影响尤其显著。目前常用的去除静电的方法是:在采样前或重量分析前将滤膜暴露在产生双极离子的源处,如^{210}Po 或^{241}Am,或利用电晕放电原理去除静电。

此外,操作人员的操作不规范也将导致称量误差,如取放滤膜直接用手或不洁净的镊子、忘记除静电、呼吸产生气体对滤膜表面的污染等。同一张滤膜由不同操作人员称量也易造成误差，如对天平稳定时读数的判断、除静电的差异等。因此，随着技术的发展，已有不少称量实验室利用自动称量系统替代操作人员的手工称量，尽量减少人工操作导致的误差。目前，国内环保系统中北京市环境监测中心站、上海市环境监测中心、浙江省环境监测中心等单位建有百万分之一自动称量天平室，专用于 $PM_{2.5}$ 滤膜的重量分析。

2.5 单颗粒显微分析

单粒子的形态学特征及其化学组分对于研究颗粒物的形成机理、传输过程、化学活性及来源、环境影响等方面问题十分重要[13, 14]。这里定义的单粒子分析是指分析所采集的横(侧)向粒度为 5 μm 至几毫米的单粒子。随着微观分析技术的发展，利用光学或电子显微镜技术可获得粒子的化学组成、形态(大小、形状)、物理和化学特性。较之全样品分析方法，单颗粒分析所需的样品量少、采样时间短，因此分析中短期组分变化的测量更为准确，另外，常利用单个颗粒的特征示踪自然源或人为源。但单颗粒分析一般只限于半定量分析，所用的微观分析仪器也较为昂贵。目前应用于颗粒物微观形态的分析技术主要包括：光学显微镜技术(light microscope, LM)、扫描电子显微镜技术(scanning electron microscope, SEM)、透射电子显微镜技术(transmission electron microscope, TEM)、电子探针显微分析技术(electron probe microanalysis, EPMA)、扫描探针显微镜(scanning probe microprobe, SPM)、飞行时间质谱(time of flight mass spectrometry, TOF-MS)等。

大气颗粒物的单颗粒分析最早是借助于光学显微镜技术(LM)对粗颗粒进行分析，LM 不具破坏性，是样品微量分析的首选仪器，利用光通过透镜的反射而形成放大图像，用肉眼或相机观察图像。光学显微技术可作为一种相对简单的成图工具而应用于多种情况中，根据粒子的物理或光学特征(大小、形状、表面组织、颜色、折射率、晶体学特征、双折射)识别粒子及其来源[15]，但很难根据光学特征确认物质。目前基于物理和光学特性鉴别粒子的参考书是《粒子图集》，此书包括来自各种源类、已知成分粒子的 600 多张彩色显微图片和电子扫描照片[16]，被公认为是光学显微技术鉴别粒子的主要参考资料。其将粒子分为 4 类：①扬尘粒子，如纤维和矿物质；②工业粒子，如研磨物、聚合物、化肥、清洁剂；③燃烧粒子，如机动车排放物、燃煤、油类燃烧尘；④混合粒子。例如，飞灰在显微镜下通常呈现球状；暗的碎片结构(复杂支链)通常来自燃烧源；纤维可能来自石棉或玻璃物质，也可能来自各种自然或人为源。

随着核物理测试技术的发展，核物理技术应用到大气单颗粒物研究中，最常用的是电子显微镜技术。电子显微镜技术与光学显微镜技术的成像原理基本一致，所不同的是前者用电子束做光源，用电磁场代替光学透镜并使用荧光屏将肉眼不可见电子束成像，利用电子与物质作用所产生的信号来鉴定微区域晶体结构、微细组织、化学成分、化学键结构和电子分布情况，其理论分辨率(约 0.1 nm)远高于光学显微镜的分辨率(约 200 nm)。常用的有扫描电子显微镜(SEM)和透射电子显微镜(TEM)。SEM 主要用于观察固体表面的形貌，一般与 X 射线衍射仪或电子能谱仪相结合，构成电子微探针，用于物质成分分析；TEM 常用于观察那些普通显微镜所不能分辨的细微物质结构。TEM 的光路与 LM 相仿，可直接获得一个样本的投影，但其是利用电子束穿透样品后，再用电子透镜成像放大而得名。由于 TEM 中图像细节的比对是由样品的原子对电子束的散射而形成的，电子需要穿过样本，因此样本必须非常薄，通常为 50～100 nm。原子量越高、电压越低，样本就必须越薄。TEM 的分辨率为 0.1～0.2 nm，放大倍数为几万至几十万倍。SEM 的电子束不穿过样品，仅以电子束尽量聚集在样本的一小块地方，然后一行一行地扫描样本，在样品表面激发出次级电子(二次电子、俄歇电子、背散射电子、透射电子)，次级电子的多少与电子束入射角有关，即与样品的表面结构有关。次级电子由探测体收集，并转变为光信号，再经光电倍增管和放大器转变为电信号来控制荧光屏上电子束的强度，显示出与电子束同步的扫描图像，图像为立体形象。SEM 的分辨率主要决定于样品表明上电子束的直径，放大倍数为显像管上扫描幅度与样品上扫描幅度之比，可从几十倍连续变化到几十万倍，其不需要很薄的样品。目前，常利用电子显微镜与能谱连用(SEM - EDX、TEM - EDX)表征单颗粒的形貌和成分。其中 SEM - EDX 可观察颗粒物的三维形貌并测定颗粒表面的化学成分，TEM - EDX 可用来分析颗粒的二维形貌和颗粒内部的化学成分。

扫描探针显微镜(SPM)是近年来发展起来的表面分析技术，具有极高的分辨率，从原子级到近微米级[17]，不同于某些分析仪器通过间接地或计算方法推算样品的表面结构，SPM 得到的是实时的、真实的样品表面的高分辨率图像。同时，SPM 对工作环境的要求相对宽松，不是必须在高真空条件下，可以在大气中、低温、常温、高温甚至在溶液中使用，价格相对于电子显微镜等大型仪器来讲较低。原子力显微镜(atomic force microscope, AFM)和扫描隧道显微镜(scanning tunneling microscope, STM)是 SPM 中应用较为广泛的技术，例如，Kollensperger 等[18, 19]用 AFM 识别暴露在受控的湿度和空气浓度下的硫酸铵和含碳凝聚体的大小变化，由于 AFM 技术不受粒子电导性的影响，测出粒子体积就能得到粒径，不像电子显微镜那样需要用粒子的二维投影面积计算粒径。

气溶胶飞行时间质谱仪(ATOFMS)可用来分析单颗粒物中的无机和有机离子。颗粒物先被测量粒径，然后用激光束离子化，接着将离子化的碎片立即送入到飞行时间质谱仪中分析，迅速地在线获得化学和粒径信息，目前常利用该项技术进行颗粒物来源解析，快速判别污染来源。

2.6 化学组分分析

在空气质量监测中，对收集在滤膜上的颗粒物进行化学分析已逐渐成为常规方法，主要分析颗粒物中的水溶性离子、含碳组分以及无机元素，其中既有性质稳定的组分，也有半挥发性成分。不同化学组分的分析需要不同的分析技术和分析仪器，但每种分析技术或方法都有其优点和局限，实际应用中，应根据研究需要、样品和分析仪器的特点加以选择。表 2-3 列出了颗粒物中化学组分的主要分析方法，本节主要介绍颗粒物化学组分分析的常用方法。

表 2-3　颗粒物化学组分的常用分析方法

种类	分析方法	样品前处理
水溶性离子	离子色谱法	在水中或别的液态溶剂中进行液相萃取，主要以高纯水为溶剂进行超声振荡
碳组分	热光反射(TOR) 热光透射(TOT)	采样前，石英滤膜需在高温下烘烤几小时去除杂质，采完样的样品无需预处理
无机元素	X 射线荧光(XRF) 质子诱导 X 射线发射(PIXE)	无
	电感耦合等离子体质谱(ICP-MS) 电感耦合等离子体发射光谱(ICP-AES) 原子吸收法(AAS)	超声振荡或微波消解法在水或酸溶液中进行液相萃取
有机物	GC-MS	采样前，石英滤膜需在高温下烘烤几小时去除杂质 样品采集后需试剂萃取，常见有超声提取、固相萃取、临界流体萃取、固相微萃取、加速溶剂萃取等

2.6.1 水溶性离子

水溶性离子组分占细颗粒物质量的大部分，一般包括 NH_4^+、K^+、Na^+、Mg^{2+}、Ca^{2+} 等阳离子和 F^-、NO_3^-、Cl^-、NO_2^-、PO_4^{3-}、SO_4^{2-}、Br^- 等阴离子。离子色谱(ion chromatography, IC)是目前最广泛使用的环境颗粒物样品中水溶性离子测定的主流方法。离子色谱法能够同时、快速测定多种离子，特别是在测定阴离子方面具有传统方法所不可比拟的优越性。

离子色谱的优点：快速方便，对常见阴阳离子的平均分析时间已小于 8 min；灵敏度高，分析的浓度范围为低 μg/L(1～10 μg/L)至数百 mg/L；选择性好，可通过选择恰当的分离方式、分离柱和监测方法达到分析无机和部分有机阴、阳离子；可同时分析多种离子化合物；分离柱的稳定性好、容量高。

离子色谱的分离机理主要是离子交换，可分为离子交换色谱、离子排斥色谱、离子对色谱、离子抑制色谱和金属离子配合物色谱等。其中，离子交换色谱是最常用的离子色谱，是基于溶质离子与树脂交换中心离子的相互作用强度的差异而实现分离，一般以离子交换树脂为固定相，以淋洗液为流动相，树脂分子结构中存在许多可以电离的活性中心，待分离组分中的离子会与这些活性中心发生离子交换，形成离子平衡，从而在流动相和固定相之间形成分配。溶质离子与交换中心离子的相互作用弱，在柱中保留时间短而先流出，反之则将在柱中有较长的保留时间。

离子色谱系统由输液系统、进样系统、分离系统、检测系统和数据处理系统组成(见图 2-5)，其中分离柱是最重要的部件之一，其作用是移除样品中的有机组分和其他干扰组分，柱管材料应为惰性，一般使用碱性离子交换树脂去除阴离子，用酸性交换树脂去除阳离子。分析阴离子的淋洗液一般为弱酸盐，包括氢氧化物、硼酸盐、碳酸盐、酚盐和两性离子，钠离子是较合适的阳离子；分析阳离子的淋洗液是无机酸，如硝酸、盐酸、硫酸和甲磺酸等。改变淋洗液离子是广泛使用的改变阴离子分离选择性的方法，而在阳离子的抑制性颠倒检测中，H^+ 几乎是唯一的淋洗液阳离子。抑制器的作用是将溶剂中的离子转变成低电导的形式，而将分析物转变成具有很高电导的酸的形式，从而提高检测器中信号值与背景值的比值，检测到低浓度的分析物。检测器分为两大类，即电化学检测器和光学检测器。电化学检测器中的电导检测器是离子色谱的主要检测器。

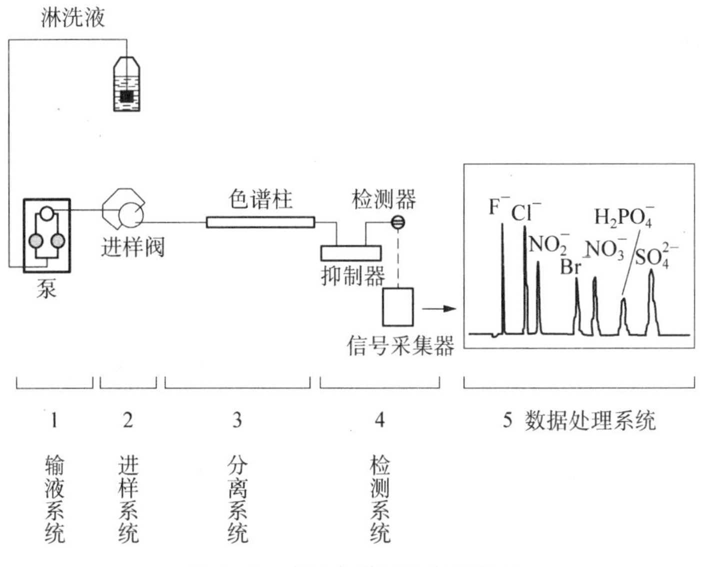

图 2-5　离子色谱的组成和流程

对颗粒物样品进行水溶性离子分析之前，必须对滤膜进行前处理，主要采用以高纯水做溶剂的超声振荡法进行萃取，再用一次性针筒和 0.45 μm PTFE 过滤头过滤除去不溶颗粒物。之后的提取液密封放入专用冰箱 4℃ 以下保存至分析使用。

2.6.2 无机元素

大气颗粒物中无机元素的分析方法有多种，包括电感耦合等离子体-质谱法（inductively coupled plasma mass spectrometry，ICP－MS）、电感耦合等离子体原子发射光谱法（inductively coupled plasma atomic emission spectrometry，ICP－AES）、中子活化分析法（instrumental neutron activation analysis，INAA）、质子激发 X 射线发射法（particle induced X-ray emission，PIXE）、原子吸收分光光度法（atomic absorption spectrophotometer，AAS）、X 射线荧光法（X-ray fluorescence，XRF）等，这些分析方法各有优势和局限性，其中，XRF、PIXE 和 INAA 属于非破坏性的分析方法，样品不需要作任何预处理，而采用 ICP－AES、ICP－MS 和 AAS 等液体进样方式的测定方法时，需要用超声振荡、微波消解或电热板消解等方法进行前处理。

1）*破坏性元素分析方法*

电感耦合等离子体质谱法（ICP－MS）作为一种大气粒子的多元素分析方法，被广泛认可和应用，可分析几乎地球上所有元素（Li～U），且对大约 65 种元素的检出限为兆分之一到兆分之一百[20]。ICP－MS 技术是 20 世纪 80 年代发展起来的新分析测试技术，以 ICP 的高温电离特性与四级杆质谱计的灵敏快速扫描的优点相结合而形成的一种新型的元素分析、同位素分析和形态分析技术。样品经预处理成为液体，经雾化进入氩气射频等离子体中，在等离子体内，自由电子轰击液滴，导致溶剂迁移，分子破裂成原子，原子电离产生电荷，再通过质谱方法识别出原子。使用一系列静电离子透镜使离子通过差分抽吸真空界面，而将他们从等离子体中抽出，静电离子透镜排斥阴性离子，而把阳性离子引入四极质谱仪中，然后根据离子的质荷比将它们分类，单个离子由电子技术倍增器检测。

电感耦合等离子体原子发射光谱（ICP－AES）和 ICP－MS 的进样部分及等离子体是极其相似的，但 ICP－AES 测量的是光学光谱（165～800 nm），ICP－MS 测量的是离子质谱，提供在 3～250 amu 范围内每一个原子质量单位（amu）的信息。

ICP－MS 的检出限大部分为 ppt 级，但是针对溶液中溶解物质很少的单纯溶液而言，若涉及固体中元素浓度的检出限，由于 ICP－MS 的耐盐量较差，一些普通的轻元素（如 S，Ca，Fe，K，Se）在 ICP－MS 中有严重的干扰，其检出限将变高。ICP－AES 大部分元素的检出限为 1～10 ppb，一些元素在洁净的试样中也可得到亚 ppb 级的检出限。

从日常工作的自动化角度出发，ICP－AES是最成熟的，可由技术不熟练的人员来应用ICP－AES专家制定的方法进行工作，ICP－MS的操作最为复杂。

ICP－MS方法可测定同位素，有利于进行污染来源解析。由于ICP－MS的仪器检出限很低，必须使用高纯度的聚四氟乙烯滤膜和超净处理技术，使样品污染的可能性降至最低。

2）X射线荧光法(XRF)

XRF是一种常用的元素分析方法，可分析从Na到U的约45种元素，且滤膜无需预处理。将样品的X射线光谱与已知元素光谱对比，或计算谱峰面积并将其与带有X射线的衰减修正量的校准标准相联系[21]，再用每张滤膜上计算出的元素质量除以滤膜采集的空气样品的体积，得到元素浓度。用XRF法分析滤膜采集的大气颗粒物时，要求薄薄的一层粒子均匀地沉积在膜表面，因此理想滤膜是聚四氟乙烯和聚碳酸酯滤膜，此类滤膜比较薄，且粒子采集效率高，不会受到显著污染；玻璃纤维和石英纤维滤膜的元素背景值高，且粒子会进入滤膜内部而不在滤膜表面，不适合用于XRF分析。

表2－4列举了主要元素分析方法的特点及原理比较。

表 2－4　各种元素分析方法的比较

分析方法	原　理	优点	缺点
X射线荧光光谱法(XRF)	利用元素内层电子跃迁产生的特征射线光谱进行元素定性定量分析	非破坏性，分析元素范围广，快速，便于自动化	对轻元素(如S和卤化物)的分析灵敏度差，容易受相互元素干扰和叠加峰影响
质子诱导X射线发射法(PIXE)	当高能质子束轰击样品时，外壳层电子向内壳层电子跃迁，发射出不同能量的特征射线。由其能量和强度可确定样品中元素的种类及含量	非破坏性，可分析小直径的样品。灵敏度高，分析速度快	仪器普及性较差
中子活化分析(INAA)	通过鉴别和测试试样因辐照感生的放射性核素的特征辐射，进行元素和核素分析的放射分析	非破坏性，灵敏度极高，选择性最强，可进行超痕量元素分析	成本高
电感耦合等离子体质谱(ICP－MS)	待测样品经雾化，在高温高频作用下被电离，经质谱仪使各种质荷比的离子按质荷比大小排列并依此进入通道式电子倍增管，产生电脉冲	灵敏度高，可测定元素范围广，可测定同位素，可进行金属元素的形态分析	仪器昂贵，测试成本高

（续表）

分析方法	原　理	优点	缺点
电感耦合等离子体原子发射光谱(ICP-AES)	元素的原子由激发态回到基态过程中发射的光形成该元素的原子特征光谱，据此测定元素含量	灵敏度高，基体效益小	仪器和测试成本较高，预处理较为繁琐
原子吸收光谱(AAS)	基于样品中的基态原子对钙元素的特征谱线的吸收程度来测定待测元素的含量	选择性好，分析速度快，检出限低	每次仅测一种元素，需要更换元素光源灯

2.6.3　含碳组分

测定含碳组分总量的方法有多种，主要包括热学方法(thermal methods)、热-光方法(thermal-optical methods)和光学方法(optical methods)。光学方法主要是估量样品中 EC 或黑碳的浓度，根据比尔定律：收集在滤膜上的微粒对光线的吸收与其中的 EC 浓度呈线性关系，吸光系数，即吸收的光量与 EC 浓度(滤膜上的量)之间的关系，可以通过实验确定，并随 EC 的来源及采样介质的不同而变化。常见的光学法仪器如黑碳测量仪，是利用滤膜透射连续测定收集在石英纤维滤膜上的 EC[22, 23]。

热学法和热-光法是当前应用最多的两种方法，主要依据 OC 和 EC 化学稳定性、吸光性的不同而对其进行分别测定。热学方法所用的滤膜本身不能含碳，因而不能使用特氟龙滤膜，目前使用较为广泛的滤膜材质是石英滤膜和玻璃滤膜。在采样之前，必须加热滤膜以降低初始的碳空白水平。

热学法是指通过加热使颗粒物中含碳组分依次逸出，并在不同温度下氧化分解并转化成 CO_2，最后进行碳测定。利用温度和惰性气体与氧化剂相结合的方法区别 OC 和 EC，该方法既可在氮气、氦气中，也可在空气或氧气中使有机碳挥发和分解，必须严格对加热时间和加热温度进行控制。

热-光法是在热分解理论的基础上，将光学测量法引入碳的测定，包括热-光反射法(thermal-optical reflection, TOR)和热-光透射法(thermal-optical transmission, TOT)，分别由美国沙漠研究所的 Chow 等[24]和美国国家职业安全与健康研究所(National Institute of Occupational Safety and Health, NIOSH)的 Birch 和 Cary 等[25]建立，应用于美国环保署的 IMPROVE 监测网和 STN 监测网。

TOT 和 TOR 在 4 个温度段内转化碳，首先在氦气环境中确定石英纤维滤膜上的 OC(有机碳)，然后在氦/氮混合气体的环境中经过 3 个温度段生成 EC(元素碳)。生成的碳首先在催化作用下氧化为 CO_2，还原成 CH_4，然后用火焰离子化检测器(FID)进行定量测定[26—30]。

TOR 方法的前提是认为 EC 是唯一的吸光物质，利用 EC 吸收光的性质，通过测定滤膜样品对光的反射率，并结合 CO_2 与 CH_4 的浓度变化测出 OC 和 EC 的浓度，再通过改变惰性气体与 O_2 的配比，把 EC 从 OC 中分离出来并准确测定。其装置中设有光反射系统，可以对 OC 热解为 EC 的测定误差进行校正，当 OC 转变为 EC 时，滤膜的反射光强度会降低，当反射光回到实验初始值的那一点即为 OC 与 EC 的分界点，也作为 EC 测定的起点。在 IMPROVE 程序中[29]，滤膜首先在惰性气体中经阶段升温被加热至 550℃以测定 OC1～OC4，理论上讲，颗粒物中的有机碳在这个过程中全部挥发，而元素碳仍然保留在滤膜上，挥发的有机碳首先被氧化成 CO_2，再被转化成 CH_4，最后由火焰离子化检测器(FID)定量。滤膜再在氧化性的气体中经阶段升温被加热至 800℃，以测定 EC1～EC3。在 OC 阶段，部分有机物会焦化形成 PC，成为聚合碳。PC 是一种具有吸光性的物质，需要在氧化性气体中才能从滤膜上解析出来，因此在 OC 阶段由于 PC 的形成会出现滤膜反射率下降的现象。在氧化性气体中，具有吸光性的碳(PC 和 EC)从滤膜上解析，因此滤膜的反射率开始上升。在热-光反射法中，将从 EC 阶段开始到滤膜反射率上升至初始值之前解析的碳定义为 PC，这样修正后的 OC 浓度即 OC1＋OC2＋OC3＋OC4＋PC，修正后的 EC 浓度即 EC1＋EC2＋EC3－PC。典型的 TOR 法的热谱图如图2－6

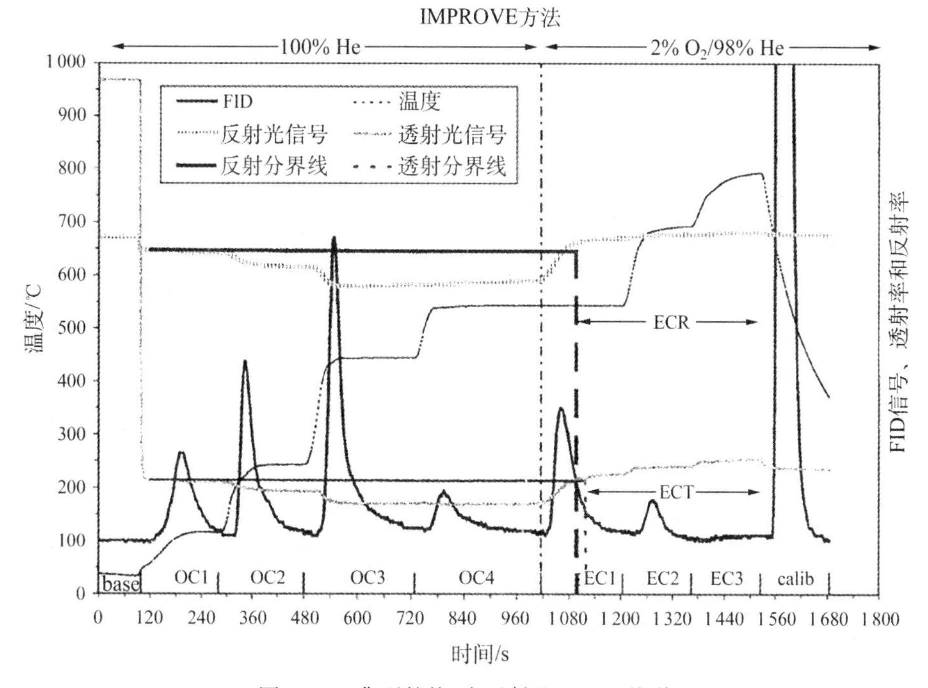

图 2－6 典型的热-光反射法(TOR)热谱

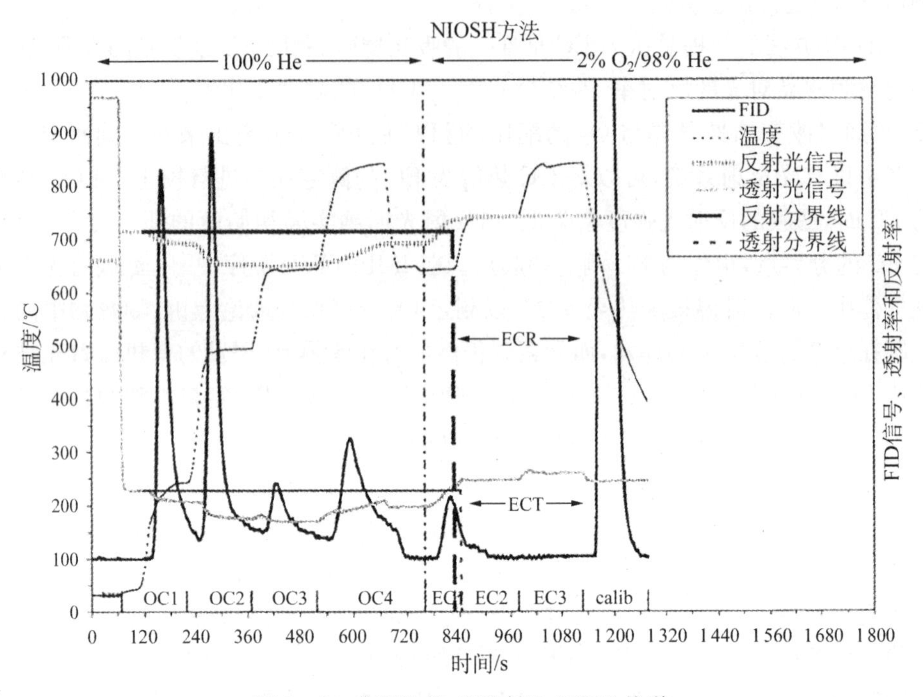

图 2-7　典型的热-光透射法(TOT)热谱

所示。TOT 法是将测反射率改为测透射率，利用光透射率的改变判断 OC 和 EC 的分界点，提高了分析方法的准确性。典型的 TOT 法的热谱图如图 2-7 所示[31]。

不同碳分析方法的区别在于：使用碳的直接或间接测量、加热温度、每个温度下分析时间的长度、温度增高的比率、用于氧化有机化合物的气体以及调整高温分解的方法[24, 32—34]。各种碳的直接测量方法测得的总碳量相似[9]，而各个方法在操作上的差异导致了 EC 和 OC 之间的浓度差异。热学法通常对“结碳”不作校正或考虑，认为在 OC 阶段，OC 被完全氧化分解，剩下的全部是 EC 且此过程 EC 不会被氧化，不会产生聚合碳，并根据不同温度段释放出的气体浓度确定 OC 和 EC 的分界点。热-光法是通过光学方法对 OC 裂解产生的聚合碳进行检测，根据反射光或透射光的变化判定 OC 和 EC 的分界点：当 OC 碳化时，滤膜的反射光或透射光强度会降低。当强度回到原来值的那一点即为 OC、EC 分界点，也作为 EC 测定的起点。而 TOR 法和 TOT 法之间主要的差异是它们的温度程序不同[31]。一般来说，TOR 法测得的 EC 比 TOT 法高 2 倍，而 TOT 法测得的 OC 比 TOR 法高 10%～20%。表 2-5 所示为主要测定方法的比较[45]。

表2-5 颗粒物碳组分OC、EC的主要测定方法比较

方法	检测原理
热分解法	● 在8%的O_2和He气体中，分两次测定OC(450℃)和EC(950℃) ● 热导法测CO_2 ● 对OC为直接测定，EC为间接测定，后者误差较大 ● 灵敏度低，检测下限为5 μg C，定量检测下限为13.8 μg C ● 主要用于有机物纯品分析的商业化仪器CHN元素分析仪
热-光反射法(TOR)	● 在无氧的纯He环境中，分别在120℃(OC1)、250℃(OC2)、450℃(OC3)和550℃(OC4)的温度下测定OC；然后在含2% O_2的He环境下，分别于550℃(EC1)、700℃(EC2)和800℃(EC1)逐步加热测定EC ● FID测定CH_4，灵敏度高，检测下限为0.2 μg C ● 可直接测定OC、EC，对第一步中由部分OC裂解产生的EC用光学方法加以校正
热-光透射法(TOT)	● 一次同时测定OC、EC。首先在He气体中600℃测定OC，再在含2%O_2的He气体中850℃测EC ● FID测CH_4，灵敏度高，检测下限为0.6 μg C ● 可直接测定OC、EC，对第一步中由部分OC裂解产生的EC用光学方法加以校正

2.6.4 有机组分

有机气溶胶是大气气溶胶的主要成分，总含量很高，一般占PM$_{2.5}$质量的20%～60%[35]，其可以提供有关碳质微粒来源和形成过程的大量信息[36]。细颗粒物中的有机组分非常复杂，种类繁多，目前并没有一种单一的分析方法适合于所有的有机物，美国的IMPROVE化学组分监测网收集的样品中，也只分析了有限数量样品中一部分有机化合物。常见的有机组分单体分析方法主要是光谱法和色谱法。

光谱法包括傅里叶变换红外光谱法(FTIR)、拉曼法(Raman)、核磁共振等可以提供气溶胶中有机物的官能团和化学键的信息。傅里叶变换红外光谱法是分子吸收光谱法的一种，利用物质对红外光段的电磁辐射的选择性吸收来进行结构分析及定性、定量分析。拉曼光谱法是一种散射光谱，基于拉曼散射效应，对于入射光频率不同的散射光谱进行分析以得到分子振动、转动方面的信息。其中，傅里叶变换红外光谱法被广泛应用于有机气溶胶的定性分析，该技术相对较快且价格便宜，不需要对样品进行抽提和其他预处理，样品需求量低，但不确定性也较高[37]。

色谱法利用不同物质在不同相态的选择性分配，以流动相对固定相中的混合物进行洗脱，混合物中不同的物质会以不同的速度沿固定相移动，最终达到分离的效果。色谱法被广泛应用于大气颗粒物的研究领域，包括气相色谱(GC)、高效液

相色谱(HPLC)、气相色谱-质谱联用(GC-MS)和高效液相色谱-质谱联用(HPLC-MS)等技术。

1) 气相色谱法(GC)

气相色谱法是指用气体作为流动相的色谱法,根据固定相的不同又可分为气-固色谱和气-液色谱。气相色谱系统包括气路系统、进样系统、分离系统、温控系统和检测记录系统,组分能否分开,关键在于色谱柱;分离后的组分能否检定出来则在于检测系统,所以分离系统和检测系统是两大核心部件。

气相色谱主要利用物质的沸点、极性及吸附性质的差异来实现混合物的分离:待分析样品在气化室气化后被惰性气体(流动相)带入色谱柱,柱内还有液体或固体固定相,由于样品中各组分的沸点、极性或吸附性能不同,每种组分都倾向于在流动相和固定相之间形成分配或吸附平衡,由于载气的流动,使得样品各组分在运动中进行反复多次的分配或吸附/解吸附,吸附力弱的组分容易被解吸下来,最先离开色谱柱,而吸附力最强的组分最不容易被解吸下来,所以最后离开色谱柱。当组分流出色谱柱后,立即进入检测器,检测器能够将样品组分转变为电信号,电信号的大小与被测组分的量或浓度成正比,根据色谱流出曲线上得到的每个峰的保留时间,与标准物质的谱图进行比对,可以定性分析出各种组分;根据峰的面积或峰高的大小,可以定量分析各组分浓度。具体流程如图 2-8 所示。

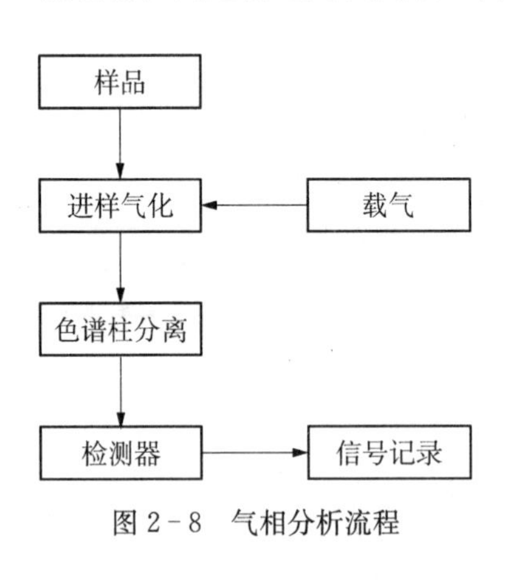

图 2-8 气相分析流程

气相色谱法中可选做固定相的物质很多,是一种分析速度快、分离效率高的分离分析方法,具有分析灵敏度高、应用范围广等优点,适用于非极性、易挥发的有机组分分析。

2) 高效液相色谱(HPLC)

高效液相色谱是色谱法的一个重要分支,以液体为流动相,采用高压输液系统,将具有不同极性的单一溶剂或不同比例的混合溶剂、缓冲剂等流动相泵入装有固定相的色谱柱,在柱内各成分被分离后,进入检测器进行检测。与气相色谱相比,HPLC 对待测组分的要求宽松得多,具有"四高一广"的特点。①高压:由于流动相为液体,黏度较高,收到阻力较大,必须对载液加高压使其能迅速通过色谱柱;②高速:分析速度快、载液流速快,通常分析一个样品用时 15～30 min;③高效:分离效能高;④高灵敏度:进样量为 μL 数量级;⑤应用范围广:70%以上的有机化合物可用 HPLC 分析,特别是高沸点、大分子、强极性、热稳定性差的化合物的分离分析。但高效液相色谱的缺点是有"柱外效应":在从进样到检测器之间,若柱子以外的任何地方流动相的流型发生变化，被分离物质的任何扩散和滞留都会显著导致色谱峰加宽，柱效率降低，其检测器的灵敏度也不及气相色谱。

高效液相色谱仪由高压输液泵、色谱柱、进样器、检测器、馏分收集器及数据获取与处理系统等部分组成，其整体构成类似气相色谱，具体工作流程如图 2－9 所示。溶剂贮存器 1 中的流动相被泵 2 吸入，经梯度控制器 3 按一定的梯度进行混合然后输出，经仪表 4 测其压力和流量，导入进样阀 5 经保护柱 6、分离柱 7 后到检测器 8 检测，由数据处理设备 10 处理数据或记录仪 11 记录色谱图，再由馏分收集器 12 收集馏分，进入废液缸 13 成为废液。

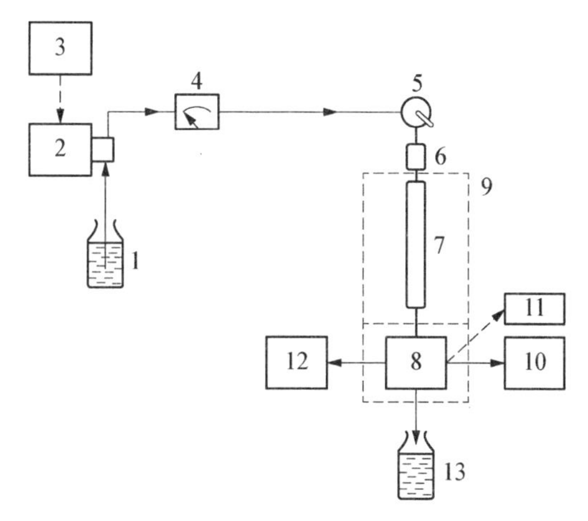

图 2－9　高效液相色谱工作流程

3）气相色谱-质谱联用（GC－MS）

定性和定量分析大气颗粒物样品中有机化合物的最常用方法就是气相色谱-质谱联用（GC－MS），其将色谱的分离能力与质谱的定性检测功能结合起来，简化了样品的前处理过程，使样品分析更简便。可以认为，GC－MS 是一种用质谱仪做检测器的特殊气相色谱，主要包括：真空系统、进样系统、离子源、质量分析器、检测器以及数据采集和控制系统等。当待测样品经气相色谱分离后，各个组分依次进入质谱检测器。各组分在离子源被电离，产生不同质荷比的带正电荷的离子，经加速电场的作用，形成离子束，进入质量分析器，再利用电场和磁场使发生相反的速度色散，将它们分别聚焦而得到质谱图，从而确定其质量。

GC－MS 主要用于复杂混合物的成分分析、杂质成分的鉴定和定量分析、目标化合物残留的定量分析等，一般适合分析小分子、易挥发、热稳定差、能气化的化合物。在众多有机组分的分析方法中，其被证明是检测大气颗粒物样品中单个有机物特别是非极性有机物的好方法[37]。传统的 GC－MS 分析程序为：先将颗粒物中的有机物提取至液相，萃取样品时，主要采用 Soxhlet 萃取法，超声速、超临界流体萃取法，以尽可能地把滤膜上的极性和非极性有机化合物完全萃取出来[35, 38—44]。最典型的样品萃取是利用旋转脱水法进行浓缩，再通入高纯度的氮气气流或其他惰性气体使溶剂进一步脱水，浓缩萃取出的物质用以二氧化硅或氧化铝为填料的填充柱进行色谱分析。最后将不同组分的分离物注入分析仪进行分析。

目前应用 GC－MS 法可分离鉴别出的有机组分包括多环芳烃、正构烷烃、脂肪酸、链烷醇、醛类、酮类、杂环化合物类等十余种。由于前处理中有机组分并不能完全被萃取，高相对分子质量的有机物（如 C>40）和极性强的化合物不能通过 GC 洗提，GC－MS 方法仅能将颗粒物中 10%～15%的质量解析为特定的化合物[35]。此外，一些有机化合物不易被抽提或者它们的 GC－MS 谱图不易在分子水平被分辨出来。对于细颗粒物中的有机物质而言，相对分子质量极大（1 000～1 000 000）的腐殖类不能被萃取或者能被萃取但不能从分离柱中逸出[45]。

4）高效液相色谱-质谱联用（HPLC－MS）

高效液相色谱-质谱联用法结合了液相色谱仪有效分离热不稳定性及高沸点化合物的分离能力与质谱仪很强的组分检定能力，对于高极性、难挥发的大分子有机物，较之 GC－MS 具有较大优势。但由于液相色谱流动相对质谱工作环境的影响以及质谱离子源温度对液相色谱分析试样的影响，HPLC 与 MS 的联用比 GC 与 MS 的联用难度更高。其不足之处在于：①沸点与溶剂相近或低的组分不能测；②某种意义上失去了 HPLC 分离热不稳定性物质的优点；③溶剂很难挥发尽，本底效应高，不利于分辨。此外，不同于 GC－MS，HPLC－MS 一般没有商品化的谱库可对比查询，只能靠使用者自己建库或自己解析谱图。

参考文献

[1] 谢淑艳，杜丽，王晓彦，等. 中国环境空气质量手工监测技术规范需改进的几点建议[J]. 中国环境监测，2014，30(5)：69－72.

[2] Mark D. Problems associated with the use of membrane filters for dust sampling when compositional analysis is required [J]. Ann. Occup. Hyg.，1974，17：35.

[3] Demuynck. Determination of irreversible absorption of water on air sampling filters [J]. Atmos. Environ，1975，9：523－528.

[4] Charell P R，Hawley R G. Characteristics of water adsorption on air sampling filters [J]. Am. Ind. Hyg. Assoc. J. 1981，42：353－360.

[5] Englebrecht D R，Cahill T A，Feeney P J. Electrostatic effects on gravimetric analysis of membrane filters [J]. J. Air Pollut. Control Assoc.，1980，30：391.

[6] Chow J C，Watson J G，Egami R T，et al. Evaluation of regenerative air vacuum street sweeping on geological contributions to PM_{10} [J]. Air Waste Manag. Assoc.，1990，40：1134.

[7] Davis B L, Johnson L R. On the use of various filter substrates for quantitative particulate analysis by X-ray diffraction [J]. Atmos. Environ., 1982,16:273.

[8] Lippmann M. Filters and filter holders. Air sampling instruments for evaluation of atmospheric contaminants [C]. B. S. Cohen and C. S. McCammon, Jr. Cincinnati, OH: American-Conference of Government Industrial Hygienists, 2001:281 - 314.

[9] Chow J C. Measurement methods to determine compliance with ambient air quality standards for suspended particles [J]. J Air Waste Manage. Assoc., 1995,45:320 - 382.

[10] Wilson W E, Chow J C, Claiborn C S, et al. Monitoring of particulate matter outdoors [J]. Chemosphere, 2002,49:1009 - 1043.

[11] USEPA. Reference Method for the Determination of Fine Particulate Matter as $PM_{2.5}$ in the Atmosphere. http://www.gpo.gov/fdsys/pkg/CFR-2013-title40-vol2/pdf/CFR-2013-title40-vol2-part50-appL.pdf. 2013.

[12] Englebrecht D R, Cahill T A, Feeney P J. Electrostatic effects on gravimetric analysis of membrane filters [J]. J. Air Pollut. Control Assoc., 1980,30:391.

[13] 肖锐,刘咸德,梁汉东,等. 北京市春夏季大气气溶胶的单颗粒分析表征[J]. 岩矿测试, 2004,02:125 - 131.

[14] 邵龙义,杨书申,李卫军,等. 大气颗粒物单颗粒分析方法的应用现状及展望[J]. 古地理学报. 2005,04:535 - 548.

[15] Grasserbauer M. Characterization of individual airborne particles by light microscopy, electron and ion probe microanalysis, and electron microscopy. Analysis of airborne particles by Physical Methods [M]. H. Malissa. West Palm Beach, FL: CRC Press, 1978:125 - 178.

[16] McCrone W C, Delly J G. The Particle Atlas [M]. MI: Ann Arbor Science, 1973.

[17] Howland R, Benatar L. A Pratical Guide to Scanning Probe Microscopy [M]. Sunnyvale, CA.: Park Scientific Instruments, 1996.

[18] Kollensperger G, Friedbacher G, Krammer A, et al. Application of atomic force microscopy to particle sizing [J]. Fresenius J. Anal. Chem., 1999a, 363:323 - 332.

[19] Kollensperger G, Friedbacher G, Krammer A, et al. Application of atomic force microscopy to particle sizing [J]. Fresenius J. Anal. Chem., 1999b, 364:294 - 304.

[20] Grohse P M. Trace element analysis of airborne particles by atomic absorption spectroscopy, inductively coupled plasma-atomic emission spectroscopy, and inductively coupled plasma-mass spectrometry. In Environmental Analysis of Airborne Particles. Advances in Environmental, Industrial and Process Control Technologies [M]. the Netherlands: Gordon and Breach Science Publishers, 1999,1 - 65.

[21] Dzubay T G, Stevens R K. Sampling and Analysis Methods for Ambient PM_{10} Aerosol, Receptor Modeling for Air Quality Management [M]. New York: Elsevier,

1991:11 - 44.

[22] Rosen H A, Hansen D A, Gundel L, et al. Identification of the optically absorbing component in urban aerosols [J]. Appl. Opt., 1978,17(24):3859 - 3861.

[23] Hansen A D, Novakov T. Real-time measurement of aerosol black carbon during the carbonaceous species methods comparison study [J]. Aerosol Sci. Technol, 1990, 122:194 - 199.

[24] Chow J C, Watson J G, Pritchett L C, et al. The DRI thermal/ optical reflectance carbon analysis system: Description, evaluation and application species in U. S. air quality studies [J]. Atmos. Environ., 1993,8:1185 - 1201.

[25] Birch M E, Cary R A. Environmental carbon-based method for monitoring occupational exposures to particulate diesel exhaust [J]. Aerosol Sci. Technol., 1996,25:221 - 241.

[26] Johson R L, Shaw J J, Cary R A, et al. An Automated Thermal-Optical Method for The Analysis of Carbonaceous Aerosl. ACS Symposium Series 167: Atmospheric Aerosol, Source/ Air Quality Relationships [M]. New York: Plenum Press, 1981: 223 - 233.

[27] Stevens R K, McClenny W A, Dzubay T G. Analytical Method to Measure The Carbonaceous Content of Aerosols. Particulate Carbon: Atmospheric Life Cycle [M]. New York: Plenum Press, 1982:111 - 129.

[28] Huntzicker J J, Johnson J J, Shah J J, et al. Analysis of organic and elemental carbon in ambient aerosols by a thermal-optical method. Particulate Carbon: Atmospheric Life Cycle [M]. New York: Plenum Press, 1982:79 - 88.

[29] Grosjean D. Particulate carbon in Los Angeles air [J]. Sci Total Environ., 1984,32: 133 - 145.

[30] Hering S V, Appel B R, Cheng W, et al. Comparison of sampling methods for carbonaceous aerosols in ambient air [J]. Aerosol Sci. Technol., 1990. 12:200 - 213.

[31] Chow J C, Watson J G, Crow D, et al. Comparison of IMPROVE and NIOSH Carbon Measurements [J]. Aerosol Sci. Technol., 2001,34:23 - 24.

[32] Hering S V, Appel B R, Cheng W, et al. Comparison of sampling methods for carbonaceous aerosols in ambient air [J]. Aerosol Sci. Technol., 1990,12:200 - 213.

[33] Cadle S H, Groblicki P J. An Evaluation of Methods for The Determination of Organic and Elemental Carbon in Particulate Samples. Atmospheric Life Cycle [M]. New York: Plenum Press, 1982,89 - 109.

[34] Birch M E. Analysis of carbonaceous aerosols: Interlaboratory comparison [J]. Analyst, 1 998,123:851 - 857.

[35] Rogge W F, Mazurek M A, Hildemann L M, et al. Qantitation of urban organic aerosols on a molecular level: identification, abundance and seasonal variation [J].

Atmos. Environ. , 1993,27:1309 - 1330.

[36] Schauer J J, Rogge W F, Hildemann L M, et al. Source apportionment of airborne particulate matter using organic compounds as tracers [J]. Atmos. Envirn. , 1996,30: 3837 - 3855.

[37] Turpin B J, Saxena P, Andrews E. Measuring and simulating particulate organics in the atmosphere: problems and prospects [J]. Atmos. Environ. , 2000, 34: 2983 - 3013.

[38] Paputa-Peck M C, Marano R S, Scheutzle D, et al. Determination of nitrated polynuclear aromatic hydrocarbons in particulate extracts by capillary column gas chromatography with nitrogen selective detection [J]. Anal Chem. , 1983,55:1946 - 1954.

[39] Nielsen T, Seitz T, Ramdahl T. Occurrence of nitro-PAH in the atmosphere in a rural environment [J]. Atmos. Environ. , 1984,18:2159 - 2165.

[40] Kamens R M, Bell D, Dietrich A, et al. Mutagenic transformations of dilute wood smoke systems in the presence of ozone and nitrogen dioxide. Analysis of selected high-pressure liquid chromatography fractions from wood smoke particle extracts [J]. Environ. Sci. Technol. , 1985,19:63 - 69.

[41] Bayona J M, Markides K E, Lee M L. Characterization of polar polycyclic aromatic compounds in a heavy-duty diesel exhaust particulate by capillary column gas chromatography and high-resolution mass spectrometry [J]. Environ. Sci. Technol. , 1988,22:1440 - 1447.

[42] Hildemann L M, Mazurek M A, Cass G R, et al. Seasonal trends in Los Angeles ambient organic aerosol observed by high-resolution gas chromatography [J]. Aerosol Sci. Technol. , 1994,20(4):303 - 317.

[43] Turpin B J, Huntzicker J J, Hering S V. Investigation of organic aerosol sampling artifacts in the Los Angeles Basin [J]. Atmos. Environ. , 1994,19:3061 - 3071.

[44] Allen J O, Dookeran N M, Taghizadeh K, et al. Evaluation of the TEOM method for measurement of ambient particulate mass in urban areas [J]. J. Air Waste Manage. 1997,47:682 - 689.

[45] 贺克斌,杨复沫,段凤魁,等. 大气颗粒物与区域复合污染[M]. 北京:科学出版社. 2011:114 -116;105 - 109.

第3章　$PM_{2.5}$自动监测

3.1　国内外 $PM_{2.5}$自动监测情况

3.1.1　国外情况

美国环境保护署于1971年发布总悬浮颗粒物（TSP）标准，1987年发布 PM_{10}标准，开始了对 PM_{10}的业务化观测，1997年发布 $PM_{2.5}$标准，1999年开始建设 $PM_{2.5}$监测网络，2006年收严 $PM_{2.5}$和 PM_{10}标准，PM_{10}的24小时均值标准限值为150 μg/m³，$PM_{2.5}$的年均值标准限值为15 μg/m³，24小时均值标准限值为35 μg/m³。2012年，进一步把 $PM_{2.5}$的一级标准年均值标准限值修订为12 μg/m³。

美国从2009年开始 $PM_{2.5}$自动监测方法的认定，为执行美国空气质量标准（NAQQS），联邦管理法规（Codes of Federal Regulations）40 CFR parts 53 规定标准污染物的监测方法必须经过 EPA 认证后才能在各监测站点安装运行。美国将各种监测方法分别认证为联邦参比方法（FRM）和联邦等效方法（FEM）。目前，在美国 $PM_{2.5}$监测网络中主要以微量振荡天平法仪器和β射线法仪器为主，占比达到90%以上，光学法仪器所占比例较少。同时，美国发布了认证仪器的名录，并为每个型号设备提供详细使用说明和持续更新标准操作规程、质量保证/质量控制（Quality Assurance/Quality Control，QA/QC）手册，以保证监测数据的可靠性和准确性。

欧洲空气质量监测网络分为涵盖欧盟各国的区域监测网络和各国内部的监测网络两大体系，两个体系在监测范围和监测项目上互为补充。欧洲监测和评价计划（European Monitoring and Evaluation Program，EMEP）网络从1998年开始 PM_{10}的网络化观测，至今已有十几个国家参与，部分国家也对 $PM_{2.5}$进行观测。目前，大部分欧洲国家都是同时监测 PM_{10}和 $PM_{2.5}$，且 $PM_{2.5}$的监测点位数量在逐渐增加。

在欧洲，重量法仍然是 $PM_{2.5}$的主要监测手段。在监测规范方面，2005年欧洲标准化委员会（CEN）颁布的 CEN 14907 标准中规定了 $PM_{2.5}$测量的参比方法（重量法)，并对其操作规程、QA/QC 做了详细的规定。此外，欧盟还开展了 $PM_{2.5}$ 自动监测设备的比对试验工作，对如何建立颗粒物等效测量方法编写了技术指南，但尚未对 $PM_{2.5}$ 自动监测仪器开展认证工作。

在欧盟发布的关于 2008 年空气质量评价的年度报告中显示，27 个欧盟成员国中，总计有 518 个 $PM_{2.5}$ 监测点位，其中使用β射线法、微量振荡天平法和微量振荡天平-滤膜动态测量系统(TEOM - FDMS)联用法的 $PM_{2.5}$ 监测点位数分别为 186 个(占总点位数的 36%)、56 个(11%)和 105 个(20%)，其他各类方法点位数为 171 个(33%)。

3.1.2 国内情况

2012 年 2 月 29 日，国家环境保护部发布了新版《环境空气质量标准》(GB 3095—2012)，并对新标准在全国的实施给出了明确的时间表。具体实施时间和范围为:2012 年，京津冀、长三角、珠三角等重点区域以及直辖市和省会城市;2013 年，113 个环境保护重点城市和国家环保模范城市;2015 年，所有地级以上城市;2016 年 1 月 1 日，全国实施新标准。

新版空气质量标准中，增加了 $PM_{2.5}$ 等监测指标，为确保 $PM_{2.5}$ 监测的顺利实施，建立适合于我国实际情况的 $PM_{2.5}$ 监测方法体系显得尤为迫切。因此，中国环境监测总站组织开展了 $PM_{2.5}$ 监测方法的比对监测工作。鉴于我国地域范围较广，气候条件差异较大，因此比对监测工作选择在北京、济南、上海、广州、重庆等几个代表性的区域开展。经过几个典型季节的比对，最终出台了 $PM_{2.5}$ 标准监测方法选型指南，其中主要涉及了微量振荡天平联用膜动态测量系统法、带动态湿度控制系统(DHS)的β射线法、β射线联用光散射法等监测方法。

目前，国内各省市均根据自身情况，选择了适合于本区域的监测方法，例如北京、上海和广州选择了微量振荡天平联用膜动态测量系统法作为本区域的 $PM_{2.5}$ 自动监测方法，山东和江苏选择了带动态湿度控制系统(DHS)的β射线法作为 $PM_{2.5}$ 的自动监测方法，浙江选择了β射线联用光散射法作为 $PM_{2.5}$ 的自动监测方法。根据中国环境监测总站统计，截至 2013 年年底，全国范围内不同原理、品牌的 $PM_{2.5}$ 监测仪的使用情况为:美国热电 SHARP 5030 占 43.5%;美国 METONE BAM 1020 占 25.2%;美国热电 TEOM 1405F 占 16.3%;河北先河占 9.7%;武汉天虹占 2.0%;北京中晟泰科占 2.0%;其他占 1.2%。$PM_{2.5}$ 仪器国产率为 13.7%。由此可见，不同的 $PM_{2.5}$ 监测方法在我国的使用分布较为广泛，为保证 $PM_{2.5}$ 监测数据的准确性和可比性，开展 $PM_{2.5}$ 的规范化监测显得尤为重要。

为此，我国制定并发布了颗粒物监测仪器和监测方法相关的一系列标准规范。《环境空气 PM_{10} 和 $PM_{2.5}$ 的测定　重量法》(HJ 618—2011)标准对测定环境空气中 PM_{10} 和 $PM_{2.5}$ 的重量法进行了规范;《环境空气颗粒物(PM_{10} 和 $PM_{2.5}$)采样器技术要求及检测方法》(HJ/T 93—2013)对环境空气颗粒物(PM_{10}和 $PM_{2.5}$)采样器的技术要求、性能指标和检测方法做了具体规定;《环境空气颗粒物(PM_{10}和 $PM_{2.5}$)连续自动监测系统技术要求及检测方法》(HJ 653—2013)对环境空气颗粒物(PM_{10}和 $PM_{2.5}$)连续自动监测系统的技术要求、性能指标和检测方法做了具体规定;《环境空气颗粒物(PM_{10}和 $PM_{2.5}$)连续自动监测系统安装和验收技术规范》(HJ 655—2013)对环境空气颗粒物(PM_{10}和 $PM_{2.5}$)连续自动监测系统安装、调试、试运行和验收技术要求做了具体规定;《环境空气颗粒物($PM_{2.5}$)手工监测方法(重量法)技术规范》(HJ 656—2013)对环境空气颗粒物($PM_{2.5}$)手工监测方法(重量法)的采样、分析、数据处理、质量控制和质量保证等方面做了具体规定。上述标准的发布,对颗粒物采样器的设计、生产和检测,环境空气 PM_{10}和 $PM_{2.5}$的手工监测和连续自动监测具有重要指导意义。

3.2 $PM_{2.5}$质量浓度自动监测

3.2.1 微量振荡天平法

3.2.1.1 微量振荡天平的基本原理

微量振荡天平法的基本原理是重量法,“重量法”原理是指捕集到特定介质上的颗粒物质量改变“直接”引起监测信号变化的技术,这种原理不存在由于颗粒物载带物质的物化性质及含量的不同而带来的不确定性因素。

微量振荡天平法是在质量传感器内使用一个振荡空心锥形管,在空心锥形管振荡端上安放可更换的滤膜,振荡频率取决于锥形管特性和它的质量。当采样气体通过滤膜,其中的颗粒物沉积在滤膜上,滤膜质量变化导致振荡频率变化,通过测量振荡频率的变化计算出沉积在滤膜上颗粒物的质量,根据采样流量、采样现场环境温度和气压计算出该时段的颗粒物标态质量浓度。颗粒物质量与振荡频率之间的关系可由下式表示:

$$\mathrm{d}m = k_0\left[\left(\frac{1}{f_1^2}\right)-\left(\frac{1}{f_0^2}\right)\right] \tag{3-1}$$

式中:$\mathrm{d}m$ 为变化的质量;k_0 为弹性常数(包括质量变换因子);f_0 为初始频率;f_1 为最终频率。

微量振荡天平仪器由频率测量单元和控制单元组成,其原理是电磁铁的激励线圈通电之后,其中的电流就从零值逐渐增长,由于任何线圈中不仅有电阻,且还有一定的电感,故电流按指数曲线的规律逐渐上升。随着电流增大到一定数值时,磁通量也相应地增长到一定值,电磁铁所产生的电磁吸力使振荡管开始运动。由于阻力的存在,振荡管在振荡过程中存在能量损失,振幅会逐渐减小,电磁铁在适当的驱动信号的驱动下，对振荡管产生一个驱动力，用以抵消锥形振荡管振荡过程中振荡检测和控制技术中的能量损失，保证振荡管基本保持等幅振荡。当锥形振荡管振荡时，线性霍耳传感器将产生与振荡管振荡频率相同的磁场强度变化信号，进一步转换为交流电压信号，经过放大和积分整形后得到对应该频率的脉冲信号。最后，经数字信号控制系统中的频率计测量到锥形振荡管的振荡频率。

3.2.1.2 微量振荡天平联用膜动态测量系统

$PM_{2.5}$中包括较稳定的不挥发组分和不稳定的半挥发组分，其中不挥发组分主要包括硫酸盐、元素碳及金属元素等[1]；半挥发组分主要包括硝酸铵和低分子量的有机物等，该类组分以气固动态平衡形式存在，不同的温度会对其气固相分配产生影响[1,2]。研究结果表明，上海 $PM_{2.5}$中硝酸盐、氨盐、有机物所占比重较高[3,4]，可达 50%以上[5]，因此 $PM_{2.5}$观测中半挥发性组分的挥发问题应该受到关注。

采用微量振荡天平法开展 $PM_{2.5}$的观测，由于该方法采样系统中的加热环节(通常采用 30～50℃加热)会带来不同程度的半挥发性组分的损失，只能获得不挥发颗粒物的浓度，进而导致 $PM_{2.5}$的测值偏低[6,7]。从国外研究可以看到，一些集成采样器，如 PC - BOSS(particle concentrator-Brigham Young University organic sampling system)能够同时监测 $PM_{2.5}$中不挥发和半挥发的颗粒物[8]。尽管该类采样器能够准确监测 $PM_{2.5}$浓度，但该类手工监测牵涉环节较多，质量控制难度较高，分析时间周期较长，需要大量的人力物力，并且无法获得 1 h 分辨率的浓度数据，对于污染过程的研究有较多局限。微量振荡天平(简称 TEOM)与膜动态测量系统(简称 FDMS)联用方法，是在原有微量振荡天平法基础上进行了改进，对半挥发组分的损失进行了补偿，能够实时监测环境中 $PM_{2.5}$浓度。Grover 等[8]曾对 PC - BOSS和 TEOM - FDMS 进行了比对测试，结果显示，两者具有极好的一致性。美国环境保护署 2009 年通过了 $PM_{2.5}$的在线监测方法认证，其中微量振荡天平与膜动态测量系统联用方法(TEOM - FDMS)通过了联邦等效方法(FEM)认证[9]。根据我国 2013 年发布的《环境空气颗粒物(PM_{10}和 $PM_{2.5}$)连续自动监测系统技术要求及检测方法》(HJ 653—2013)，微量振荡天平与膜动态测量系统联用方法(TEOM - FDMS)被列为国家 $PM_{2.5}$的标准监测方法。该监测方法不仅可以获得总的 $PM_{2.5}$浓度，还可以获得 $PM_{2.5}$中不挥发颗粒物和半挥发颗粒物的浓度，可进一步用于 $PM_{2.5}$的监测研究。

微量振荡天平联用膜动态测量系统方法(TEOM - FDMS)的工作原理为(见图 3 - 1)：采样气流(主流量)在进入微量振荡天平环节进行称量前，先经过干燥器(nafion dryer)进行水汽的清除，接着气路被分为两路，一路为 Base 通道，一路为 Reference 通道，气路通过电磁阀控制进行循环切换，每 6 min 切换 1 次。Base 通道的测量和传统方法类似，气流直接通过 TX40 滤膜(微量振荡天平中锥形振荡管的采样滤膜)，颗粒物沉积在 TX40 滤膜上，并通过微量振荡天平直接进行称量，即

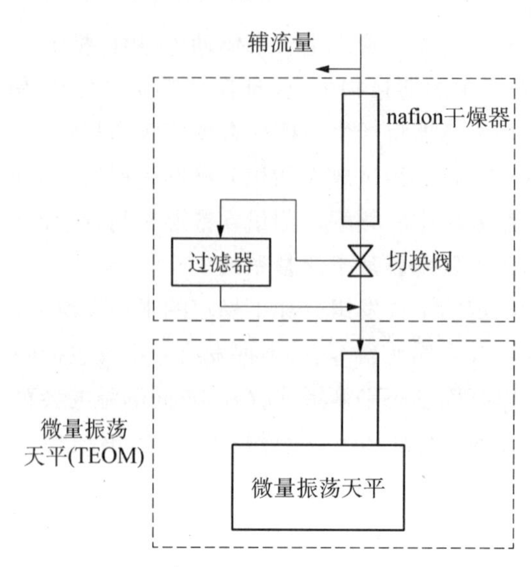

图 3-1　TEOM-FDMS 工作原理

获得 Base 通道的测量值。6 min 后，气路切换到 Reference 通道，气流首先通过过滤器中 47 mm 的石英过滤膜，该滤膜在 4℃工作，以滤除掉所有的不挥发性和半挥发性颗粒物，确保通过滤膜后的气流中不含有任何颗粒物。接下来，气流通过 TX40 滤膜，并通过微量振荡天平进行自动称量，因为气流中已没有任何颗粒物，所以测量过程中，TX40 滤膜上沉积的颗粒物（Base 环节所采集）中的半挥发性颗粒物会不断地挥发，微量振荡天平测得的是个负值，即 Reference 通道测量值，该值为 Base 测量环节中半挥发性颗粒物的挥发量，将此测值补偿到 Base 测量值上，即可获得总的 $PM_{2.5}$ 浓度。

一般情况下，微量振荡天平的加热温度设置为 30℃，采样流量设为 3 L/min，仪器需定期执行流量校准及气密性检查等质控措施，确保监测数据的准确性。

3.2.2　β射线法

3.2.2.1　基本原理

β射线仪器所用β射线源多采用放射源 ^{14}C，放射能量在 100 μCi 以下，半衰期为 5 730 年，安全可靠。

^{14}C 衰减时所散放出的高能电子会因为与周围物质的作用而失去其活性，在某些情况下，周围的物质会吸收这些电子的能量；^{14}C 衰减时所散射出的高能电子一般称为β射线，而此活性衰减的过程称为β射线衰减。将物质置于具有放射性的 ^{14}C 源及可量测β射线的仪器间，β射线会被吸收且能量会降低，而该仪器即会侦测β粒子的减少量；β粒子减少量的大小与位于 ^{14}C 放射源与侦测仪间的物质质量有关。

通过吸收物的β粒子减少量，如通过一粒子附着的过滤带，与吸收物的质量呈

一指数关系，即

$$I = I_0 e^{-\mu x} \tag{3-2}$$

式中：I 为单位时间内所测得的 β 射线强度（衰减率，即通过有粒子附着的过滤带）；I_0 为未衰减的 β 射线强度（即通过干净的过滤带）；μ 为单位吸收物的截面积（cm^2/g）；x 为吸收物的密度（g/cm^2）。

式（3－2）与用来进行光谱分析的 Lambert-Beers 定律非常相似。如同 Lambert-Beers 定律是实际观测结果的一种理想化，式（3－2）也是真实过程的一种理想化，并简化为相应的数学关系式。然而，实验结果表明，只要对监测仪器进行合理的设计，利用式（3－2）不会带来较大的计算误差。

若要求解吸收物的密度 x，则可将式（3－2）重新整理，得

$$-\frac{1}{\mu}\ln\left[\frac{I}{I_0}\right]=\frac{1}{\mu}\ln\left[\frac{I_0}{I}\right]=x \tag{3-3}$$

在实际测量时，吸收物的截面积可在校正过程中测得。一旦测得 I 与 I_0 的数据后，即可用上述公式计算出吸收物的密度 x。

在实际测量时，是在一特定时间区间 Δt 内以一固定流量 Q 取周围环境的样本，这些环境样本会通过表面积为 A 的过滤器，一旦计算出吸收粒子的密度 x，即可利用式（3－4）计算出环境的粒子浓度（$\mu g/m^3$）。

$$c = \frac{10^6 A}{Q\Delta t}x \tag{3-4}$$

式中：c 为环境粒子浓度（$\mu g/m^3$）；A（cm^2）为有粒子附着的过滤带截面积；Q 为过滤带所收集的粒子量（L/min）；而 Δt 为取样时间间隔（min）。式（3－3）代入式（3－4）计算出环境中的粒子浓度为

$$c = \frac{10^6 A}{Q\Delta t\mu}\ln\left(\frac{I_0}{I}\right) \tag{3-5}$$

是否能有效地监测 β 射线的衰减与 μ 值有极大的关系，单位面积的吸收率并不会受到被测物本身特性的影响，因此，也使得 β 射线法颗粒物监测仪器对所收集到的物质的敏感度很低。

为了分析式（3－4）的误差，发展出另一方程式以计算相对测量误差（σ_c/c）与式（3－5）中各参数不确定性的关系，如式（3－6）所示：

$$\frac{\sigma_c}{c} = \sqrt{\frac{\sigma_A^2}{A^2}+\frac{\sigma_Q^2}{Q^2}+\frac{\sigma_t^2}{t^2}+\frac{\sigma_\mu^2}{\mu^2}+\frac{\sigma_I^2}{I^2\ln[I/I_0]^2}-\frac{\sigma_{I_0}^2}{I_0^2\ln[I/I_0]^2}} \tag{3-6}$$

检视式（3－6）可得以下几个结论：

(1) 在测量过程中的相对不稳定性(σ_c/c)会随着过滤带截面积(A)、流量(Q)、取样时间(t)、吸收截面积(μ)、I 及 I_0 的增加而降低。在实际测量时,与过滤面积(σ_A/A)有关的不确定性可通过确保测量 I_0 及 I 时过滤带在相同的位置,而降至最低。

(2) 流量的不确定性(σ_Q/Q)可借由良好的仪器流量控制系统降至最低;主要原因在于流量细微的变化与监测物质的化学成分有关。一般来说,在校正过 μ 值后,流量的相对误差在±(2~3)%之间。

(3) 与 I 及 I_0 相关联的不确定性与 ^{14}C 放射的β粒子的物理特性有关,此过程遵守 Poisson 统计定律。Poisson 统计定律显示,在测量过程中,不确定性 σ_I/I 与 σ_{I_0}/I_0 可经由增加取样频率而有效地降低。数学分析结果显示将取样频率加倍,可降低 1.41 倍(即$\sqrt{2}$倍)的不确定性。

3.2.2.2　测量系统

颗粒物($PM_{2.5}$)β射线自动监测系统如图 3-2 所示,主要由采样系统、动态加热系统、检测分析系统和采样泵组成,并配置有环境温度、压力传感器,用于实时校正采样流量。

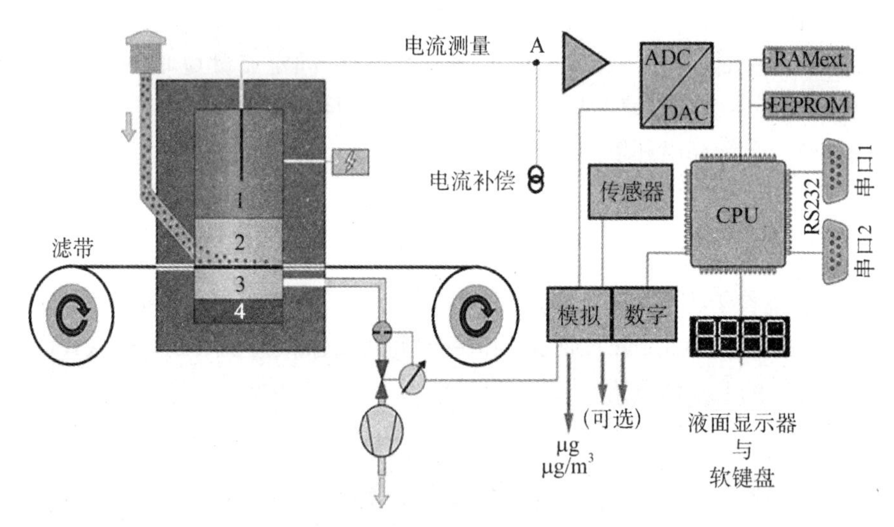

图 3-2　β射线法监测仪工作原理

动态加热系统(dynamics heater system, DHS)是指为消除湿度对测量结果的影响,通过智能加热模块控制热源,使采样气流湿度不高于系统设定的湿度限值。当样品气体湿度超过设定限值时,将自动开启动态加热系统,直至样品气体湿度降至湿度限值以下。

影响β射线法仪器测量的因素:

1) 粒径

β透射测定值反映的是沉积到滤膜上的粒子聚合物的平均吸收状况。当沉积层平均粒径远小于层厚时，可用均匀沉积解释指数吸收的结果。而当沉积物中含有极少数大粒子时，则无法用均匀沉积解释指数吸收。因此，必须确保流量控制稳定以保证颗粒物切割器处于最佳工作状态。

2）基底的非均质性

基底滤膜由不规则分布的纤维组成，或由空隙相对开阔的絮凝物组成。基底质量的变化源于各种非均匀物质的随机结合。由于源和基底都不可能完全均质，在测定初始和最终质量时必须把滤膜安装在仪器中的同一位置。

3）原子序数

原子序数可以影响质量吸收系数，混合化合物的质量吸收系数等于各个吸收系数之和。如果在数据分析时不校正分析结果，就会影响测量值的准确性。

4）湿度影响

粒子质量测量中的一个普遍问题是，样品湿度影响质量浓度的测量值，例如大气中的水汽影响β测量仪的读数。在相对湿度较高的情况下，气溶胶粒子及滤膜基底吸收水分，而导致粒子的指示质量明显增加。在β射线法自动测量时，应利用加热系统降低采样滤膜样品中的相对湿度，进而降低水汽对气溶胶质量的影响。因此，设备应采用动态加热（DHS）模式来控制湿度，最大限度地减少正负偏差的影响。

3.2.3　β射线联用光散射法

β射线联用光散射法是基于光散射法（光浊度计）和β射线吸收法精确和准确地测量环境中的颗粒物浓度。

β射线联用光散射法的基本原理是：环境样品气体中的颗粒物通过880 nm的照射光束后会产生散射光，并通过光学检测组件测量其散射光强度。光散射信号的强度与颗粒物的浓度呈线性关系；通过连续检测，可以获得光散射法测量的颗粒物浓度的分钟均值和动态均值（通常为小时值）以及β射线法测量的颗粒物浓度的动态均值（通常为小时值）。位于光学组件内部的相对湿度传感器同步测量颗粒物的测量条件，并对测量结果进行修正，确保测量结果的准确性。

和传统β射线法仪器类似，β射线联用光散射法监测仪利用β射线的衰减原理，能够准确测量空气中颗粒物的质量浓度。

β射线联用光散射法监测仪气路如图3-3所示。和传统β射线法仪器的最大区别在于，环境颗粒物样品在被采集到滤带上进行β射线测量之前，先经过一个光浊度计（nephelometer）进行颗粒物光散射强度的测量，结合各种温度、压力、流量传感器的测量，进一步得到光散射法的颗粒物质量浓度。

仪器的连续测量过程中，可以动态获得一个基于β射线法的颗粒物浓度均值，以及一个基于光散射法的颗粒物浓度均值，两者相比即可得到一个校正因子。通

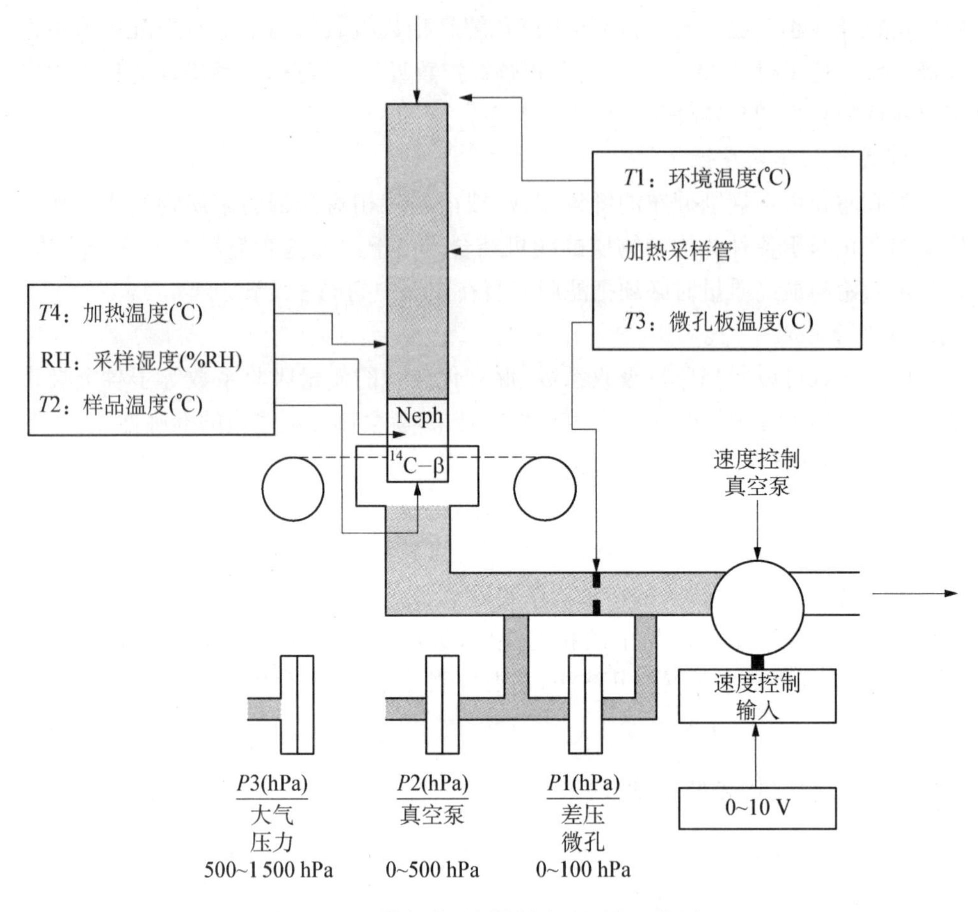

图 3-3　β射线联用光散射法监测仪工作原理

过这个校正因子对光散射法的实时测量结果进行修正，即可获得准确度较高的实时测量结果，即

$$C_{\min} = Neph_{\min} \times (\beta_{\mathrm{avg}} / Neph_{\mathrm{avg}}) \tag{3-7}$$

式中：$C_{\min}$ 为校正后的分钟均值（实时）；$Neph_{\min}$ 为光散射法测量的分钟均值（实时）；β_{avg} 为 β 射线法动态测量的颗粒物浓度均值；$Neph_{\mathrm{avg}}$ 为光散射法动态测量的颗粒物浓度均值。

3.2.4　光散射法

利用颗粒物的光学散射特性，可以实时测量颗粒物的质量浓度。其基本原理是：抽气泵以恒定流量将环境空气吸入样气室，半导体激光源以高频率产生绿色激光照射样气室，其频率足够快，保证样气中的颗粒物浓度在一定范围（0.1～1 500 $\mu g/m^3$）内时，不会错过穿过气室的任何颗粒物。

如有颗粒物存在，激光照在上面会发生散射，在同一平面上与激光照射方向成90°角的检测器会收到被对面的反射镜聚焦的散射光，其强弱与颗粒物的直径大小有关系。

如果在某一时刻，样气室中没有颗粒物，激光就会穿过样品室到达吸收井被吸收。

检测器收到的脉冲信号是与产生散射的颗粒物直径大小有相关性的。这样，检测器就为所有经过样气室的颗粒物产生各自相应的脉冲信号。最后，脉冲信号计数器记录颗粒物的个数，同时脉冲信号分析器给出了每个颗粒物相应的脉冲强弱的分级，也就可以计算出每个颗粒物粒径的大小。

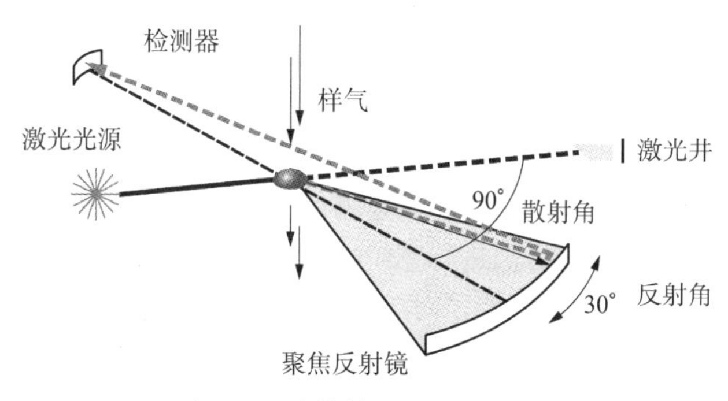

图3-4　光散射测量颗粒物原理

测量过程中，所有颗粒物根据直径大小被分别定义为若干个不同的粒径通道，仪器将测量各个粒径通道的颗粒物数浓度，同时仪器同步记录相对应的采样时间和采样流量，计算机处理程序将得到的以上数据乘以颗粒物密度，就得到了此刻的各个粒径通道的质量分布。最后，根据PM的范围定义，可以分别得到PM_{10}、$PM_{2.5}$和PM_1的质量浓度。

3.2.5　$PM_{2.5}$自动监测方法比对

$PM_{2.5}$监测方法分为滤膜称重法(亦称重量法或手工法)和自动监测法。其中前者为$PM_{2.5}$测量的基准分析方法，它主要通过采样器以恒定速度抽取一定量体积空气，将空气中的微颗粒物截流在滤膜上，再用天平进行滤膜称重得到采样前后其质量变化，结合采样空气体积，计算出浓度，具体见本书第2章。手工法在颗粒物测量关键环节方面均可以对其进行基准方法的溯源，如采样体积流量、切割器切割效率、天平称量等。因此，该方法认为是最直接、最可靠的测试方法，并作为验证其他测量方法的结果是否准确的参比。

$PM_{2.5}$自动监测的方法众多，主要包括微量振荡天平法、β射线法和光散射法。不同方法之间存在差异，且不同温度、湿度等条件下的不同仪器的适用性究竟如何，需开展 $PM_{2.5}$ 自动监测方法比对。目前，国内外均以手工监测方法作为基准[10]，在足够的监测样本数的基础上，评判目标自动方法及其设备的监测结果与手工标准方法监测结果之间的差异。

技术方面来看，$PM_{2.5}$ 的监测应符合相关监测技术规范的要求，这涉及监测点位布设、监测人员资质、分析方法选择、监测设备选型及认证、质量控制和质量保证措施等诸多因素，只有通过监测全过程的质量控制，通过最佳技术手段尽量把误差缩小，才能保证监测数据的准确性和可比性。任何一种自动监测方法均有其适用性，必须综合考虑当地的气象条件和颗粒物的性质选择合适的监测手段，使一个城市的监测结果具有可比性和延续性。

国内外经验表明，$PM_{2.5}$ 的监测需要经过大量手工方法数据作为比对和校验，才能在当地给出高质量的 $PM_{2.5}$ 监测数据。

3.2.5.1　国内外 $PM_{2.5}$ 自动监测方法比对进展

目前，国内外已经拥有大量的实时在线监测仪和手工重量法比对实验结果，监测和评估不同条件和不同地区下 $PM_{2.5}$ 监测仪的适用性情况。国外很多研究机构已针对各种不同 $PM_{2.5}$ 测量方法进行专门的比较研究和测试。

2008 年开始，美国 EPA 开展了对 $PM_{2.5}$ 自动监测仪的认证工作，经过认证的仪器都会获得美国自动等效方法号（EQPM）。

目前，经过美国 EPA 认证的 $PM_{2.5}$ 监测仪都有固定的基本配置和工作参数设置来最大限度地保证数据的准确性。β 射线法可以提供高准确度的分钟浓度数据；TEOM＋FDMS 法被美国 EPA 认为在原理设计方面最接近手工重量法的仪器设备，FDMS 的运用使仪器能测得分析过程中挥发掉的挥发性和半挥发性颗粒物的质量，经过补偿后的数据更接近于标准重量法的测量结果。经世界各国的权威检定机构及第三方监测机构测试，TEOM＋FDMS 与标准重量法数据的相关性最佳，在 94％～99％之间，而 β 射线法的相关性在 77％～90％之间。在美国，无论仪器是否加装 FDMS，都需与联邦参比方法进行比对校准[11—15]。

在纽约州城市和农村对 FDMS、TEOM 和 BAM 测量 $PM_{2.5}$ 进行比对研究，城市点位 BAM 和 FDMS 呈现很高的相关性，浓度一致性较好，并且均比 FRM 浓度高约 25％；农村点位的 FDMS 比 FRM 高约 9％，可能是由于 FRM 测量中挥发性物种损失造成的[15]。通过对五种连续自动监测方法与 FRM 方法进行比对研究，指出 β 射线法测量结果与 FRM 比较接近。

2006 年，英国必维国际检验集团完成了在英国使用的颗粒物自动监测仪和标准方法的比对，结果显示 TEOM＋FDMS 的 $PM_{2.5}$ 监测仪符合等效方法的要求[10]。

应当看到，国外 $PM_{2.5}$ 自动监测仪的性能指标和补偿措施的验证是在 $PM_{2.5}$ 低浓度条件下进行的，而我国的 $PM_{2.5}$ 浓度普遍较高，因此 $PM_{2.5}$ 自动监测仪的适用性比对工作也十分重要。

国内 $PM_{2.5}$自动监测技术比对工作相对起步较晚[16—18]，其中由中国环境监测总站于2012年初开始牵头组织的$PM_{2.5}$监测技术比对测试工作最为全面和系统，参与比对的仪器设备包括国内外9种$PM_{2.5}$自动监测仪器设备，在北京、广东、上海、重庆等代表性的城市开展历时一年的$PM_{2.5}$自动监测技术比对工作，为国内相关环保部门$PM_{2.5}$仪器设备的选型和适用性评估奠定了基础。

目前，国内外比对测试结果表明，基于不同测量原理的$PM_{2.5}$监测仪，都有一定的适应范围和局限性，并允许出现一定的误差[19—21]。

3.2.5.2 $PM_{2.5}$自动监测方法比对流程

目前，国内外对$PM_{2.5}$自动监测方法的适用性比对测试采用的基准参考方法均为手工监测方法。即在某一空气自动监测点位，利用多台手工采样器和待测$PM_{2.5}$自动监测仪进行同时采样和监测，其中手工采样滤膜进行实验室天平称量，获得$PM_{2.5}$手工监测浓度，然后选择手工采样时间段的$PM_{2.5}$自动监测浓度，进行比较分析，从而确定该方法在该点位的适用性情况。

1) 监测点位和时间的选择(HJ 664 环境空气质量监测点位布设技术规范)

点位应选择在能够代表该城市或区域的$PM_{2.5}$浓度水平、变化特征和化学组分等的点位，也可根据比对的目的等不同参照《环境空气质量监测点位布设技术规范》HJ 664—2013 中的要求选择点位；时间应选择在当地的典型季节开展，每个季节的有效比对样品数应大于等于23天，每个样品的采样时间一般应为24±1 h。

2) 参比仪器和滤膜的选择

参比方法采样器一般由采样入口、$PM_{2.5}$切割器、滤膜夹、连接杆、流量测试及控制装置、抽气泵等组成，具体的采样器的选择依据可参考《环境空气颗粒物(PM_{10}和$PM_{2.5}$)采样器技术要求及检测方法》(HJ 93—2013)进行选择，该规范中对$PM_{2.5}$采样器的噪声、温度偏差、流量偏差、采样体积误差、切割性能等指标都做了约束。滤膜可选用玻璃纤维膜、石英滤膜等无机滤膜或聚氟乙烯、聚丙烯、聚四氟乙烯、混合纤维等有机滤膜。滤膜应厚薄均匀，无针孔、无毛刺，$PM_{2.5}$滤膜对0.3 μm标准粒子的截流效率≥99.7%。若仅对$PM_{2.5}$进行比对，建议使用Teflon滤膜进行采样。

3) 采样仪器设备的选择

使用满足《环境空气颗粒物(PM_{10}和$PM_{2.5}$)采样器技术要求及检测方法》(HJ 93—2013)规范的仪器设备。自动监测仪器设备的选择应满足《环境空气颗粒物(PM_{10}和$PM_{2.5}$)连续自动监测系统技术要求及检测方法》(HJ 653—2013)中的要求。

4) 参比采样器和待比对$PM_{2.5}$自动监测仪的安装调试

(1) 待比对$PM_{2.5}$自动监测仪器的安装和调试：待比对$PM_{2.5}$自动监测仪应按

照《环境空气颗粒物(PM_{10} 和 $PM_{2.5}$)连续自动监测系统安装和验收技术规范》(HJ 655—2013)进行仪器的安装、调试，并确保仪器在比对期间能够稳定连续地正常运行。

(2) 参比采样器的安装：应至少使用 3 台参比采样器，且自动监测仪器与参比方法测试同步进行，参比采样器与自动监测仪器安放位置应相距 2～4 m，采样入口位于同一高度。

5) 采样前准备

(1) 参比采样器的准备工作：①应对采样仪器的切割器进行清洗，并对采样器的环境温度、大气压力、气密性、采样流量等进行检查和校准，检查频率和方法详见《环境空气 PM_{10} 和 $PM_{2.5}$ 的测定　重量法》(HJ 656—2013)；②采样前应将空滤膜进行平衡、称量，具体要求详见《环境空气 PM_{10} 和 $PM_{2.5}$ 的测定　重量法》(HJ 656—2013)；③滤膜的检查应包括边缘平整、厚薄均匀、无毛刺、无污染，不得有针孔或任何破损，将滤膜放入滤膜保存盒中备用。

(2) 待比对 $PM_{2.5}$ 自动监测仪器的准备工作：$PM_{2.5}$ 自动监测仪应按照国家环境空气 $PM_{2.5}$ 自动监测技术规范要求进行运维。

6) 参比方法样品的采样、保存、运输、交接和注意事项

(1) 参比方法样品采集：①样品采集时，需考虑采样器的安装合理性、多台采样器平行采样的间距等要求安放采样器，具体详见《环境空气 PM_{10} 和 $PM_{2.5}$ 的测定　重量法》(HJ 656—2013)。②采样时，采样人员佩戴乙烯基等实验室专用手套，将已编号、称量的滤膜用无锯齿状镊子放入洁净的滤膜夹内，滤膜毛面应朝向进气方向。将滤膜牢固压紧。③将滤膜夹正确放入采样器中，设置采样时间等参数，启动采样器采样。④采样结束后，用镊子取出滤膜，放入滤膜保存盒中，记录采样体积等信息。

(2) 参比方法样品保存：样品采集完成后，应用镊子取出滤膜并放于专用滤膜盒内，且放置在 4℃条件下密封冷藏保存。

(3) 样品运输：若样品需要运输，应将样品和冰盒(事先应冷冻 24 h 以上)一起放入冷藏箱中，确保运输过程中样品性质稳定。

(4) 样品交接：样品的接收、核查和发放各环节应受控。样品交接记录、样品标签及其包装应完整。若发现样品有异常或处于损坏状态，应如实记录。

(5) 参比方法采样的注意事项：①在利用手工仪器进行采样时，必须确保所采用的不同仪器的平行性；②在实际采样及分析过程中发现，由于聚四氟乙烯(Teflon)滤膜本底低和不易碎等特点，建议选择 Teflon 滤膜来对 $PM_{2.5}$ 进行比对分析；③滤膜的编号不能直接标记在滤膜上，可直接使用带编号的滤膜或者使用带编号标识的滤膜保存盒，必须保持唯一性和可追溯性；④具体样品的采集应满足采样及样品分析检出限要求，同时应避免滤膜负荷过载，若遇污染较重时应将单个样

品的采样时间缩短;⑤比对点位的采样仪器应尽量选用同一厂家同一型号的仪器设备,以确保结果的可比性;⑥所选用的滤膜建议在采样之前分别随机抽取 3 张,进行空白实验,确保所选用滤膜的待测物空白浓度均在检出限以下;⑦未使用过的样品应存放在避光阴凉干燥的环境中,注意密封保存,防止吸附污染;⑧采样时,采样器的排气应不对颗粒物采样产生影响。

7) 参比方法样品的称量

参比方法手工滤膜的称量可参考《环境空气颗粒物($PM_{2.5}$)手工监测方法(重量法)技术规范》(HJ 656—2013)。

(1) 称量步骤:滤膜在恒温恒湿设备中平衡 24 h,滤膜平衡后用分析天平对滤膜进行称量;滤膜首次称量后,在相同条件平衡 1 h 后需再次称量。

(2) 称量要求:对于感应为 0.1 mg 和 0.01 mg 的分析天平,滤膜上颗粒物的负载量应分别大于 1 mg 和 0.1 mg,以减少称量误差。

8) 质控质保措施和环节

《环境空气颗粒物($PM_{2.5}$)手工监测方法(重量法)技术规范》(HJ 656—2013)对 $PM_{2.5}$手工监测方法(重量法)的采样、分析、数据处理、质量控制和质量保证等方面的技术要求做了详细的规定。

(1) 质控质保:每周对每台自动监测仪器进行采样切割头清洗和系统气密性检查。根据设备运行要求定期进行标准膜标定。记录该型号校准结果,分析检查设备的偏差和稳定性。使用经过流量传递的标准流量计,测试期间对设备每周进行 1 次流量检查。记录该型号检查结果,分析监测设备的偏差和稳定性。手工监测严格按照国标《环境空气 PM_{10}和 $PM_{2.5}$的测定　重量法》(HJ 618—2011)执行。每周及大风扬尘或污染较重的第二天均做好采样头清洗、流量校准、气密性检查等相关工作。

(2) 自动监测的质控质保措施:每周对每台自动监测仪器进行采样切割头清洗和系统气密性检查。根据设备运行要求定期进行标准膜标定。记录该型号校准结果,分析检查设备的偏差和稳定性。使用经过流量传递过的标准流量计,测试期间对设备每周进行 1 次流量检查。记录该型号检查结果,分析检查设备的偏差和稳定性。

9) 数据的处理

(1) 手工数据的有效性处理:采用至少 3 台同型号的中流量采样器进行采样,且手工监测仪的日均值落在 10～200 $\mu g/m^3$ 的范围内,且三台手工监测仪测量结果的相对标准偏差小于 10%,该天的数据才为有效数据。

(2) 数据的计算:手工监测按照《环境空气 PM_{10}和 $PM_{2.5}$的测定　重量法》(HJ 618—2011)中的相关规范计算 $PM_{2.5}$日均值。自动监测数据由实时数据换算成小时浓度均值,并按自动监测规范计算日均值数据,与手工监测方法时段对应。

(3) 比对结果分析：主要对各种自动设备与手工标准方法的同时段监测结果进行回归分析，得到各种设备回归方程的斜率、截距和相关系数。

10) 比对指标及要求

要求 3 台(套)参比仪器的平行性指标——相对标准偏差≤15%，参比方法至少具备 23 组有效数据，测试结果进行线性回归分析，符合表 3-1 所列出的性能测试要求。$PM_{2.5}$ 自动监测设备要求连续运行至少 90 天，且有效数据率不低于 85%。

各 $PM_{2.5}$ 自动监测仪监测结果应与手工采样结果进行回归分析，并满足以下 $PM_{2.5}$ 比对的技术指标要求，才能通过比对测试。技术指标主要包括：比对有效天数、斜率、截距、相关系数，其要求如表 3-1 所示。

表 3-1 比对技术指标要求

参数	要求	参数	要求
有效天数	>23 组/季	截距	0±10 μg/m³
斜率	1±0.15	相关系数	≥0.93

其中斜率代表自动监测设备的系统误差情况，等于 1 代表总体上没有系统偏高或偏低的趋势；大于 1 是自动监测设备系统误差一直偏大；小于 1 是自动监测设备系统误差一直偏小。斜率要求在±0.15 范围内，即系统性偏高和偏低幅度不超过 10%。

截距表示初始误差情况，包括设备初始精密度偏差、手工监测误差、随机误差等。截距要求在±10 μg/m³。

相关系数说明了自动监测设备与手工标准监测的变化趋势的一致性情况，相关系数要求≥0.93。

3.3 $PM_{2.5}$ 化学组分在线监测

3.3.1 离子组分在线监测

在线离子色谱分析法能够实时监测颗粒物中水溶性无机离子的浓度，相比传统手工分析方法，具有时间分辨率高、采样误差小以及节省人力等特点，是研究污染过程中颗粒物化学成分的形成、演变机制的重要技术手段。

在线离子色谱分析法的基本工作原理是：大气样品经过切割器后进入采样管路，在此过程中，根据切割器的不同，相应粒径范围的颗粒物(如 $PM_{2.5}$)和气体样品进入了采样系统；接下来，颗粒物样品和气体样品将通过溶蚀器，其中的吸收液(如过氧化氢等)将吸收可溶性污染气体，并将其暂时收集保留，而颗粒物由于惯性力作用将会穿过溶蚀器进入蒸汽发生器;在过饱和蒸汽的作用下,颗粒物会作为凝结核而形成液滴,并被收集起来。收集到的颗粒物样品溶液和气体样品溶液,分别被注入阴阳离子色谱进行分析。分析的组分主要为颗粒物中的常见阴离子(F^-、Cl^-、Br^-、NO_2^-、NO_3^-、SO_4^{2-}、PO_4^{3-})和阳离子(Li^+、Na^+、NH_4^+、K^+、Mg^{2+}、Ca^{2+}),以及气态 SO_2、HNO_3、HNO_2、NH_3 等。

目前,市场上较为成熟的在线离子色谱产品主要有荷兰能源研究中心(ECN)研发的气溶胶和气体组分在线监测仪(Monitor for AeRosols and Gases, MARGA)、美国热电公司的戴安离子色谱 URG-9000 系统。MARGA 和 URG 系统的最大区别在于前端的气体、气溶胶分离采样系统,MARGA 采用的是液膜气蚀器方法,URG 系统采用的是湿式平行板溶蚀器。

1) MARGA 气体、气溶胶分离采样系统

MARGA 运行过程中,真空泵以 1 m^3/h 的速度将大气样品泵入采样箱,在进入采样箱之前,放置在进样口的旋风分离器(PM_{10}或 $PM_{2.5}$)用于对颗粒物(PM)的大小进行筛选。在取样箱中,可溶性气体被旋转式液膜气蚀器(WRD)定量吸收。由于气溶胶和气体的扩散速度不同,气溶胶可无损失地通过 WRD 后被蒸汽喷射气溶胶收集器(SJAC)捕获,如图 3-5 所示。

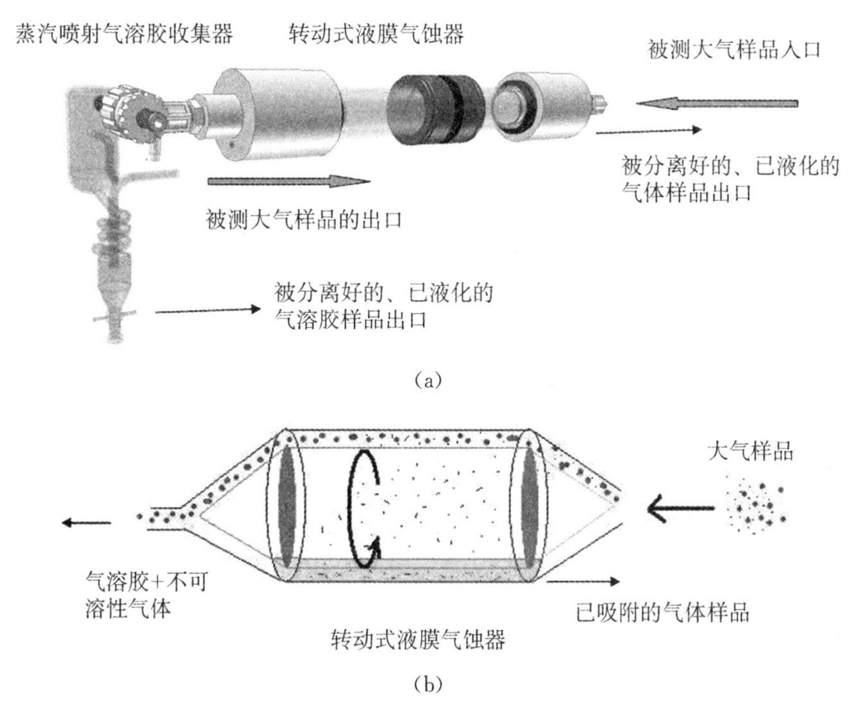

图 3-5　MARGA 气体、气溶胶分离采样系统

已吸附可溶性气体的液体不断地以恒速流出,同时有等量的水补充到气蚀器

内。由于液膜是不断地随时更新，可以保证液膜的吸附能力保持一致，液膜与待测气体直接接触能够保证对气体非常高的吸附效率，通过优化设计，确保了气蚀器可以高效地吸收待测大气样品中的可溶性气体，并且同时保证气溶胶通过气蚀器。

2) URG 系统气体、气溶胶分离采样系统

URG 气体采样装置利用湿式平行板扩散溶蚀器，采用气体选择透过性膜技术，空气中气态污染物可穿过膜进入吸收液通道，并与双氧水反应。该过程动力学原理为氧化还原反应，保证了对气态污染物的完全吸收，具体结构如图 3－6(a)所示。

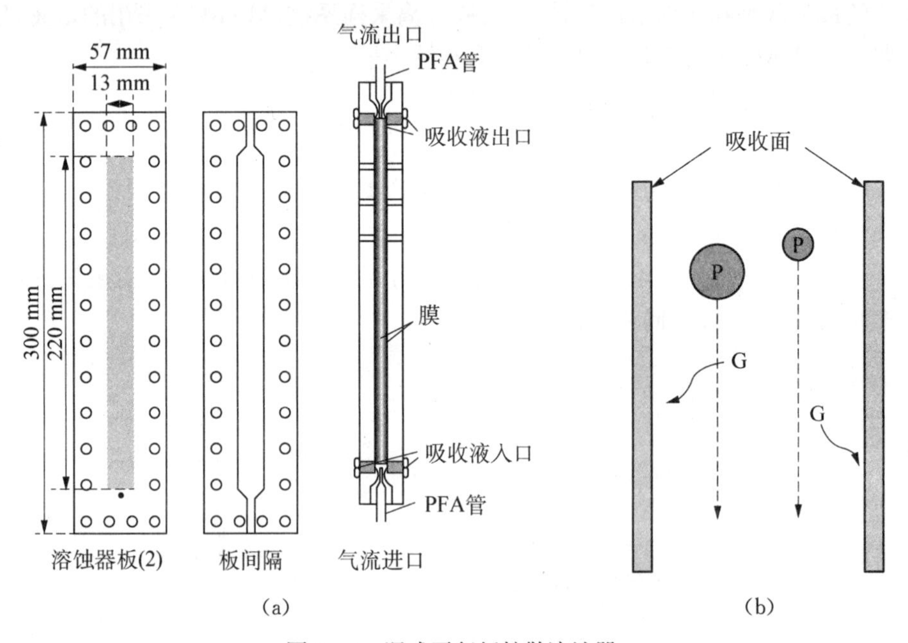

图 3－6　湿式平行板扩散溶蚀器

(a) 结构；(b) 工作原理
P—颗粒物(particle)；G—气体(gas)

湿式平行板扩散溶蚀器能有效吸收大气中的气态污染物，2004 年 Takeuchi 等针对 SO_2 的吸收效率进行具体测试并发表文章。使用渗透管产生 1 ppmv(1 ppmv 指百万分之一的容积比)的 SO_2 来进行吸收效率的测试，在溶蚀器中使用 5 mM H_2O_2 作为吸收液。2010 年 6 月戴安公司对高浓度 SO_2 的吸收效率进行测试，结果表明吸收效率达到 99.7%以上，且大气中高浓度 NO 和 NO_2 对颗粒物的监测结果不会有任何影响。

3.3.2　XRF 元素在线监测

X 射线荧光光谱分析(X－Ray Fluorescence，XRF)是一种常用的元素分析方

法，其基本原理是：当高能 X 射线照射待测物质时，会驱逐原子内层（如 K 层）的电子，以光电子的形式逸出，从而在内层电子轨道上形成一个空穴，使整个原子体系处于不稳定的激发态，随后原子的外层电子（如 L 层）会自发跃迁到内层（如 K 层）电子留下的空穴中，此时多余的能量就以特征荧光 X 射线的形式放出。不同元素产生的荧光 X 射线是特定的，通过对特征荧光 X 射线波长的检测来判断元素类别（定性分析），通过对特征荧光 X 射线强度的监测来计算对应元素的含量（定量分析）。

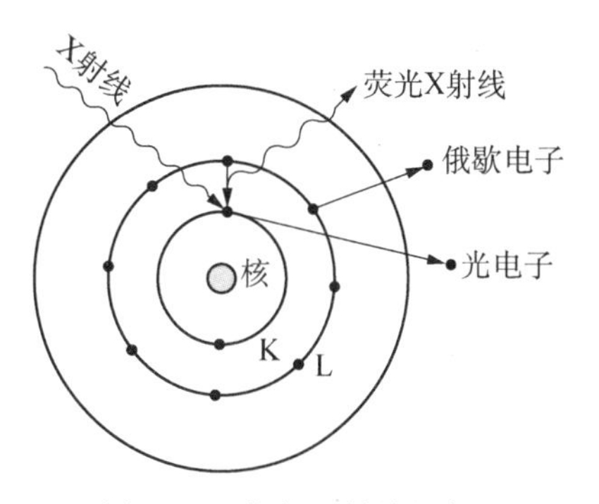

图 3-7　荧光 X 射线的产生

目前，市场上较为成熟的金属元素在线监测系统有美国 Cooper Environmental Services 公司生产制造的 Xact625 多金属连续在线监测系统，中国昆山天瑞公司的 EHM-X100 多金属连续在线监测系统和杭州聚光公司的 AMMS-100 多金属连续在线监测系统，其基本原理均采用 X 射线荧光法（XRF）分析 $PM_{2.5}$颗粒中无机元素如 K、Ca、V、Cr、Mn、Fe、Ni、Cu、Zn、Ga、As、Se、Cd、Ba、Hg、Pb 等的含量，时间分辨率可以达到 30 min，采样流量均为 16.7 L/min，测量范围都可以达到 0～100 $\mu g/m^3$。

在线监测系统的工作原理是基于颗粒物自动采样的方式，通过滤膜过滤，将空气中的颗粒物富集到纸带上，然后将纸带传送至测量区域，利用 XRF 技术快速、无损分析纸带上颗粒物中的金属含量，同时利用质量流量计记录通过滤膜的气体体积，即可计算得到大气中金属元素的质量浓度。

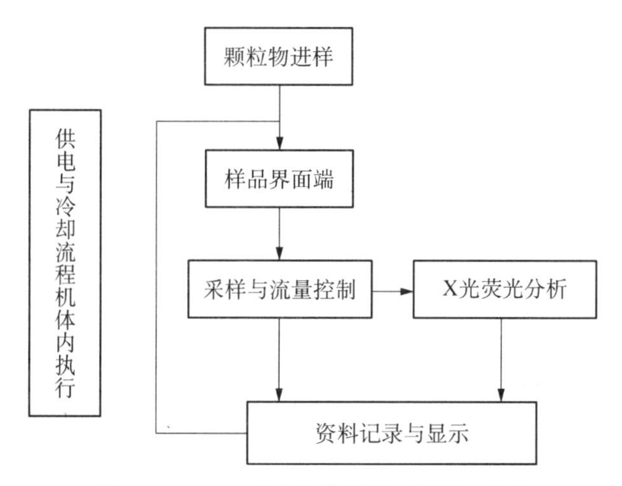

图 3-8　XRF 元素在线监测工作原理流程

3.3.3 热光法 OC/EC 监测

大气颗粒物中的碳主要以有机碳(organic carbon, OC)和(elemental carbon, EC)和碳酸盐碳(carbonate carbon, CC)的形态存在。CC 除了在石灰岩地质区域和干旱沙漠化区域的大气颗粒物中含量较高外,其他地区一般含量较低,因此 OC 和 EC 是大气颗粒物中碳的主要存在形态。

热光分析法是用于大气颗粒物中 OC 和 EC 分析的主要方法,主要包括美国 NIOSH 的热光透射法(TOT)和美国 IMPROVE 的热光反射法(TOR)两种。TOT 和 TOR 方法的不同之处在于,TOT 方法是通过检测透射光光强的改变确定 OC 与 EC 的分割点,而 TOR 方法则是通过检测反射光光强的改变确定 OC 与 EC 的分割点。两者基本原理相同:第一步,加热炉先在 He 载气的非氧化环境下逐级升温,在此过程中有机碳 OC 因其挥发特性将挥发出来,并在 MnO_2 催化剂的作用下被转化为 CO_2,但同时也有部分 OC 会因高温被碳化而转化为 EC;第二步,载气转换为 He/O_2 混合气,随着温度的逐级升高,EC 会被氧化成 CO_2 气体。在热氧化反应的同时,激光会实时监测透射(或反射)光的强度,在第一步过程中,OC 碳化时激光强度会下降,在第二步过程中,EC 不断被氧化时,激光强度会再次增强,当激光强度恢复到初始激光强度时,这一时刻就被认为是 OC 和 EC 的分割点,即此刻之前检出的碳都是 OC,此刻之后检出的碳都是 EC。TOT 与 TOR 方法热谱如图 3-9、图 3-10 所示。

OC/EC 热光法检测的常用检测器有两种,一种是非分散红外检测器(NDIR),常用于在线监测系统中,一种是火焰离子检测器(FID),常用于实验室离线检测系统中。使用 FID 检测器的系统相对较为复杂,因为需要将 CO_2 还原为 CH_4 再进

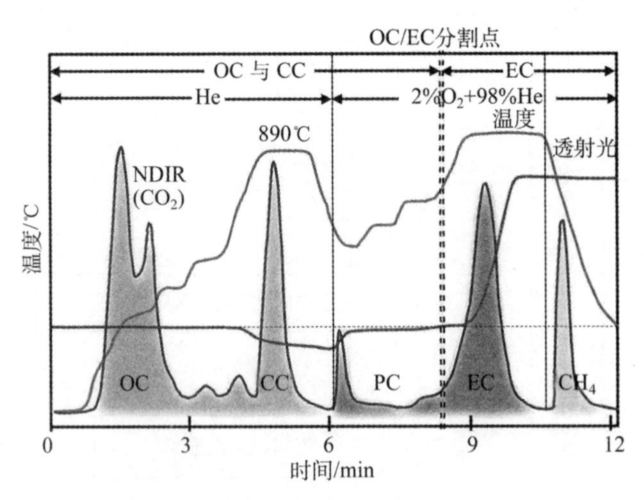

图 3-9 TOT 方法热谱

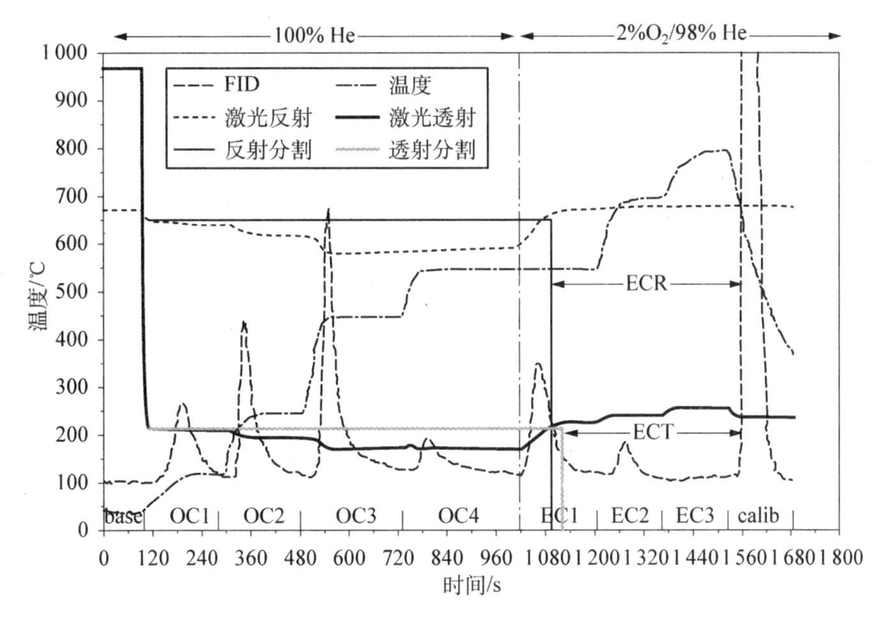

图 3-10　TOR 方法热谱

行 FID 检测，因此需要 H_2 和 O_2 作为还原气和燃烧气。

3.4　气溶胶在线质谱分析

3.4.1　气溶胶化学组分在线质谱

美国飞行器公司（Aerodyne）制造的气溶胶质谱仪（aerodyne aerosol mass spectrometer, AMS）应用高真空（10^{-5} Torr）和质谱技术，以及最新的气溶胶采样技术，能够实时在线分析亚微米气溶胶颗粒中化学组分（如硫酸盐、硝酸盐、氨盐、有机物等）的含量及其粒径分布特征。AMS 的主要结构分为三部分（见图 3-11）：①气溶胶进样部分；②气溶胶粒径筛选部分；③化学组分检测部分[23]。

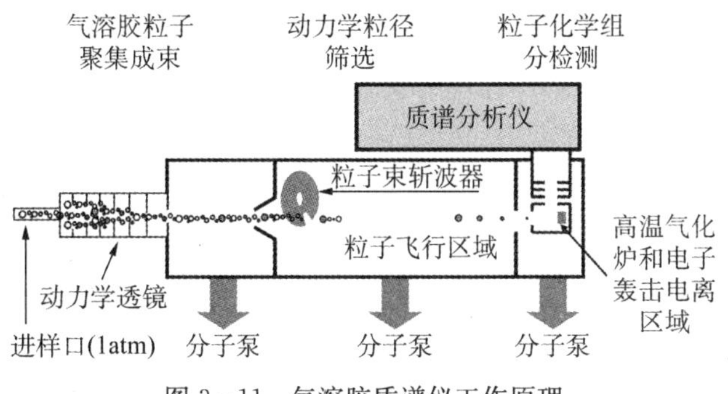

图 3-11　气溶胶质谱仪工作原理

气溶胶质谱仪使用动力学透镜采集亚微米粒径的气溶胶粒子，并聚焦成直径大约为百微米级的气溶胶束。气溶胶束中的粒子在到达恒温为 600℃ 的高温炉时，其中的非难熔性物质被瞬间气化。气化的物质经过电子轰击电离后，再送入质谱仪进行分析[22, 23]。

现今的气溶胶质谱仪采用了高分辨率飞行时间质谱仪，并集成了粒子测量公司(Droplet Measurement Technologies Inc.)SP2 中连续工作的 Nd：YAG 1 064 nm 内腔激光器[24]，可以获得单颗粒粒子的完整质谱，并检测气溶胶中的黑碳等难熔物质[25-27]。基于与气溶胶质谱仪(Aerodyne-AMS)相同的技术开发的气溶胶化学组分在线监测仪(ACSM)舍去了气溶胶质谱仪的粒径筛选功能，并采用商业级的四极杆质谱仪，相对而言体积小、成本低、易于操作，使其更适用于长期无人值守的日常监测应用[28]。ACSM 的工作原理如图 3－12 所示。

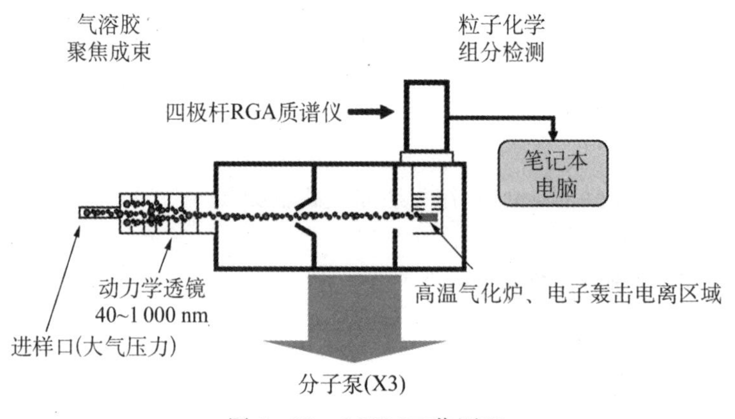

图 3－12　ACSM 工作原理

3.4.2　单颗粒气溶胶在线质谱

传统的气溶胶采样方法是将气溶胶颗粒收集在特制滤膜上，经过一系列的物理、化学方法处理后，测得颗粒物的平均粒径和化学组分信息，这不仅需要大量的样品预处理时间，而且不能够及时准确地测得真实大气中诸如挥发性有机物等气溶胶信息。因此，能够及时、准确地获取单颗粒气溶胶信息，对了解大气气溶胶的来源及其演化显得尤为重要。在此背景下，气溶胶飞行时间质谱仪(ATOFMS)应运而生，Prather 等人在 20 世纪 90 年代初期发明并逐步完善了这一技术[29, 30]。另外，中国广州禾信质谱有限公司开发了新一代单颗粒气溶胶在线质谱仪(SPAMS)，其工作原理及设计与 ATOFMS 基本相同，并在性能上做了一些改进优化。以下主要以 ATOFMS 为例介绍相应的工作原理及设计。

ATOFMS 可以同时在线检测气溶胶单颗粒的空气动力学直径和化学组分。它由以下三部分组成(见图 3－13)：①颗粒采样区；②颗粒粒径检测区；③飞行时间

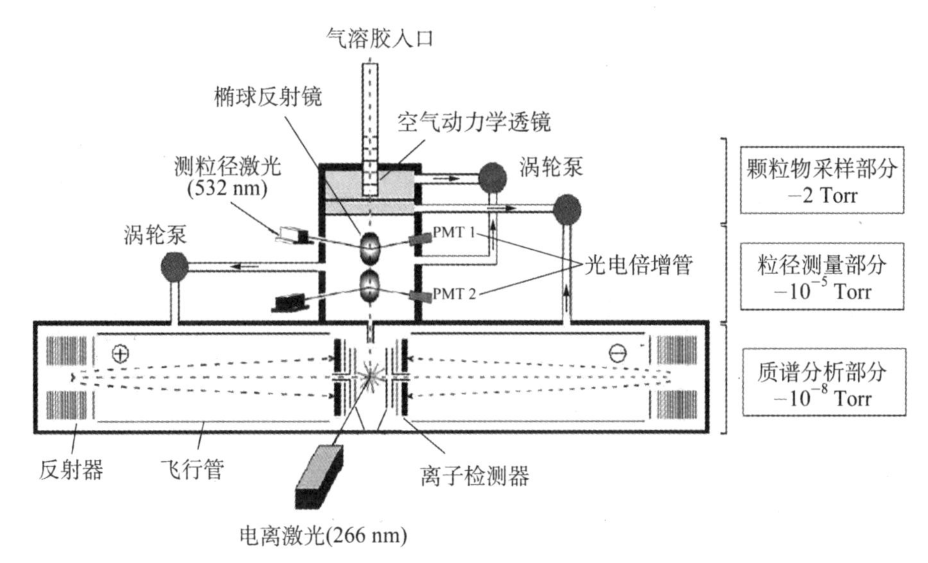

图 3-13　单颗粒气溶胶飞行时间质谱仪结构

质谱区(质谱分析部分)。

3.4.2.1　气溶胶颗粒采集

气溶胶颗粒首先通过气溶胶空气动力学透镜(aerodynamic focusing lens，AFL，见图 3-14)进入 ATOFMS。AFL 的作用是调整气溶胶颗粒的运动轨迹，使

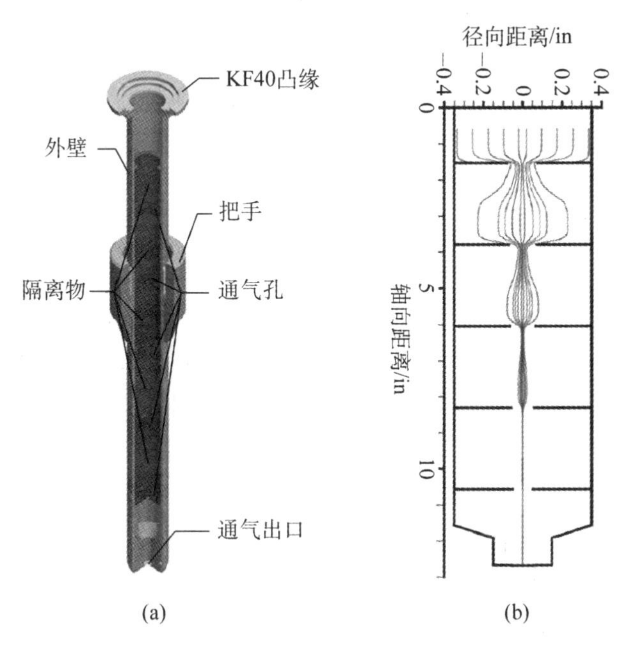

图 3-14　空气动力学聚焦透镜

(a) 结构图；(b) 示意图

之聚焦成笔直运动的粒子束,为颗粒物粒径以及化学组分的精准测量奠定基础。AFL 的顶部与底部各有一个限流孔作为气溶胶颗粒的进出口。由于 AFL 的底部与 ATOFMS 内部相连,而 ATOFMS 内部保持极高的真空度,因此气流在压力差的驱使下,携带气溶胶颗粒穿过 AFL 进入 ATOFMS。如图所示,AFL 由几个小的独立的透镜组成。透镜间有小孔相连。独立透镜的尺寸和小孔的直径是严格按照空气动力学设计的,以确保气溶胶颗粒在经过 AFL 后沿着透镜的中心线做直线运动。通常,五个小透镜组成的 AFL 就足以聚焦粒径在一个数量级内(如0.3~3 μm)的颗粒。在 AFL 底部以下 20 cm 处粒子束的直径仅为 1 mm 左右。气溶胶颗粒通过 AFL 的效率接近 100%,但最终被 ATOFMS 检测到同时含有粒径和化学组分信息的粒子大约只有 20%。

3.4.2.2 气溶胶颗粒物粒径测量

气溶胶颗粒空气动力学粒径的测量是基于颗粒的物理性质。当气体突然膨胀,气体分子会加速运动,悬浮于气体的颗粒也会被加速,而颗粒加速的程度取决于颗粒的粒径,如果粒径越小,颗粒获得的加速便越大,其加速后的最终速度也会越大,因而颗粒速度可以与粒径建立一一对应的关系。颗粒速度可以利用测量颗粒通过已知距离的时间来获得。ATOFMS 通过两束垂直的、波长为 532 nm 的激光检测颗粒遇到激光的时刻。当颗粒与激光束相遇时,激光被散射,散射光会由光电倍增管转化为电信号,从而记录颗粒与激光束相遇的时刻。由于两束激光的距离已知,因而颗粒速度就等于距离除以两束激光检测到颗粒的时刻差。颗粒速度与粒径的对应关系可以由制作标准曲线确定,将已知粒径的颗粒(标准小球)通入 ATOFMS,记录颗粒的速度,从而得到拟合的标准曲线,用于大气气溶胶颗粒的观测。

3.4.2.3 飞行时间质谱分析

ATOFMS 采用的质谱为飞行时间质谱(time-of-flight mass spectrometer, TOF-MS)。飞行时间质谱的优点在于每次电离样品都可以得到全谱(即包含所有的质荷比范围)。这个特点非常适用于单颗粒质谱,因为单颗粒的电离通常只能一次完成,如果一次电离后没有检测到所有质荷比的离子,那么单颗粒的化学组分信息就无法全部获得。飞行时间质谱的工作原理如图 3-15 所示。

ATOFMS 检测颗粒化学组分的过程为:当颗粒经过两束波长为 532 nm 激光时,颗粒速度可以计算,从而获得颗粒进入飞行时间质谱管的时刻。当颗粒到达飞行时间质谱管时,一束强紫外激光($\lambda = 266$ nm)发射并击中颗粒,激光的能量被颗粒吸收,颗粒的化学成分蒸发并形成离子(如 NaCl 形成 Na^+ 和 Cl^-),然后离子的质荷比以及离子的信号强度可以被飞行时间质谱检测到。

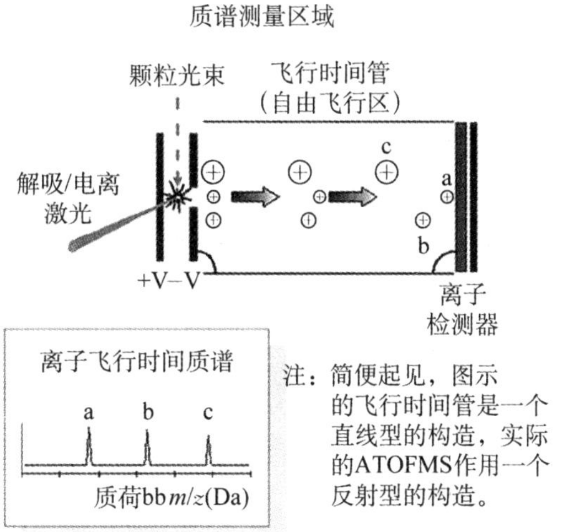

质谱测量区域
颗粒光束
飞行时间管
(自由飞行区)
解吸/电离
激光
c
a
b
+V−V
离子
检测器
离子飞行时间质谱
a b c
质荷bb m/z(Da)
注：简便起见，图示的飞行时间管是一个直线型的构造，实际的ATOFMS作用一个反射型的构造。

图 3-15　飞行时间质谱工作原理

3.5　颗粒物粒径谱监测

不同来源、不同化学组分、不同老化阶段的细颗粒物粒径大小也不同(见图 3-16)，因此，掌握细颗粒物的粒径分布特征对研究 $PM_{2.5}$ 源解析及其老化机理等有很大帮助。颗粒物粒径分布包括其颗粒物数目、质量、体积及其化学组分的粒径分布特征。

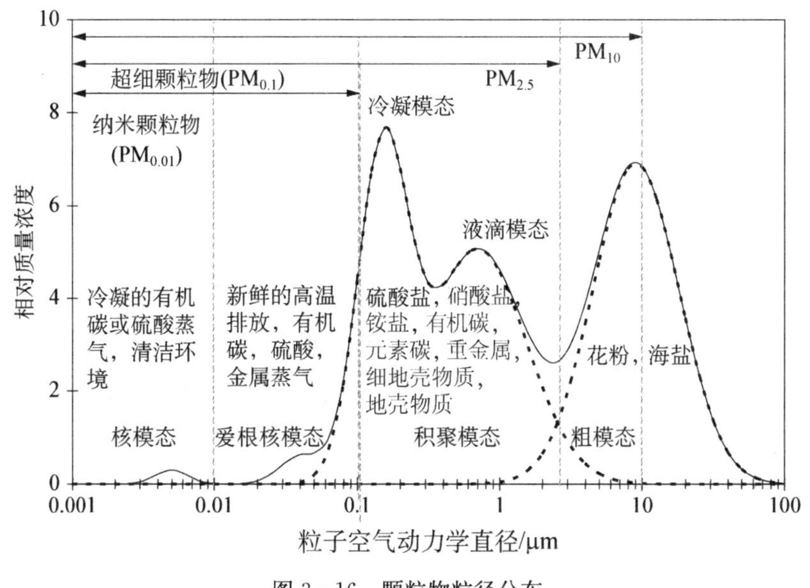

图 3-16　颗粒物粒径分布

目前，监测颗粒物粒径分布特征的技术主要包括以手工滤膜采样为基础的颗粒物分级采样器和以光学、电学、空气动力学原理为基础的粒径谱仪。

3.5.1 颗粒物分级采样器

颗粒物分级采样器由多个堆叠在一起的采样板组成，每个采样板对应一个粒径段。根据采样板数量，颗粒物分级采样器可分为八级采样器、十级采样器和十三级采样器等。采样板上有很多小孔，小孔直径从顶端到底部逐渐减小，组成完整的气流通路。每一级都有一个可移动的不锈钢材质(或玻璃材质)的收集板，用于安装滤膜[31, 32]。这样，多级采样板可把不同粒径段的颗粒物分别采集到相应的滤膜上。采集到的滤膜可用于称量或化学分析，研究颗粒物质量浓度或化学组分的粒径分布特征。颗粒物分级采样器如图 3－17 所示。

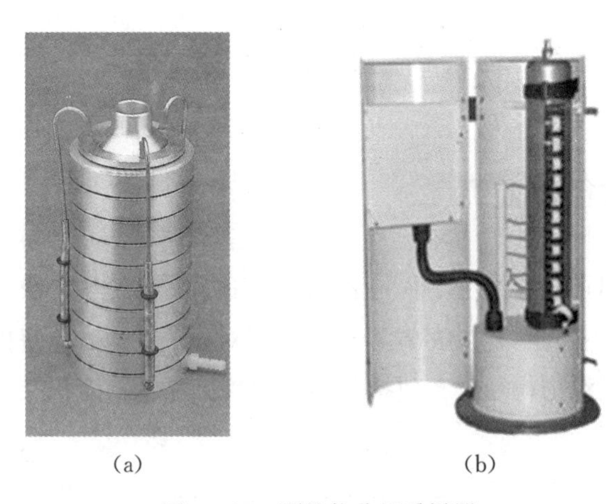

(a)　　　　　　　　(b)

图 3－17　颗粒物分级采样器

(a) 安德森八级颗粒物撞击采样器，共 8 级，粒径范围为 0.4～10 μm；(b) MSP 公司 NanoMOUDI－125A 采样器，共 13 级，粒径范围为 10 nm～18 μm

3.5.2 粒径谱测量系统

根据仪器的基本原理，粒径谱测量系统可以分为以差分电迁移率分析技术为基础、以飞行时间技术为基础、以光散射技术为基础和以荷电低压撞击器为技术基础的粒径谱仪。粒径谱仪测量系统的厂商较多，最早开发生产的国外厂商包括 TSI 公司、MSP 公司、GRIMM 公司和 Dekati 公司等，国内的厂商有中科光电公司等，相对而言，国外公司开发较早、技术较为成熟、仪器性能稳定[31—38]。

以差分电迁移率分析技术为基础的粒径谱仪一般只能测量粒径为 1 μm 以下的颗粒物，而以飞行时间技术和光散射技术为基础的粒径谱仪可以测量大粒径颗粒物。为测量更全面粒径范围内的颗粒物，有的厂商把差分电迁移率分析技术和飞行时间技术、光散射技术结合起来。例如 TSI 公司生产的粒径谱仪测量系统包括了扫描电迁移率粒径谱仪(SMPS)和空气动力学粒径谱仪(APS)，可测量 10 nm～20 μm 粒径范围内的颗粒物；MSP 公司生产的 WPS 既有采用差分电迁移率分析技术的 DMS 系统，也有采用光散射技术的 LPS 系统。

3.5.2.1 光散射测量技术

采用光散射测量技术的粒径谱仪有 GRIMM 公司的 EDM 系列产品和 MSP 公司的 WPS 1000XP 中的 LPS 系统[32—34]。

以 GRIMM 公司 EDM180－MC 为例，所测粒径范围为 0.25～32 μm，可同时提供 PM$_{10}$、PM$_{2.5}$、PM$_{1}$(或 TSP)的质量浓度和 31 个通道颗粒物的数浓度。其测量原理在 3.2.4 节中已有详细介绍，不再赘述。

需要指出的是，当环境空气相对湿度较高时，颗粒物表面容易形成冷凝水。为防止水汽或小水滴进入探头，通常采用加热的方法，但会造成半挥发性物质如硝酸盐、有机物等的损失。GRIMM 公司采用 Nafion 管对采样气进行等温除湿，这样可以避免加热干燥法造成的半挥发性有机物的丢失。

3.5.2.2 扫描电迁移率粒径谱仪

最具有代表性的扫描电迁移率粒径谱仪是 TSI 公司生产的 SMPS 系列产品和 MSP 公司生产的 WPS 中的 DMS 系统[32，33，35]。这里以 TSI 公司 SMPS 为例进行介绍，其构造原理如图 3－18 和图 3－19 所示。SMPS 测量系统主要利用颗粒物在电场中的特性测量 10～500 nm 颗粒物的迁移率粒径，然后通过 CPC 凝聚核粒子计数器法进行计数。SMPS 3080 主要包括静电分离器(DMA)和 CPC 凝结核计数器两大部分，具体由切割器、鞘流控制器、中和器、高压控制器、DMA 和 CPC 组成。所有控制可以通过仪器面板控制也可通过连接计算机进行控制。具体测量过程如下：①通过切割器对大粒径的粒子进行去除；②进入气溶胶中和器，使得颗粒物达到电荷平衡；③样品通过 DMA 进行筛分和分级；④进入 CPC 进行计数。

SMPS 测量系统的测量原理主要为差分电迁移率原理：即依据荷电粒子在电场中的活动能力对粒子进行分离和筛分，然后通过 CPC 计数器进行计数，详如图 3－20和图 3－21 所示。

颗粒物在电场中的迁移能力由电迁移率 Z_p 决定，Z_p 是描述颗粒物带电后在电场中的运动特性，Z_p 越大，颗粒物在电场中的迁移能力越强。

$$Z_p = \text{粒子速度} / \text{电场强度} = n_p e C/(3\pi\mu D_p) \tag{3-8}$$

式中：n_p 为荷电数量/粒子；e 为电子电量；μ 为气体黏度；D_p 为粒径；C 为坎宁安滑动校正系数。

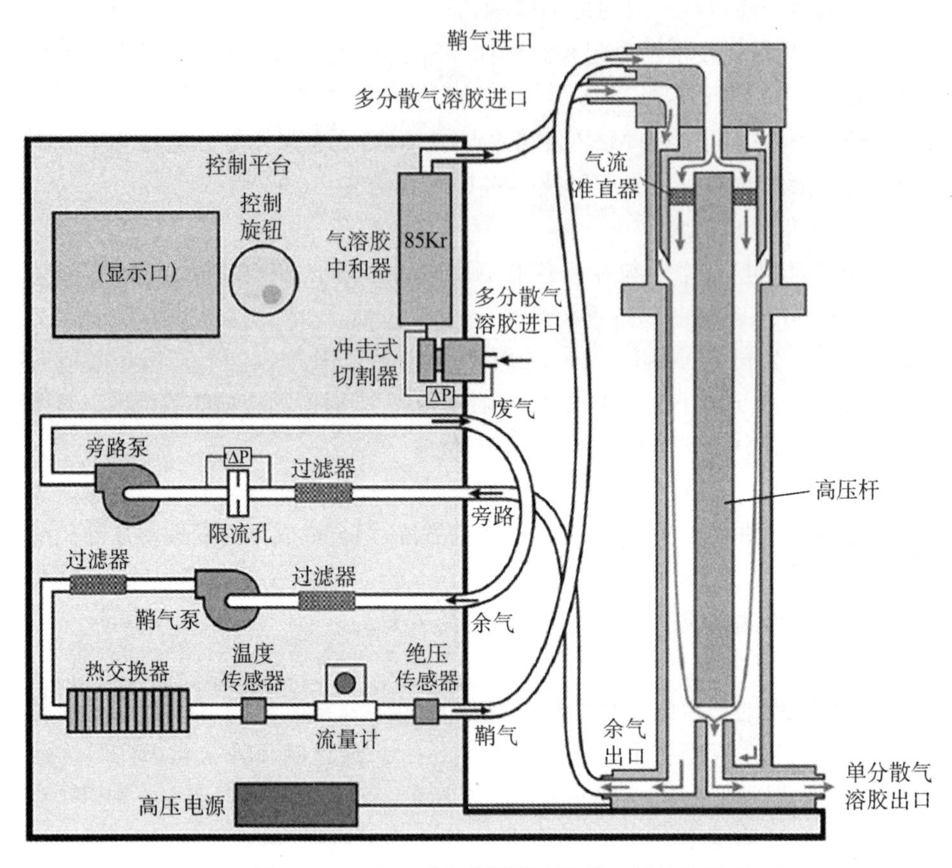

图 3－18　DMA 分级器测量系统的内部结构原理

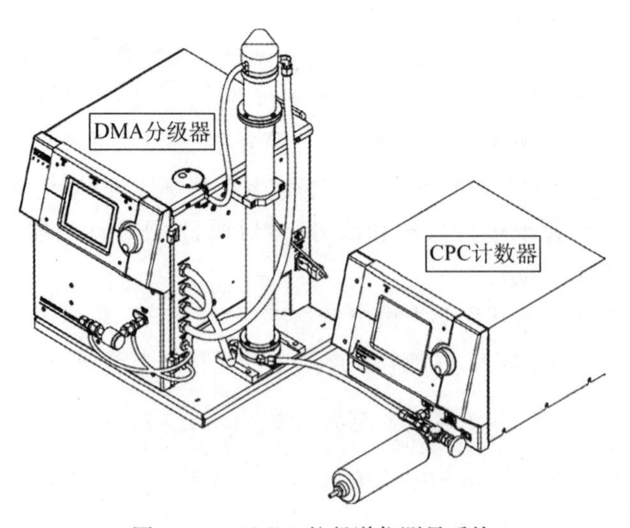

图 3－19　SMPS 粒径谱仪测量系统

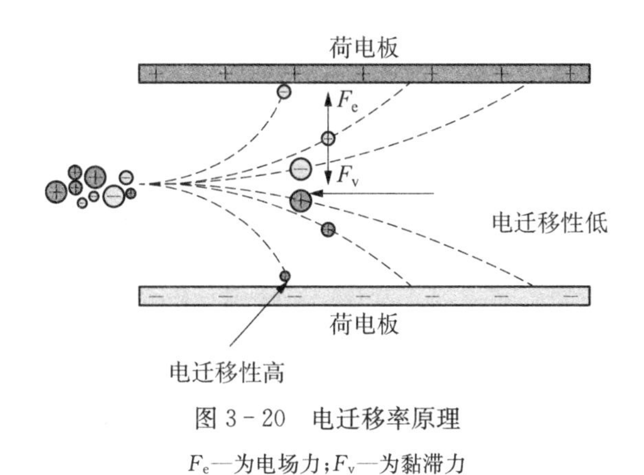

图 3-20　电迁移率原理

F_e—为电场力；F_v—为黏滞力

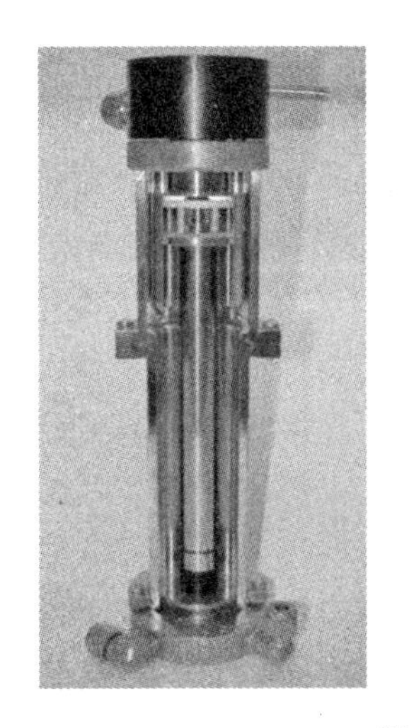

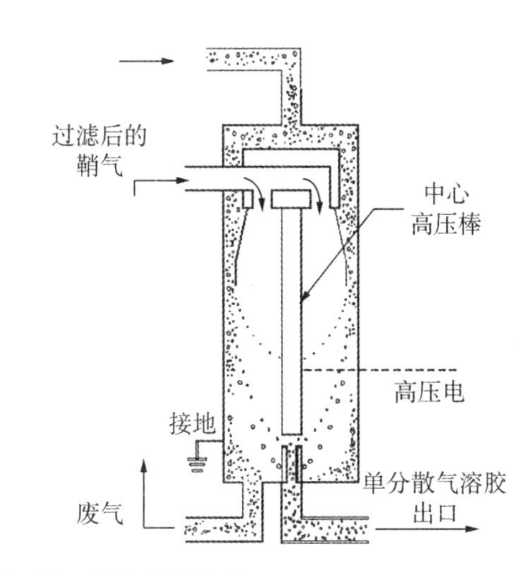

图 3-21　差分电迁移率

计数器采用水基凝聚粒子计数器：①气溶胶先进入冷却的饱和器然后进入加热的凝聚器；②凝聚管壁是热且潮湿的；③水蒸气从凝聚管壁快速扩散到管中央；由于水蒸气扩散速度比传热速度快，在凝聚器管中央形成过饱和。CPC 主要由 3 个关键部分组成：饱和器、冷凝器和光学检测器（见图 3-22）。

3.5.2.3　空气动力学粒径谱仪

以 TSI 公司的 APS-3321 为例，飞行时间法主要通过测量单个粒子在加速流场中的飞行时间来获得 0.5～20 μm 的颗粒物数浓度谱分布的信息[33, 36]。APS-3321可以同时测量粒子的两种属性：空气动力学粒径和光学散射强度。

APS-3321 通过飞行时间（TOF）技术可以实时测量粒子的空气动力学粒径，其粒径测量范围为 0.5～20 μm。由于基于飞行时间的空气动力学粒径计数仅仅与粒子形状相关，从而避免了折射系数和米散射的干扰，因此仪器对粒径的测量性

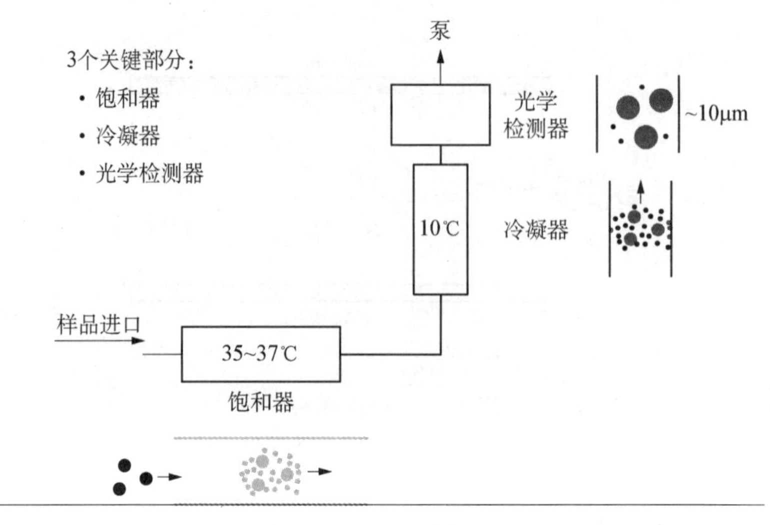

图 3-22　CPC 计数器

能优于同类的光学散射仪器。此外，飞行时间测量粒径所具有的单调对应曲线确保了在整个粒径测量范围内的高分辨率。通过光学散射测量技术，APS-3321 的测量粒径范围为 0.37～20 μm。虽然光学散射强度并不总是颗粒物粒径的可靠表征参数，但它仍然是人们感兴趣的一项参数。APS-3321 可以分别提供同一粒子的空气动力学粒径和光学散射强度这两项参数的数据，并单独存储。

APS-3321 空气动力学粒径的测量主要通过以下步骤进行：①气溶胶样品通过一个很小的加速喷嘴对颗粒物进行加速，离开加速嘴时不同粒径的颗粒物会产生不同的运动速率；②加速后的气溶胶样品根据其速度的不同，依次通过经过激化、分光之后的两束激光，依据激光的强弱来判断颗粒物的数浓度；③颗粒物飞过两束激光产生的两个脉冲信号，通过信号间的时间间隔来测量空气动力学粒径，其测量详细原理结构如图 3-23 所示。

3.5.2.4　荷电低压颗粒物撞击器

Dekati 公司生产的 ELPI 系列颗粒物采样分析仪，又称荷电低压颗粒物撞击器，其最新型号为 ELPI+。ELPI+由颗粒物荷电室、低压撞击器和高灵敏度多通道电位计构成，能在粒径 6 nm～10 μm 范围内，以 10 Hz 的取样速率实时测量颗粒物粒径分布及浓度，也可以实时测量颗粒物电荷分布和比重[37, 38]，如图 3-24 所示。

ELPI+的工作原理：①颗粒物进入电场强度已知的荷电室中，被充以精确的电荷数；②颗粒物进入低压撞击器，按照粒径大小的不同分别被 14 级收集盘的基板捕集；③被捕集到的颗粒物所带电荷会由连接在收集盘上的高灵敏多通道电位计实时测量，测量的电流信号正比于电荷大小，经处理就可以得到颗粒物在 14 个粒径段的粒子数浓度及质量浓度分布情况。

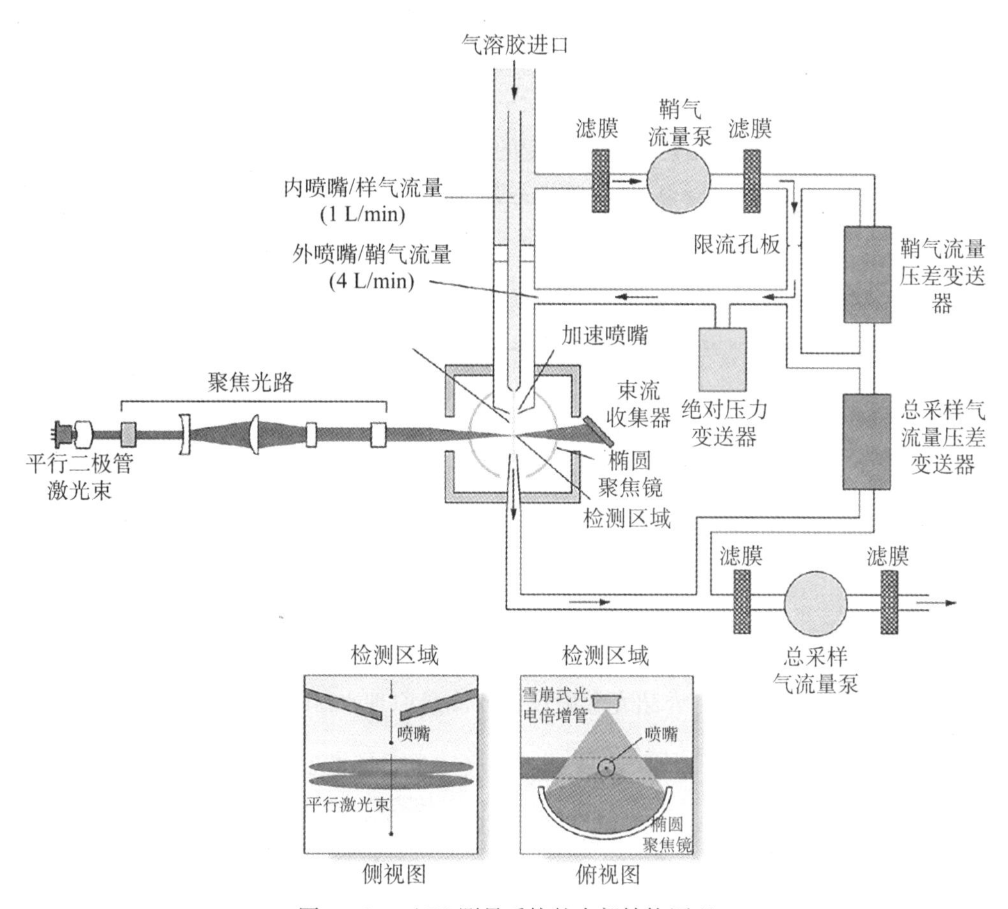

图3-23　APS测量系统的内部结构原理

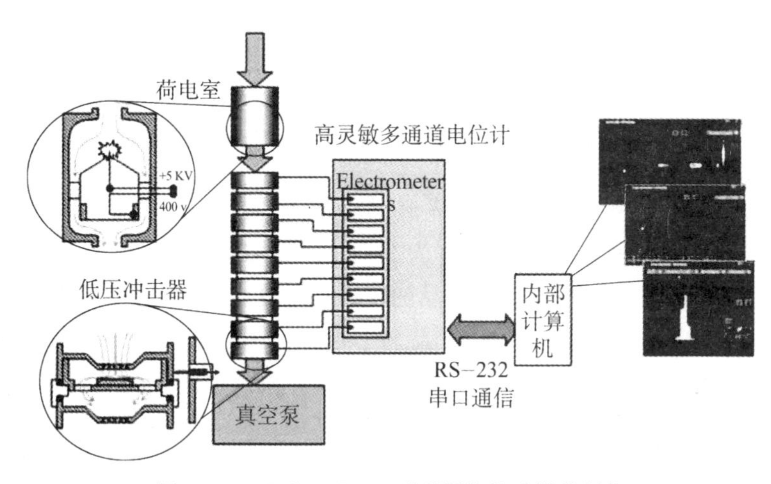

图3-24　Dekati ELPI系列颗粒物采样分析仪

3.6 颗粒物光学特性监测

大气组分的消光作用是影响能见度的直接因素，包括散射和吸收，不同组分表现出不同的吸收和散射能力，总的消光系数为[39]

$$\sigma_{ext} = \sigma_{ext,g} + \sigma_{ext,p} = \sigma_{ag} + \sigma_{sg} + \sigma_{ap} + \sigma_{sp} \tag{3-9}$$

式中：$\sigma_{ext,g}$为气体的消光系数；$\sigma_{ext,p}$为颗粒物的消光系数；σ_{ag}为气体的吸收系数；σ_{sg}为气体的散射系数；σ_{ap}为颗粒物的吸收系数；σ_{sp}为颗粒物的散射系数。一般来说，大气的消光主要是由颗粒物的消光导致[40—42]，则式(3-9)可以近似表示为$\sigma_{ext} \approx \sigma_{ext,p} = \sigma_{ap} + \sigma_{sp}$，因此，研究大气的消光特性主要需针对颗粒物的散射和吸收特性开展。

3.6.1 颗粒物散射特性监测

散射系数测量仪器主要有澳大利亚 ECOTECH 公司的 AURORA3000 三波段气溶胶浊度计和美国 TSI 公司的 3563 型积分式三波长浊度计。本书中将以 TSI 3563 型浊度计为例，介绍光散射仪器的测量原理，如图 3-25 所示。

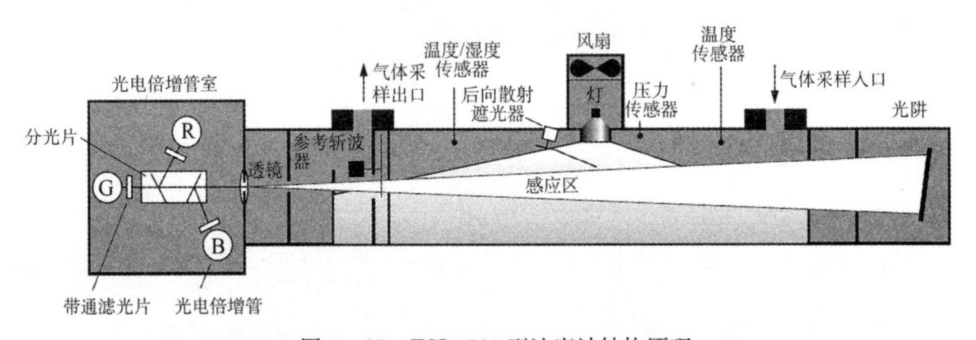

图 3-25 TSI 3563 型浊度计结构原理

TSI 3563 使用三种不同波长的光源，分别是：450 nm(蓝色)，550 nm(绿色)，700 nm(红色)，它的散射系数灵敏度为 2.0×10^{-7}/m，可实现响应时间小于 10 s 的散射系数的连续测量；通过测量样品的压力和温度，从总散射信号中实现空气背景散射(瑞利散射)的扣除；通过一个旋转参照断路器实现实时的 PMT 黑度流和光源补偿；总测量范围为 7°～170°，同时通过一个旋转反向散射百叶窗将 7°～90°之间的光挡住，可以实现反向散射信号的测量。

TSI 3563 型积分式浊度计包含三个波长的散射特征。在操作过程中，一个小的涡轮风扇抽取气溶胶样品，通过大直径入口抽取测量需要的样品流量。在仪器内，一个卤素灯作为光源照亮内腔，同时从 7°～170°的散射信号被三个光电倍增管采集。气溶胶散射通过与暗背景的对比从而测得气溶胶的散射系数。

气溶胶散射后的光束通过一个分光装置被分成三束光，并分别经过红、绿、蓝三个不同的滤光片后被三个光电倍增管检测。一个稳定旋转的参比斩波器提供三个模式的信号检测：第一种模式是打开斩波器时测量气溶胶的光散射信号；第二种模式是阻挡住所有的光路时检测的暗信号；第三种模式是插入一个半透明滤光片后的检测信号。

在后散射模式中，后散射快门旋转至光源前阻挡 7°～90°的光。这部分光被阻挡之后，只有后向散射的光可以进入光电倍增管。后散射信号可以从含有前向散射的总散射信号中扣除前向散射信号计算得到。

3.6.2　颗粒物吸收特性监测

颗粒物的吸收系数可以通过测量黑碳的浓度，再乘以黑碳的当量衰减系数得到。黑碳的测量仪器有美国 Magee Scientific 公司的 AE31 Aethalometer（可同时测量 370 nm，470 nm，520 nm，590 nm，660 nm，880 nm，950 nm 波长上的黑碳浓度）以及美国热电公司的 5012 型黑碳监测仪（MAAP 多角度吸收光度计）。

黑碳仪的原理结构如图 3－26 所示。黑碳仪工作时，在抽气泵的驱动下，环境空气连续地通过滤膜带的采样区（因为其形状为圆形或椭圆形，也称为采样点），气溶胶样品被收集在该部分滤膜上。每隔一个时间周期，仪器开/关测量光源一次，并测量有光源照射和无光源照射两种条件下，透过石英滤膜的气溶胶采样区（点）和参照区（点）的光强。根据光强信号，计算每个测量周期的采样区（点）的光学衰减增量，得到该测量周期内收集的黑碳气溶胶质量，再除以这段时间的采样气体体

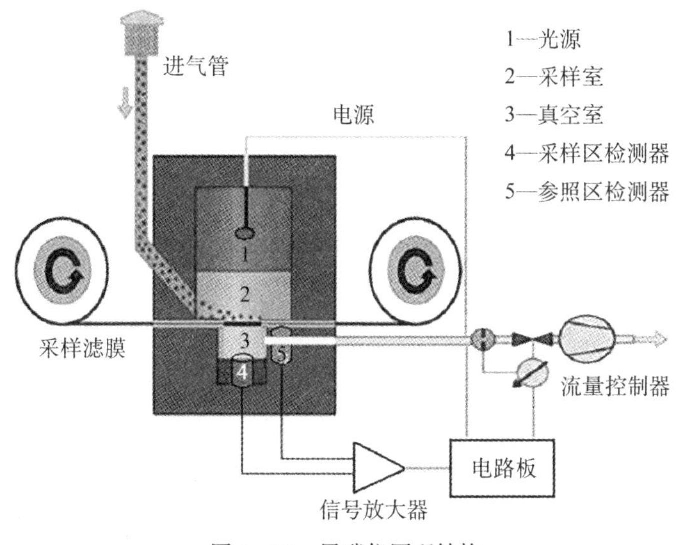

图 3－26　黑碳仪原理结构

积，即可以计算出采样气体中的平均黑碳浓度。

采用下式从黑碳仪测量的 BC 浓度计算颗粒物吸收系数 σ_{ap}[43—45]：

$$\sigma_{ap} = \alpha_{BC} \times C_{BC} \tag{3-10}$$

式中：α_{BC} 为黑碳的当量衰减系数，单位为 m^2/g；C_{BC} 为 880 nm 通道测量的黑碳浓度，单位为 $\mu g/m^3$；σ_{ap} 为 532 nm 波长处的颗粒物吸收系数值[46]，单位为 Mm^{-1}。

Arnott 等[47]在对黑碳仪和光声光谱仪（photo acoustic spectrometer，PAS）观测的数据回归分析后认为，利用黑碳仪测量的黑碳浓度与 PAS 同步测量的吸收系数做线性回归，得到的黑碳浓度与吸收系数的转换关系可以用来计算黑碳的吸收系数。式（3－10）计算中 α_{BC} 取为 8.28 m^2/g，该数值是根据我国南方地区黑碳仪与 PAS 的比对试验得到的结果[48]。该数值与 BRAVO（Big Bend Regional Aerosol and Visibility Observation Study）试验[49]在美国得克萨斯国家公园用黑碳仪和 PAS 观测的全部数据回归得到的斜率 8.5 m^2/g，以及与 Bergin[50]等 1999 年 6 月在北京城区通过同期测量气溶胶吸收系数和元素碳（EC）浓度估算的 α_{BC}（8 m^2/g）接近。

3.7 $PM_{2.5}$ 遥感观测

遥感观测就是对一段间隔以外的目的物或现象通过仪器的运用来观测，是一种不用直接接触目的物或现象就能将所要信息搜集起来，并对信息进行辨认、剖析、判别的高自动化的监测手段。气溶胶粒子对入射辐射的散射和吸收作用可以使入射辐射的性质和强度发生变化，通过测量入射辐射的变化可以反演气溶胶粒子特性，这是气溶胶遥感监测的基本原理。

根据遥感平台的不同，大气环境遥感监测可分为天基、空基遥感和地基遥感。天基、空基遥感是以卫星、宇宙飞机、飞机和高空气球等为遥感平台，地基遥感则是以地面为主要遥感平台。此外，按其工作方式可分为被动式遥感监测和主动式遥感监测。被动式遥感监测主要依靠接收大气自身所发射的红外光波或微波等辐射实现对大气成分的探测；主动式遥感监测是指由遥感探测仪器发出波束、次波束与大气物质相互作用产生回波，通过检测这种回波实现对大气成分的探测。

3.7.1 地基遥感

目前，地基遥感的方法主要有太阳直接辐射的多波段光度计遥感、宽带分光辐射遥感、根据天空散射亮度分布遥感、全波段太阳直接辐射遥感、华盖计遥感以及激光雷达遥感等[51]。下面以多波段光度计和微脉冲激光雷达为例，分别代表被动和主动遥感方法来介绍地基遥感的应用。

多波段光度计是一种以太阳为光源的被动式地基遥感，它利用可见光到近红外波段范围内一系列窄波段滤光片（通常半波宽度小于20 nm）测量大气对太阳直接辐射的消光，然后反演大气气溶胶光学厚度和粒子谱。这是目前在气溶胶遥感方法中比较准确，也是应用较多的一种方法，常被用来对卫星遥感的结果进行校验。NASA采用CE-318太阳光度计（见图3-27）在全球布设了观测网络AERONET（Aerosol Robotic Network，见 http://aeronet.gsfc.nasa.gov/），用以监测全球气溶胶，并在其网站上提供了所有监测站点的数据共享。目前，AERONET在中国的站点已经超过了50个。

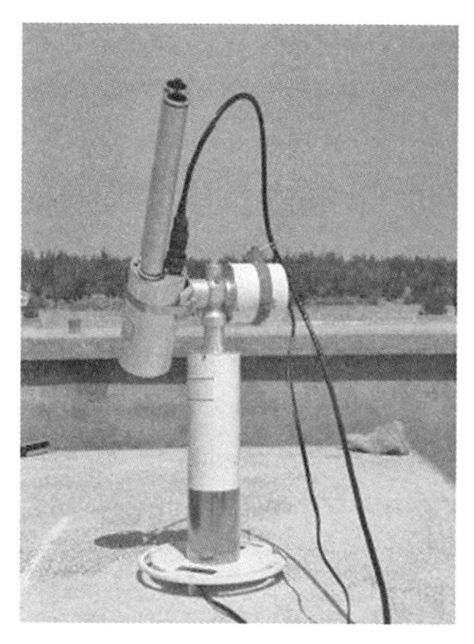

图3-27 CE-318太阳光度计

激光雷达是一种主动遥感手段，利用激光雷达可以得到气溶胶的垂直分布信息。激光雷达技术的运用都是以辐射与物质之间相互作用过程为基础的，包括米散射、瑞利散射、共振散射、拉曼散射、荧光和吸收。目前，在气溶胶观测中应用较多的是米散射激光雷达，通过发射很强的激光脉冲，利用空气中的气溶胶或沙尘的米散射现象，记录经过大气中气溶胶或沙尘的散射之后返回的信号，可用于监测烟囱烟尘、大气沉降和云。我国激光雷达的研制技术已日趋成熟。中国科学院安徽光学精密机械研究所（简称安光所）研制的颗粒物监测激光雷达设备（见图3-28），空间测量范围昼间为0～6 km，夜间为0～12 km，空间分辨率为7.5～150 m，时间分辨率为10～600 s。颗粒物激光雷达采用同轴光学系统设计，能将探测盲区缩小到70 m；采用532 nm和355 nm两个波长的激光，可探测对流层气溶胶的后向散

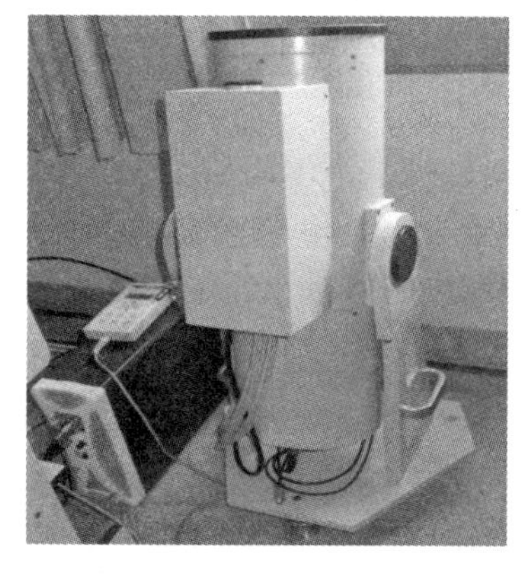

图3-28 中国科学院安徽光机所研制的颗粒物监测激光雷达

射系数、消光系数以及退偏振特性等参数。

目前，激光雷达在环境污染监测中得到了广泛的应用，尤其是米散射雷达。美国 NASA 的 Langley 研究中心、日本国立环境研究所和气象研究中心、韩国环境检测中心和德国夫琅和费大气环境研究所等机构都建立了相关的米散射激光雷达观测网络，如亚洲沙尘激光雷达观测网(AD - Net)、美国东部激光雷达观测网(REALM)、全球大气成分变化探测网(NDACC)、欧洲气溶胶研究激光雷达观测网(EARLINET)和微脉冲激光雷达网(MPLNET)等。这些激光雷达网络中，以 NASA 的微脉冲激光雷达网络 MPLNET(The NASA Micro-Pulse Lidar Network，见 http://mplnet.gsfc.nasa.gov/)覆盖范围最广。MPLNET 采用美国航天局戈达德空间飞行中心(Goddard Space Flight Center)研制，Sigma Space 公司生产的微脉冲激光雷达(见图 3 - 29)，连续监测大气中的气溶胶和云层，研究云、气溶胶及污染颗粒物的特征，大气气溶胶传输和极地云及降雪等，同时为空基和星载激光雷达提供数据验证。我国也在积极构建激光雷达观测网络，目前，中科院已在我国沙尘暴由西向东的主要必经之地布设了 12 个监测站点，包括新疆的策勒、阿克苏，甘肃敦煌，宁夏沙坡头，陕西榆林、长武，内蒙古的格日斯图、科尔沁沙地，北京，青岛，合肥和舟山群岛等地，用于沙尘暴的监测和研究。

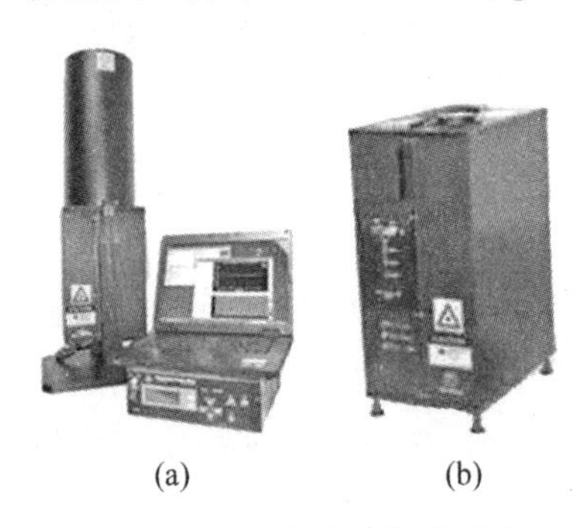
(a) (b)

图 3 - 29 微脉冲激光雷达
(a) 标准型 MPL；(b) 迷你型 MPL

3.7.2 卫星遥感

与地基遥感相比，卫星观测范围广，受时空限制小，可以弥补常规观测的不足，特别是在人烟稀少，地面观测站点稀疏的地区，如海洋、高原、沙漠等。卫星观测是获得大范围内的污染物分布和变化情况的重要途径，能够提供大区域范围内的连续气溶胶空间分布、源汇分布和传输路径等，这对于目前研究大区域尺度灰霾的形成、过程和影响等具有重要意义。

卫星遥感技术经过几十年的发展，能够提供全球范围内气溶胶的空间分布和辐射特性等信息。研究者已经利用多种传感器对气溶胶的全球分布情况做了报道。Ramanathan 等[52]和 Kaufman 等[53]利用 Terra 卫星上搭载的 MODIS 传感器描述了全球人为气溶胶和自然源气溶胶的分布；Nakajima 等[54]利用 AVHRR (Advanced Very High Resolution Radiometers)的遥感数据给出了全球气溶胶数浓度和云微物理参数的分布情况；Higurashi 和 Nakajima[55]利用 SeaWiFS (Sea-viewing Wide Field-of-view Sensor)的数据给出了中国东海区域四种主要类型的气溶胶(沙尘气溶胶、含碳气溶胶、硫酸盐气溶胶和海盐气溶胶)的分布。这些研究都表明卫星观测数据对揭示大范围空气污染对环境和气候的影响起着重要作用。同时,卫星观测的精度也在不断提高。如现有的 MODIS(中尺度)和 MISR 传感器,在没有云的条件下反演 AOD 的精度可以在陆地上和洋面上都达到较高的精度,反演的 AOD 值不确定范围在陆地上为±0.05±0.20τ,在洋面上则更低,为±0.04±0.10τ。此外,这两个传感器及其他的传感器还能够定量反演颗粒物的性质,包括颗粒物大小、形状和吸收等特性(见表 3-2)。

表 3-2　对流层气溶胶性质和辐射强迫的现有主要卫星观测平台

测量范围	气溶胶属性	传感器/平台	参数	空间覆盖范围	时间系列/年
气柱整体	气溶胶含量	AVHRR/NOAA-series	光学厚度	一天覆盖全球海洋	1981—
		TOMS/Nlmbus, ADEOS1, EP		一天覆盖全球陆地和海洋	1979—2001
		POLDER-1, -2, PARASOL			1997—
		MODIS/Terra, Aqua			2000—(Terra) 2002—(Aqua)
		MISR/Terra		一周覆盖全球陆地和海洋	2000—
		OMI/Aura		一天覆盖全球陆地和海洋	2005—
	料径大小,粒子形状	AVHRR/NOAA-series	Angström指数	全球海洋	1981—
		POLDER-1, -2, PARASOL	小颗粒比率	全球陆地和海洋	1997—
			Angström 指数		
			非球形颗粒比率		
		MODIS/Terra, Aqua	小颗粒比率	全球陆地和海洋	2000—(Terra) 2002—(Aqua)
			Angström 指数		
			有效半径	全球海洋	
			不对称因子		
		MISR/Terra	Angström 指数	全球陆地和海洋	2000—
			小、中、大颗粒比率		
			非球形颗粒比率		

（续表）

测量范围	气溶胶属性	传感器/平台	参数	空间覆盖范围	时间系列/年
	吸收气溶胶	MS/Nlmbus，ADEOS	吸收气溶胶指数，单向散射反照率，吸收光学厚度	全球陆地和海洋	1979—2001
		OMI/Aura			2005—
		MISR/Terra	单散射反照率		2000—
垂直分布	气溶胶含量，粒径大小，粒子形状	GLAS/ICESat	消光/后向散射	全球陆地和海洋，重复周期16天	2003—
		CALIOP/CALIPSO	消光/后向散射，色率，极化率		2006—

表 3－2 列出了目前对流层气溶胶的主要观测卫星平台，我们将以 MODIS (MODerate resolution Imaging Spectroradiometer)和 CALIPSO 为例，分别代表被动和主动卫星遥感，进一步介绍传感器的特点、数据产品及其在气溶胶监测中的应用。

1999 年，美国国家宇航局(NASA)建立的地球观测系统计划(Earth Observing System, EOS)，旨在对全球变化进行综合的观测研究，包括发射一系列先进的卫星系统，对太阳辐射、大气、海洋和陆地进行全面综合的整体观测[56]。Terra 和 Aqua 是美国国家宇航局为进行对地观测所发射的地球观测系统卫星，MODIS 是搭载在 Terra 和 Aqua 卫星上的中分辨率成像光谱仪，用于对全球大气、海洋、陆地进行长周期的观测。Terra 于 1999 年 12 月 18 日发射，每日地方时 10:30 左右过境。Aqua 于 2002 年 5 月 4 日发射，每日地方时 13:30 左右过境，在数据采集时间上与 Terra 形成互补。

MODIS 的主要特点有：①多通道同时观测，MODIS 有 36 个离散光谱波段，光谱范围宽，从 0.405～14.385 μm 全光谱覆盖；②高分辨率观测，MODIS 的两个可见光通道(660 nm 和 860 nm)最高空间分辨率可达 250 m(面积分辨率比 NOAA/AVHRR 仪器高 18 倍)，大大增强了对地球大范围区域细致观测的能力，可见和近红外通道 3～7 的 5 个通道为 500 m，29 个通道为 1 km，全球均一分辨率观测；③大范围观测，扫描观测宽度达 2 330 km，在纬度 25°以上区域，一颗卫星一次扫描就可以全部覆盖；④每日全覆盖、多频次观测，Terra 和 Aqua 两颗卫星每天可以对我国大部分地区进行 4 次观测。

MODIS 标准数据产品分级系统由 5 级数据构成，它们分别是：0 级、1 级、

2 级、3 级和 4 级。由卫星地面站直接接收到的、未经处理的、包括全部数据信息在内的原始数据为 0 级数据。对没有经过处理的、完全分辨率的仪器数据进行重建，数据时间配准，使用辅助数据注解，计算和增补到 0 级数据之后为 1 级数据。在 1 级数据基础上开发出的、具有相同空间分辨率和覆盖相同地理区域的数据为2 级数据。3 级数据是以统一的时间-空间栅格表达的变量，通常具有一定的完整性和一致性。在 3 级水平上，将可以集中进行科学研究，如：定点时间序列，来自单一技术的观测方程和通用模型等。通过分析模型和综合分析 3 级以下数据得出的结果数据为 4 级数据。

MODIS 的数据产品以 HDF 文件格式存储。HDF 的数据结构是一种分层式数据管理结构，是美国国家高级计算应用中心（National Center for Supercomputing Application）为了满足各种领域研究需求而研制的一种能高效存储和分发科学数据的新型数据格式。一个 HDF 文件中可以包含多种类型的数据，如栅格图像数据，科学数据集，信息说明数据。这种数据结构方便了我们对信息的提取。例如，当我们打开一个 HDF 图像文件时，除了可以读取图像信息以外，还可以很容易地查取其地理定位、轨道参数、图像噪声等各种信息参数。HDF 文件可以通过 Matlab，IDL，NCL 等工具提取所需的参数数据。

目前能够获得的 MODIS 反演的气溶胶监测参数主要有三个，粗细模态比（the ratio between the two modes）、光学厚度（the spectral optical thickness）和颗粒物平均粒径（the mean particle size）。目前，这三个参数能够覆盖全球的洋面以及大部分的陆地地区，质量控制主要通过与地面站点进行比对。这三个参数中，气溶胶参数应用最为广泛的是气溶胶光学厚度（aerosol optical depth）。MODIS 的 2 级数据提供 AOD 的轨道数据，其中轨道数据能达到 10 km 的空间分辨率。3 级的数据则是在 2 级的轨道数据上进一步加工将其格网化，数据的空间分辨率统一为 1 度，时间系列上提供日平均、8 日平均以及月平均的数据。

CALIPSO 是由 NASA 和 CNES(法国国家太空研究中心)联合开发的星载激光雷达系统，于 2006 年 4 月 28 日成功发射，是 A-Train 卫星群的成员。CALIPSO 载荷的正交偏振云和气溶胶偏振激光雷达（CALIOP）同时发射双波长（1 024 nm 和 532 nm）的脉冲激光，接收 1 024 nm 的后向散射信号以及 532 nm 的正交偏振后向散射信号。CALIOP 的垂直分辨率为 30 m，两种波长的后向散射信号差别可以区分气溶胶颗粒尺寸，532 nm 波段的正交偏振检测可区分云的冰相和液相。

单个传感器能够提供的参数相对有限，因此，多个卫星传感器的联合观测，对揭示颗粒物及其协同因子，研究局地污染对全球大气的影响等具有重大意义。图 3 - 30为美国 EOS 系统的 A-Train 卫星编队，卫星编队可实现对同一区域高时空分辨率的观测。A-Train 的卫星编队间隔时间最短为 15 s，最长为 15 min，第一颗星与最后一颗星的扫描时间间隔不到 23 min。其突出优势在于每颗卫星都有特

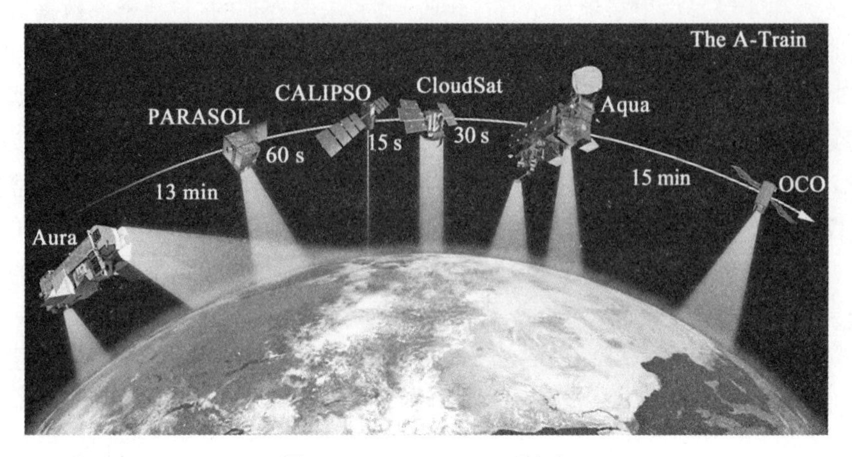

图 3－30　A-Train 卫星编队

别的测量功能和项目，且互为补充，能同时测量大气气溶胶、O_3、NO_2 等大气污染物，以及云、温度、相对湿度和辐射流等大气参数，结合这些数据可了解大气气溶胶对云和降雨等气候因子的影响，局部污染对大气质量的影响机制等，从而改进天气预报和气候预测。

3.7.3　遥感监测数据与传统监测数据的关联和比对

卫星遥感获得的气溶胶光学厚度是整层大气颗粒物消光系数的积分，而近地面颗粒物质量浓度是指经过 50℃烘干的干粒子质量浓度，要将两者相互联系和进行比较，需要考虑大气气溶胶的垂直分布以及湿度等相关信息。目前已有不少研究表明，气溶胶光学厚度（AOD）和近地面颗粒物浓度之间存在一定的相关性，并证明了由 AOD 估算近地面颗粒物浓度的可行性。国内和国外有较多根据地基激光雷达或者机载激光雷达，以及地基太阳光度计观测网络（AERONET）[57] 等所测得的气溶胶垂直分布信息以及地面实测湿度等，将 AOD 进行订正。综合这些研究结果来看，经过订正后的 AOD 与近地面颗粒物浓度建立经验函数的 R^2 能达到 0.5～0.76的水平。

近 20 多年来，大气动力学模式有了长足的发展，已经能够相当合理地描述地形和下垫面不均匀性对大气边界层结构的影响。近年来的研究[58, 59] 利用各种大气动力学模式引入到近地面颗粒物估算中，根据大气模式模拟卫星过境时的大气边界层高度和近地面相对湿度，将区域尺度卫星遥感反演的气溶胶光学厚度反演成地面颗粒物浓度，可以有效弥补根据测点将卫星 AOD 反演成地面颗粒物浓度所受到的空间局限和在空间覆盖上的不足。

参考文献

[1] Grover B D, Eatough N L, Eatough D J, et al. Measurement of both nonvolatile and semi-volatile fractions of fine particulate matter in Fresno, CA [J]. Aerosol science and technology, 2006,40(10):811-826.

[2] 刘雄,沈济. 硝酸铵气溶胶挥发动力学[J]. 环境科学,1999,20(1):84-86.

[3] 耿彦红,刘卫,单健,等. 上海市大气颗粒物中水溶性离子的粒径分布特征[J]. 中国环境科学,2010,30(12):1585-1589.

[4] 张懿华,段玉森,高松,等. 上海城区典型空气污染过程中细颗粒污染特征研究[J]. 中国环境科学,2011,31(7):1115-1121.

[5] 束炯,段玉森,程金平,等. 上海市霾污染指标体系及评估方案研究[R]. 上海,2010.

[6] Mignacca D, Stubbs K. Effects of equilibration temperature on PM10 concentrations from the TEOM method in the lower fraser valley [J]. Journal of the Air & Waste Management Association, 1999,49(10):1250-1254.

[7] Pang Y, Ren Y, Obeidi F, et al. Semi-volatile species in PM2. 5: comparison of integrated and continuous samplers for PM2. 5 research or monitoring [J]. Journal of the Air & Waste Management Association, 2001,51(1):25-36.

[8] Grover B D, Eatough N L, Eatough D J, et al. Measurement of both nonvolatile and semi-volatile fractions of fine particulate matter in Fresno, CA [J]. Aerosol science and technology, 2006,40(10):811-826.

[9] US EPA. List of designed reference and equivalent methods, (http://www. epa. gov/ttn/amtic/criteria. html), 2012.

[10] Schwab J J, Felton H D, Rattigan O V, et al. New York State urban and rural measurements of continuous PM2. 5 mass by FDMS, TEOM, and BAM [J]. Journal of the Air & Waste Management Association, 2006,56(4):372-383.

[11] Geller M D, Fine P M, Sioutas C. The relationship between real-time and time-integrated coarse (2. 5 - 10 μm), intermodal (1 - 2. 5 μm), and fine (<2. 5 μm) particulate matter in the Los Angeles Basin [J]. Journal of the Air & Waste Management Association, 2004,54(9):1029-1039.

[12] Hauck H, Berner A, Gomiscek B, et al. On the equivalence of gravimetric PM data with TEOM and beta-attenuation measurements [J]. Journal of Aerosol Science, 2004,35(9):1135-1149.

[13] Grover B D, Kleinman M, Eatough N L, et al. Measurement of total PM2. 5 mass (nonvolatile plus semivolatile) with the Filter Dynamic Measurement System tapered element oscillating microbalance monitor [J]. Journal of Geophysical Research: Atmospheres (1984-2012),2005,110(D7).

[14] Allen G, Sioutas C, Koutrakis P, et al. Evaluation of the TEOM® method for measurement of ambient particulate mass in urban areas [J]. Journal of the Air & Waste Management Association, 1997,47(6):682 - 689.

[15] Chung A, Chang D P Y, Kleeman M J, et al. Comparison of real-time instruments used to monitor airborne particulate matter [J]. Journal of the Air & Waste Management Association, 2001,51(1):109 - 120.

[16] 只茂群. 环境空气可吸入颗粒物 PM10 连续自动监测仪 TEOM 微量震荡天平法与 β 射线法测定中相关问题的分析与探讨[J]. 科技信息(学术研究),2007,25:45 - 46.

[17] 邓芙蓉,王欣,吴少伟,等. 三种空气颗粒物监测仪监测结果比较研究[J]. 环境与健康杂志,2009,26(6):504 - 506.

[18] 肖亮. 空气中可吸入颗粒物的两种测定方法的比较[J]. 现代计量测试,2001,9(4):44 - 47.

[19] 但德忠. 环境空气 PM2.5 监测技术及其可比性研究进展[J]. 中国测试,2013,39(2):1 - 5.

[20] 刘军,冯艳君. 基于 β 射线吸收法的可吸入颗粒物检测仪[J]. 仪表技术与传感器,2011(9):39 - 40.

[21] 张展毅,李丰果,杨冠玲,等. 大气颗粒物浓度自动监测仪器的研制及性能比对测试[J]. 北京大学学报(自然科学版),2006,42(6):767 - 773.

[22] Canagaratna M R, Jayne J T, Jimenez J L, et al. Chemical and microphysical characterization of ambient aerosols with the aerodyne aerosol mass spectrometer [J]. Mass Spectrometry Reviews, 2007,26(2):185 - 222.

[23] Jayne J T, Leard D C, Zhang X, et al. Development of an aerosol mass spectrometer for size and composition analysis of submicron particles [J]. Aerosol Science & Technology, 2000,33(1 - 2):49 - 70.

[24] Stephens M, Turner N, Sandberg J. Particle identification by laser-induced incandescence in a solid-state laser cavity [J]. Applied optics, 2003,42(19):3726 - 3736.

[25] DeCarlo P F, Kimmel J R, Trimborn A, et al. Field-deployable, high-resolution, time-of-flight aerosol mass spectrometer [J]. Analytical chemistry, 2006,78(24):8281 - 8289.

[26] Drewnick F, Hings S S, DeCarlo P, et al. A new time-of-flight aerosol mass spectrometer (TOF - AMS)—Instrument description and first field deployment [J]. Aerosol Science and Technology, 2005,39(7):637 - 658.

[27] Onasch T B, Trimborn A, Fortner E C, et al. Soot particle aerosol mass spectrometer: development, validation, and initial application [J]. Aerosol Science and Technology, 2012,46(7):804 - 817.

[28] Ng N L, Herndon S C, Trimborn A, et al. An aerosol chemical speciation monitor (ACSM) for routine monitoring of the composition and mass concentrations of ambient

aerosol [J]. Aerosol Science and Technology, 2011,45(7):780 - 794.
[29] Gard E, Mayer J E, Morrical B D, et al. Real-time analysis of individual atmospheric aerosol particles: Design and performance of a portable ATOFMS [J]. Analytical Chemistry, 1997,69(20):4083 - 4091.
[30] Prather K A, Nordmeyer T, Salt K. Real-time characterization of individual aerosol particles using time-of-flight mass spectrometry [J]. Analytical Chemistry, 1994,66(9):1403 - 1407.
[31] 胡敏,刘尚,吴志军,等. 北京夏季高温高湿和降水过程对大气颗粒物谱分布的影响[J]. 环境科学,2006,27(11):2293 - 2298.
[32] 高健,周杨,王进,等. WPSTM - TEOMTM - MOUDITM 的对比及大气气溶胶密度研究[J]. 环境科学,2007,28(9):1929 - 1934.
[33] 王飞,朱彬,康汉清,等. APS - SMPS - WPS 对南京夏季气溶胶数浓度的对比观测[J]. 中国环境科学,2011,31(9):1416 - 1423.
[34] 刘兴忠,杨奇,刘涛. 颗粒物监测仪和黑碳气溶胶观测仪故障分析与检修[J]. 气象与环境科学,2008,31(B09):224 - 228.
[35] 王爱平,朱彬,银燕,等. 黄山顶夏季气溶胶数浓度特征及其输送潜在源区[J]. 中国环境科学,2014(4):852 - 861.
[36] 李海军,赵越,魏强,等. 空气动力学粒径谱与微量振荡天平颗粒物质量浓度的测量比较[J]. 大气与环境光学学报,2009(4):315 - 320.
[37] 王铮,薛建明,许月阳,等. 燃煤电厂 PM2.5 超细颗粒物排放测试方法研究[J]. 环境工程技术学报,2013,3(2):133 - 137.
[38] Simon X, Bau S, Bémer D, et al. Measurement of electrical charges carried by airborne bacteria laboratory-generated using a single-pass bubbling aerosolizer [J]. Particuology, 2015,18:179 - 185.
[39] Seinfeld J H, Pandis S N. Atmospheric Chemistry and Physics: From Air Pollution to Climate Change [M]. New Jersey: John Wiley & Sons, 2012.
[40] Chan Y C, Simpson R W, Mctainsh G H, et al. Source apportionment of visibility degradation problems in Brisbane (Australia) using the multiple linear regression techniques [J]. Atmos Environ, 1999,33(19):3237 - 3250.
[41] Yuan C S, Lee C G, Liu S H, et al. Correlation of atmospheric visibility with chemical composition of Kaohsiung aerosols [J]. Atmospheric Research, 2006, 82(3): 663 - 679.
[42] Bergin M H, Xu J, Fang C. Measurement of aerosol light scattering and absorption coefficient in Beijing during June, 1999 [J]. J Geophys Res, 2001,106(16):17969 - 17980.
[43] Hansen A D A. The Aethalometer TM User Manual [R]. 2005.
[44] 颜鹏,刘桂清,周秀骥,等. 上甸子秋冬季雾霾期间气溶胶光学特性[J]. 应用气象学报,

2010,21(3):257 - 264.

[45] 徐敬,张小玲,颜鹏,等. 2006 年春季沙尘天气下背景地区大气气溶胶光学特性的观测研究[J]. 气象科技,2008,36(6):679 - 685.

[46] 于凤莲,刘东贤. 有关气溶胶细粒子对城市能见度影响的研究[J]. 气象科技,2002,30(6):379 - 383.

[47] Arnott W P, Hamasha K, Moosmüller H, et al. Towards aerosol light-absorption measurements with a 7-wavelength aethalometer: Evaluation with a photoacoustic instrument and 3-wavelength nephelometer [J]. Aerosol Science and Technology, 2005,39(1):17 - 29.

[48] Schmid O, Chand D, Andreae M O. Aerosol optical properties in urban Guangzhou [C]. Proceedings of PRD Workshop, Beijing, China. 2005:13 - 14.

[49] Arnott W P, Moosmüller H, Sheridan P J, et al. Photoacoustic and filter-based ambient aerosol light absorption measurements: Instrument comparisons and the role of relative humidity [J]. Journal of Geophysical Research: Atmospheres (1984 - 2012),2003,108(D1):AAC 15 - 1 - AAC 15 - 11.

[50] Bergin M H, Cass G R, Xu J, et al. Aerosol radiative, physical, and chemical properties in Beijing during June 1999 [J]. Journal of Geophysical Research: Atmospheres (1984 - 2012),2001,106(D16):17969 - 17980.

[51] 毛节泰,张军华,王美华. 中国大气气溶胶研究综述[J]. 气象学报,2015(5):114 - 123.

[52] Ramanathan V, Crutzen P J, Kiehl J T, et al. Aerosols, climate, and the hydrological cycle [J]. science, 2001,294(5549):2119 - 2124.

[53] Kaufman Y J, Tanré D, Boucher O. A satellite view of aerosols in the climate system [J]. Nature, 2002,419(6903):215 - 223.

[54] Nakajima T, Higurashi A, Kawamoto K, et al. A possible correlation between satellite-derived cloud and aerosol microphysical parameters [J]. Geophysical Research Letters, 2001,28(7):1171 - 1174.

[55] Higurashi A, Nakajima T. Detection of aerosol types over the East China Sea near Japan from four-channel satellite data [J]. Geophysical research letters, 2002,29(17):17 - 1 - 17 - 4.

[56] Kaufman Y J, Tanré D, Remer L A, et al. Operational remote sensing of tropospheric aerosol over land from EOS moderate resolution imaging spectroradiometer [J]. Journal of Geophysical Research: Atmospheres (1984 - 2012), 1997, 102 (D14): 17051 -17067.

[57] Pelletier B, Santer R, Vidot J. Retrieving of particulate matter from optical measurements: a semiparametric approach [J]. Journal of Geophysical Research: Atmospheres (1984 - 2012),2007,112(D6).

[58] van Donkelaar A, Martin R V, Park R J. Estimating ground-level PM2.5 using

aerosol optical depth determined from satellite remote sensing [J]. Journal of Geophysical Research: Atmospheres (1984－2012),2006,111(D21).
[59] 陶金花,张美根,陈良富,等.一种基于卫星遥感AOT估算近地面颗粒物的方法[J].中国科学:地球科学(中文版),2013,43(1):143－154.

第4章　$PM_{2.5}$监测网络

环境空气监测的主要任务是准确、全面地掌握和评价环境空气质量状况和变化趋势，客观反映环境空气污染对人类生活环境的影响。随着环境监测工作的开展和大气环境科学研究的不断深入，监测因子逐渐聚焦到了对区域大气复合污染更有代表性的 $PM_{2.5}$ 和 O_3 等污染物，尤其是针对 $PM_{2.5}$ 质量浓度及其理化特征的监测，成为环境空气监测的核心和焦点。因此，制订有针对性的 $PM_{2.5}$ 监测目标，确定合理的网络功能、站点数量及其分布区域，构建完整、高效的 $PM_{2.5}$ 及空气质量监测网络，使之能全面反映环境质量状况和变化趋势，及时跟踪污染源污染物排放的变化情况，准确预警和及时响应各类环境突然事件，是环境空气质量监测工作的核心，是 $PM_{2.5}$ 产生机理及其防治对策研究的基础，是推动环境保护工作不断发展的重要技术支撑和迫切需要。

4.1　监测网络的分类

监测网络和站点的功能体现了监测目的，由于监测主要目标和内容的不同，环境空气质量监测网络可分为不同的空间尺度和网络类型，并以此决定监测站点的类型、数量、空间分辨率等。

根据监测目标、空间尺度、监测因子、监管主体等，监测网络可以有多种分类方法，各种分类方法之间虽有区别，但又围绕着监测目标而具有一定的相关性。

以空气质量发布、达标评价以及行政监管等目的而建设的监测网络，通常更多地关注人口相对密集的城市地区或建成区，监测网络的布设也有一定的规范以及要求，如“国家环境空气质量监测网络”，由国家环保部以及中国环境监测总站进行监督及质量控制管理，根据国家标准在全国各大中城市内布设监测站点（即评价点），用于全国各主要城市空气质量实时发布以及年度考评，并有助于掌握全国空气质量总体形势。通常，这样的网络还会配有少量的背景点或区域点，用于了解整个区域的背景浓度或者基本污染水平，这些站点的数量明显少于评价点，仅仅用于背景对照或区域影响监控等。

以特定区域污染监控、污染水平监测或者污染物转化研究为目标的监测网络，针对区域的空间尺度相对较小，针对目标相对明确，如工业区、建筑工地、交通主干道或隧道、垃圾焚烧厂、国家公园、大片农田等。通常，为了研究污染成因及其对周边区域的影响，同时了解污染源一次排放以及大气中二次转化的 $PM_{2.5}$ 及其前体物，监测网络不仅仅对污染排放源进行监测，还可以在区域边界、下风向受体区域、上风向背景区域等设立站点，即污染监控点。

以环境空气污染成因及反应机理、城市群大气复合污染特征、区域及跨区域污染输送机制等深层次机理的科学研究为目标的监测网络，通常并不以空气质量评价作为主要目标，因此不必要对城市或者特定区域设立过多的监测站点。相反，研究网络的设置更为灵活。根据我国特定的季风气候，监测网络可以在不同季节根据主导风向布设站点，研究在气溶胶老化过程中组分的变化特征，城市群颗粒物及其前体物排放对于区域气溶胶污染的影响。比起监测网络站点的密度，研究网络更关注监测站点上监测因子的多样性及全面性，尤其是针对 $PM_{2.5}$ 的前体物及反应中间产物的监测，由于其在大气中存在时间短，监测方法难以确立，成为大气复合污染监测的前沿和热点。因此，配置监测因子全面、监测功能强大的超级站，作为目前研究型监测网络的核心站点，在全国各地正在广泛地建立。

随着社会经济的发展，对环境质量监测的要求越来越高，监测目标也趋于复杂化和综合化。在有些情况下，城市管理部门除了获得空气质量评价结果外，同样需要知道某些特定工业区或者大尺度区域输送对于城市空气质量的影响，而学者在研究污染输送及成因的时候同样也需要污染物在城市区域整体空间分布信息的支持。因此，现今的监测网络更多地往多元化、综合化的方向发展，即建立一个集评价点、区域站、背景站、污染监控点、超级站等多种站点于一体的综合监测网络。

4.2　监测站点的分类

随着公众对于空气质量服务的需求增加以及环境科学领域对于大气复合污染认知的发展，监测网络和站点的功能在不断拓展，监测物种的因子在不断增加，监测网络的规模在不断扩大，监测站点的类别也越来越多。根据监测站点功能的不同，主要可以分为评价点、背景站和区域站、污染监控点、超级站等。根据功能的不同，监测站点选择相应的地点和监测因子，以达到相应的监测目的。

4.2.1　评价点

评价点是以监测地区的空气质量整体状况和变化趋势为监测目的而设置的监测点位。通常，不同空间尺度评价区域的空气质量平均水平就是通过该区域所有评价点的浓度计算得到的。

最重要的评价点是国控点，是指国家环境空气质量监测网络中的环境空气质量评价城市点。国控点的布设要覆盖整个城市的建成区，主要针对的是人口密度较高、城市化进程比较完善的地区，监测指标至少覆盖空气质量指数(AQI)的全部六项因子，包括二氧化硫(SO_2)、二氧化氮(NO_2)、臭氧(O_3)、一氧化碳(CO)、可吸入颗粒物(PM_{10})和细颗粒物($PM_{2.5}$)等。

除了国控点以外，还有省控点、市控点、区控点等，用于承担不同空间尺度及不同地区环境空气质量的监测，同时下一级的监测网络对上一级的监测网络起到监视性监测的作用。在一定条件下，省控点、市控点、区控点等可以升级为国控点。随着公众对于区域环境空气质量以及局地空气质量认知需求的提高，有限的国控点数目在有些情况下已经不能满足公众的需求，因此加强省、市、区控点的建设，并保证监测站点质量控制和质量保证体系的运行，可以在很大程度上弥补国控点区域代表性不足的问题。

根据国家标准方法，环境空气质量评价点可以在原有监测点位的基础上筛选，从筛选出的点位所计算出的污染物浓度的平均值代表点位所覆盖地区的平均值，从各环境空气质量功能区筛选出的点位所计算出的污染物浓度的平均值代表点位所覆盖功能区的平均值(误差在 10%以内)，从筛选出的点位所计算出的污染物浓度的 30，50，80，90 百分位数应代表点位所覆盖地区的相应的百分位数(误差在 15%以内)。

确定环境空气质量评价点时首先应对所在地区的污染时空分布特征进行调查，可采用的方法包括加密网络布点法实测或模拟计算等。其中加密网络布点法是常用的方法之一，该方法首先将城市建成区划分为若干个规则的正方形网格，每个网格单元的边长不应大于 2 km，加密网格点设在网格的交点上，通过这些加密网格点的长期监测，了解所在地区的污染物整体浓度水平和分布规律。

根据城市建成区规模和功能区布局，区域大气状况和发展趋势，敏感受体分布，结合地形、气象等自然因素综合考虑后，确定环境空气质量评价点的布设，使评价点具有较好的代表性，监测值能够代表所在地区的整体空气质量水平和变化规律趋势，同时还需要考虑交通、环境和工作条件，使得其实现具有可操作性。

4.2.2 背景站和区域站

背景点是设置在远离城镇和人为活动、能够反映全国及区域空气质量背景水平的监测站点。通常，一个城市的背景点会设置在一个城市的郊区，并纳入国控监测网络，不参与全市空气质量的评价计算，而是作为城市空气质量的参照。而国家背景点则是设置在远离城镇和人为活动、具有较大空间尺度代表性，能够反映全国及大区域尺度空气质量背景水平的监测站点。背景点的周边没有明显的污染源，位于区域城市群常年主导风向的上风向地区，而且是污染物浓度最低的区域。

在考虑背景点选址的时候，首先要评价点位对所在监测区域的代表性，评价地形和地势状况，气象类型的代表性，周边人口密度分布、交通状况和空气质量类型，定位点位附近所覆盖区域范围内的排放源，确保点位满足其监测目的。此外，监测点位的位置还要考虑国家整体网络空间均匀分布的适当性和协调性，了解土地规划和区域开发设计的影响程度以评估背景点的有效年限。

由于背景点通常设置在边远地区，在考虑点位选址的时候，还需要进行具体的实地调查，评价交通道路、电力、通信、供水等基础设施条件，综合评价站点的长期稳定性、交通通信、有无人值班和后勤支持，并避开山洪、雪崩、山林火灾、泥石流、高强度雷击等自然灾害的高发区域。

区域点是设置在基本不受城市影响的郊区，能够反映一定区域范围内的空气质量基本水平的监测站点，可用于区域空气质量评价，但不参与城市空气质量达标评价。与背景点不同，区域点并不是为了反映区域空气质量的最低浓度，而是旨在对一个大区域空气质量的基本水平进行监测，或是用于研究区域间污染物输送及迁移规律。

区域点的选址与布设方法和背景点类似，但不完全相同。根据区域点的监测目的，体现足够的空间代表性，区域点通常会选取在输送通道上，可以是区域内不同城市之间的污染输送通道上，也可以是区域之间的污染输送通道上。由于城市评价点更多地分布于人口密集的城市地区，因此位于城市之间的区域输送点可以有效地补充监测网络中的空缺，反映区域及跨区域尺度 $PM_{2.5}$及其前体物的输送、迁移、转化规律。

4.2.3 污染监控点

污染监控点是为了控制污染源，监测其对周围地区的影响程度，以及污染源对环境空气的影响等而布设的监测点，通常选择在污染物浓度最大的地点，用以研究污染物高浓度对人口暴露的影响。由于不同 $PM_{2.5}$及其不同前体物的扩散及转化规律不同，对于不同监测项目的布设方法也有所区别。

虽然环境空气质量监测的主要目的是在于获取环境空气质量的情况，并根据相关标准进行评价，评估人群在相应暴露水平下总体的健康影响，因此环境空气质量评价点的选取原则上要避开诸如工业排放以及道路交通排放的影响。但是随着公众对于环境服务信息需求的增大，在某些短时高强度暴露下的健康影响同样成为关注的问题，污染源的在线监测可以很好地满足此类需求，获取污染源周边实时的空气质量信息，并且可以评估污染源排放对于空气质量的影响。

针对电厂、工业工艺过程、交通排放、扬尘、农业及生物质燃烧、天然源、海洋气溶胶等 $PM_{2.5}$及其前体物主要排放源，可以分别在工业区、主要城市道路、建筑工地、农田、国家森林公园、海边等设立监测站点，研究这些污染源的特征排放因子、排放浓度及其对城市及区域环境空气质量的影响。

根据城市及区域的规划设计，同一个工业区内通常会分布类似的工业企业，所以污染源的分布也会有一定的空间规律性。污染监控点的选取可以根据工业区性质的不同，选择在污染源排放口、工厂内、厂界和区界等边界条件，以及下风向的受体人口密集区和最大落地浓度区等；监测因子除了包括 $PM_{2.5}$ 的 AQI 六项因子以外，还可以根据工业区的性质选择某些特征因子，如石化工业区可以在工厂附近选择挥发性有机物（VOCs）在线监测，在更远的下风向地区选择有机气溶胶的在线监测来观测大气中污染物二次转化的效率和输送通量。

交通站是一类特殊的污染监控点，旨在监测日常生活和活动场所中受到道路交通污染源排放的影响，通常设立在道路两旁及其附近区域。道路机动车排放作为线性污染源，路边的交通站位置可以根据车流量的大小、车辆两侧的地形、建筑物的分布情况，在行车道的下风侧确定。根据国家标准，交通站采样口距离道路边缘不应该超过 20 m。由于在不同城市、不同车辆类型与道路类型的污染排放因子都有区别，因此路边点的设置可以在城市内选取不同典型区域及路段，如普通城市公路、城市快速公路、高速公路、大型卡车集中的工业区或物流区、隧道等。移动监测车，作为一种新型的监测手段，以其高机动性和灵活性，在近年来受到了广泛的青睐。通过移动监测车的观测，可以获取网格化的污染物浓度信息，并通过与道路车辆类型和数量的结合，获取不同车辆在不同行驶条件下的排放因子。此外，在我国主要的大中型城市，尤其是沿海、沿江的港口城市，船舶和飞行器的排放也是 $PM_{2.5}$ 贡献不可忽视的一部分。在港口及机场设置交通点，可以评价这些区域污染物的浓度分布状况及其对周边地区的影响，区别港口内船舶、飞行器及运输车辆与城市道路上车辆排放的不同，获取更详细的污染信息。交通点的监测因子除了常规的包括 $PM_{2.5}$ 在内的 AQI 六项因子之外，还可以增加二氧化碳（CO_2）、挥发性有机物（VOCs）、黑碳（BC）、氮氧化物（NO_y，一般包括 NO，NO_2，NO_3，N_2O_5，HNO_3，PAN 和多种含氮有机物）等。

4.2.4 超级站

鉴于当前区域复合型大气污染呈现愈发严重和复杂的态势，现有的城市和区域功能监测子站及其配置无法满足全面研究大气污染物组成、二次污染的前体物和形成机理、源和受体的关系、气象条件对大气传输的影响以及大气污染对生态系统和人体健康的敏感性等更深层次的科学问题的要求。因此，超级站的设置，旨在建立一个监测项目更全面、监测目的更深入、监测功能更强大、监测技术更先进的“超级”监测站点，从而能够支持整个监测网络从污染水平监测向污染全过程监测的发展，从常规监测向区域复合尺度的污染诊断方向发展。

目前，国内外基于大气复合污染研究的超级站有一些成功的研究案例。为了全面分析和研究颗粒物在大气中的成分、前体物、形成、转化、迁移、与其他污染物的相互影响以及对人体健康的影响，美国从 1999 年开始先后分两个阶段在空气质量非达标区(non-attainment areas)建立了总共 8 个大气超级监测站(supersites)。美国提出建设这些超级站的原因首先是为了给科学研究工作提供一个监测网络和平台，用于检验特定的科学假设，并与更大范围的监测网络和大型专题研究相结合。其总体的目标是成为评价各种测量方法的平台，认识大气演化过程和污染源贡献情况，以及建立固体颗粒物和健康之间的关系[1—4]。

我国台湾的超级监测站是一种结合周边监测站的功能而在中心监测站进行密集或先进技术的整合型监测方式，而不仅只是一个研究级的单独监测站。超级监测站可提供一般监测站在化学成分、时间和粒径解析上无法获得的微粒资料：它能连续采样和分析微粒的化学组成、有机化学成分、微粒粒径从超细到 PM_{10} 的重要气体成分(如：氨气、硝酸气、二氧化氮、过氧化氢等)，用以阐释微粒和臭氧的产生和去除过程。

我国香港的超级站位于香港科技大学内，可提供持续、实时的数据，能进一步监测污染物的物理与化学性质。超级站不局限于一个单独的地点，而是嵌入监控网络中，从而评价和解释网络监测结果的含义。超级站可以用于清单编制、源解析、化学传输模拟、空气质量预报及控制措施有效性评价等活动，为这些活动提供更加准确和有效的数据。超级站通过评价、比较和开展最新的测量方法，获得满足一定准确度、精确度和有效性的监测结果，描述引起空气超标的排放源、气象和大气化学之间的关系及其量化污染源在特定时间段和地点的贡献，提出限制形成臭氧和 $PM_{2.5}$ 二次污染的前体物的决策和措施，评估控制策略的有效性，完善现有的监控网络，并支持人体健康、能见度和空气污染损失影响等相关研究。

目前我国大陆地区的广东、北京、重庆等地均建设了不同规模的超级监测站，其主要目的是全面研究大气污染物组成、二次污染的前体物和形成机理、源和受体的关系、气象条件对大气传输的影响以及大气污染对生态系统和人体健康的敏感性等更深层次的科学问题。通过建立一个监测项目更全面、监测目的更深入、监测功能更强大、监测技术更先进的“超级”监测站点，用以支持整个监测网络从污染水平监测向污染全过程监测的发展，从常规监测向区域尺度的污染诊断方向发展[5]。

总而言之，超级站以监测环境大气中 $PM_{2.5}$ 及其相关理化特征为核心，但目标不仅仅停留在监测层面，还可以成为数据集成、质量控制、科学研究等多个与监测工作相关的平台。通常来说，超级站的监测目标可以包括以下几个方面：

(1) 大气复合污染形成机制研究平台：超级站关注区域大气复合污染的关键科学问题，探讨大气氧化剂和二次颗粒物的转化机理和形成过程；同时，超级站可以获得完整和准确的空气质量监测结果，成为大气环境监测质量保证和质量控制的基地。

(2) 区域监测网络监测技术和设备运行测试平台：在超级站，可以试验和评价先进的监测方法，与已有的监测方法相比较，确定这些方法在空气质量计划、暴露评价和健康影响中的有效性；同时，在超级站可以辅助开发监测仪器，并在监测过程中测试性能，与国内外同类产品对比。

(3) 大气复合污染暴露和危害的研究平台：通过研究气溶胶理化特征及其健康效应之间的关系，为空气质量评价标准的发展和完善提供技术支持，促进政府建立新的标准和战略以保护公众健康。

(4) 学术交流和人才培养的平台：超级站拥有先进的监测仪器，可以经常作为科研工作者、环境决策者开展科学研究和学术交流、人才培养的基地，环境保护部门培养技术骨干的中心。

由于一个监测网络当中超级站的数量相对较少，因此其选址是一项非常重要的工作，也是一项技术含量很高的工作。除了分析研究区域内空气污染特征、区域主要气象条件和地形地貌特征等情况，还需要充分考虑区域排放源分布特征、气象因素、地形因素、人口和交通因素等，确保超级站能够达到预期的监测用途。通常来说，超级站的选址原则包括以下几个方面：

(1) 空间重要性和代表性：所选取的点位要有利于监控重要大气污染物的大气污染过程、输送和反应机理等。

(2) 地形地貌：建站地点周围要求地势平缓、气流畅通、视野开阔，避开大型水库河流，土地利用程度合理(处于农林系统和城市系统的交汇和过渡地带)。

(3) 规划相容性：超级站作为一个长期的综合观测平台，其空间代表性将长期有效，不易受地区发展规划影响，在较长一段时间内其功能定位不会改变。

(4) 局地污染影响：超级站作为区域污染观测平台，不受局地排放的干扰影响，避开主要大气污染源和人为干扰(如电厂、城区交通要道、建筑工地等)。

(5) 现实可能性：超级站观测体系非常庞大，需要有强大的后勤保证支持，因此选址要至少方便解决交通、水电和维护等问题，避免建在过于偏远的地区。

选定站址之后，还需要进行一段时间的实地监测以验证选址的可行性，包括利用历史数据比较该监测站点基本大气污染物的浓度水平和区域的平均水平，以确定站点的区域代表性；还可以分析气象数据，验证站点是否有利于污染监控。此外，有诸多模型可以对超级站的选址进行验证。运用印痕模型可以分析站点空气污染的局地污染尺度，估算对其影响的主要区域，以确定是否能够反映区域主要的排放源或者重要城市的信息；运用反向轨迹模型可以分析站点上游的气团来源，以确定站点是否位于重点地区重要季节的下风向地区；运用空气质量模型可以分析对该地区有更重要影响的污染物，验证站点是否和区域污染总体特征相符合，同时也能对重点监测指标有参考价值。

根据超级站的监测目标，超级站对于环境大气中的监测指标主要应该包括常规气体、颗粒物、有机物、垂直探空和气象条件等。超级站推荐使用的监测指标及其对应仪器和原理如表 4－1 所示。

表 4－1　超级站监测指标及其对应仪器原理

分类	指　标	仪器/原理
在线气体	SO_2	脉冲荧光法
	$NO-NO_2-NO_x$	化学发光法
	CO	光学滤光相关法
	O_3	紫外光度法
	NO_y	非散射红外法
	HNO_3	β 射线法
	CO_2	光学滤光相关法
颗粒物（在线）	PM_{10}质量浓度	TEOM
	$PM_{2.5}$质量浓度	TEOM－FDMS、β 射线
	粒径分布	DMA、APS
	离子组分	MARGA、AMS、ATOFMS
	EC/OC	在线 EC/OC
颗粒物（离线）	TSP	大流量采样器（石英膜）
	质量浓度	四通道采样器（特氟龙膜）
	化学组成（水溶性离子）	四通道采样器（特氟龙膜）
	化学组成（EC/OC）	四通道采样器（石英膜）
颗粒物光学性质	光吸收	黑碳仪
	光散射	浊度仪
	边界层高度	激光雷达
有机物	非极性有机物	罐采样/管采样/在线监测
	醛类（羰基化合物）	罐采样/管采样/PTRMS
	PAN	在线监测
气象条件	风向/风速	气象站
	温度	气象站
	湿度	气象站
	大气压	气象站
	日照强度	气象站
	降水量	气象站

（续表）

分类	指　标	仪器/原理
垂直探空	臭氧探空	探空气球
	气溶胶光学厚度	激光雷达
	气溶胶垂直廓线	激光云高仪

相比于常规的监测站点，超级站的数据流更为复杂，包括数据采集和处理、数据审核和确认、数据记录、数据储存、数据传输、形成数据报告等，在这些过程中都需要对数据质量进行控制，同时还需要对超级站相关组织、人员、设施、环境、安全、设备及计算机软硬件采取合适的管理措施，从而确保数据的完整性和有效性。根据超级站的目标、选择的仪器和人员配置，可以指定相应的超级站数据管理流程。常见的超级站数据管理流程如图 4－1 所示。

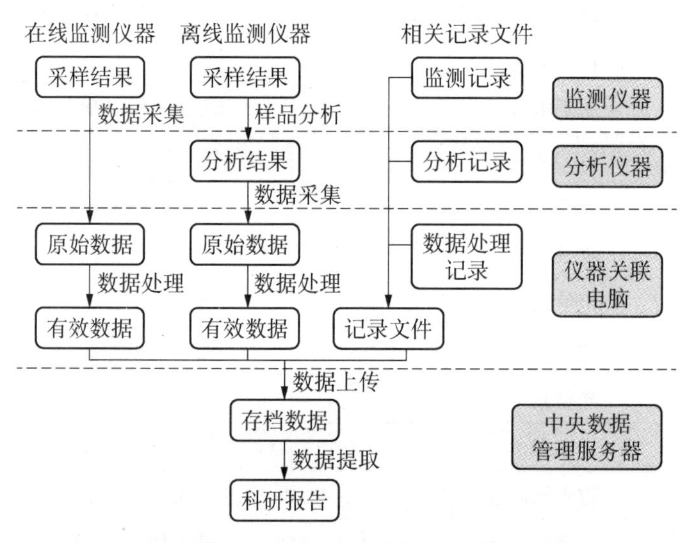

图 4－1　超级站数据管理流程

4.3　监测站点的建立

4.3.1　常规监测站点的建立

通常来说，环境空气质量监测站点都建设在房屋的顶层或屋顶上。在屋顶建立站房时，站房重量应满足屋顶承重要求。若站房重量经正规建筑设计部门核实超过屋顶承重，在建站房之前应先对屋顶及整个房屋结构进行加固。

一般情况下，大部分监测站点的站房结构包含设备室、气象杆以及用于 PM$_{2.5}$

颗粒物手工及自动监测所需的混凝土台。其中,气象杆可以竖立两根,一根用于风向风速传感器,一般要求高度不低于10 m,且具有方便维护的结构;另一根用于安装测量其他气象参数的装置,如测量温度、湿度、大气压、太阳辐射等,一般要求高度不低于2 m。

不同类型的监测站点对于站房面积的大小有不同的要求。常见的空气质量评价点,配备了包括$PM_{2.5}$在内的AQI六项因子,站房面积不小于10 m^2。如果条件允许,任何类型的站点站房面积应大于15 m^2,并分成2个独立的房间,分别用于安装气态污染物和颗粒物的在线监测仪器,独立安装空调并分别设定到仪器所需温度。

站房仪器需整齐地安装放置,不阻碍内部通风,且设备前后留有足够的空隙用于设备进出及运维。通常,站房内可以安装专用的仪器机架,将各类仪器归置整齐。房间内要预留充足的工作走动空间,有写字台和耗材存放区。

为防止电噪声相互干扰,站房采用30～40A三相供电分相使用,仪器供电独立走线。仪器要符合本地电源供应规格,站房电压变动不能大于±10%,以确保站房内仪器设备能运行可靠。

绝大多数的监测站点都需要实时采集监测数据,因此站房内还需要具备数据传输用的通信设备,如电话线、MODEM或GPRS、ADSL拨号装置等[6]。

4.3.2 超级站的设计和建站

由于超级站的监测仪器较多,而且一些特征因子的监测仪器体积较大,相应的监测站房的面积也要有所增大。通常来说,超级站的站房需要一整幢楼,楼房高度以二到三层为宜。楼房可以是新建的,也可以在现有楼房的基础上改造。

超级站的设计要考虑周到,综合安全、使用、效率、成本等多方面因素,确保日后的监测能够顺利开展。其中,超级站的站房设计要充分考虑以下几个方面:

(1) 充分考虑站房结构的牢靠性和安全性:所有站房结构要充分考虑仪器和设备的重量并确保满足承重要求,整个站房应该具备防雷击和防台风功能,所有会锈蚀的金属部件必须刷油和经过防锈处理。

(2) 满足仪器的安装、运行等要求:各观测室、实验室、工作室等都应该确保仪器和设备能够整齐地安装置放、搬运、维修和标定,同时预留足够的空间置放仪器所配备的电脑、工作人员的写字台和文件柜等。为了方便大型仪器的搬运,除了楼梯之外,还应该安装电梯。

(3) 方便所有工作人员的工作和生活:超级站应为其中的工作人员提供足够工作和生活的空间,包括办公室、值班室、卧室、卫生间、会议室等。

(4) 基本设施和后勤保障到位:站房的设备电源、通信设施、照明等基本设施要尽可能符合所有仪器的要求。电源要防止电噪声的相互干扰,并和本地电源供应规格一致,电压波动不能大于±10%;供电系统要配有电源过压、过载、漏电保护装置；电脑和相关的数据采集、分析、储存设备应配有数据传输用的通信设备；为了保证监测仪器和相关设备在正常环境条件下工作，站房温度要控制在 20～25℃，所有房间要配有冷热空调和除湿设备；观测室、实验室、工作室内应提供适当的照明设施，开关应该靠近房间入口，方便进出开关；高精密度仪器（如天平等）应该配有防震台。

图 4-2 为超级站参考设计图，其中主要包括观测室、实验室和工作室等。

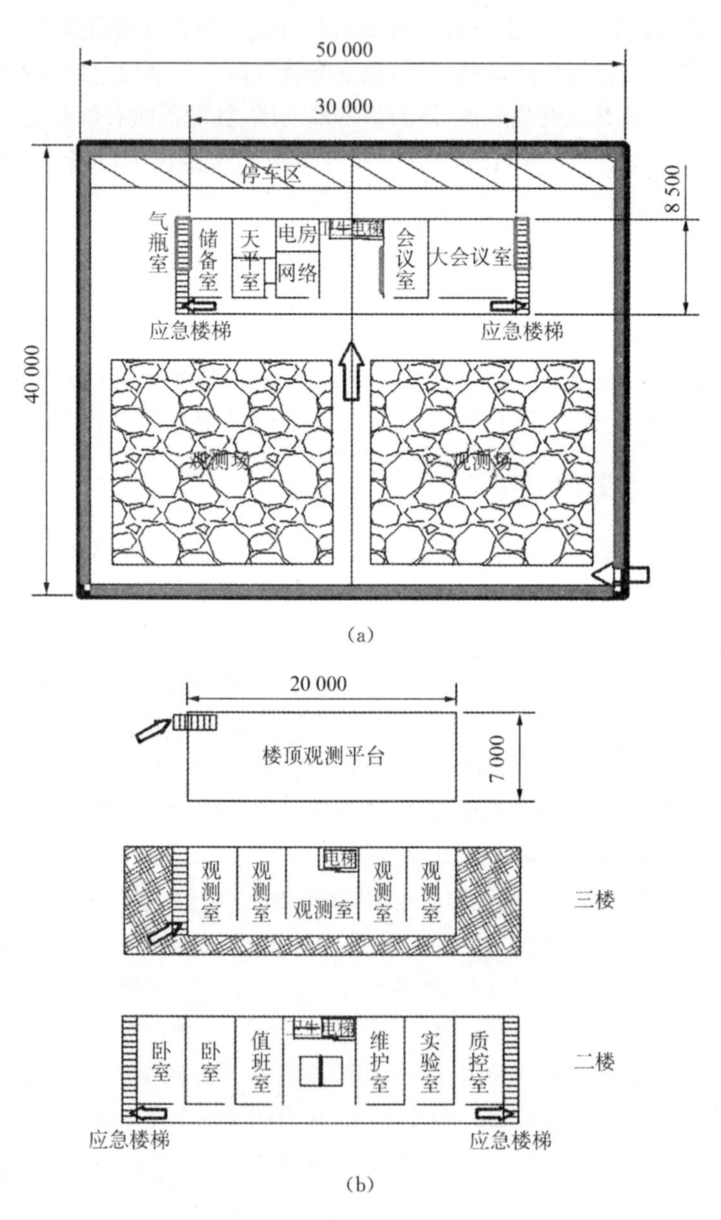

图 4-2 超级站参考设计图（单位：cm）

(a) 一楼；(b) 二楼和三楼

观测室是存放和使用监测仪器的场所，其设计根据观测目标和其中存放的仪器来确定。一个观测室内可以放置多台有相同或者相似观测目标或指标的仪器，还要预留足够的空间放置其他相关设备，如电脑台、钢瓶室、文件柜、写字桌等。观测室内要保证通风，确保监测仪器所排出的废气能够及时排放不至于对工作人员的健康造成影响。

用于监测常规污染气体、颗粒物、挥发性有机物等指标的观测室要装有采样总管系统，方便气体或颗粒物的统一采集和过滤，同时也能确保各仪器的监测结果之间更有可比性。采样总管是采用聚四氟乙烯或玻璃或不锈钢等材料制成的垂直总管，中间加入不影响相关指标收集的干燥套管，入口处有适当的防雨装置，并提供截水器收集大的颗粒物和冷凝水。采集颗粒物的采样总管，入口处还应该加装切割头，而且总管要有合理的结构保证没有任何颗粒物的沉积。对于必须放在室外监测的设备，如四通道采样器、MOUDI、大流量采样器、气象杆、垂直探空等，可以在楼顶观测平台或者观测场预留足够的空间，配置电源插口，并且对一些需要保护的仪器做好防雨装置。

实验室是存放和分析离线样品的场所。除了必要的样品分析仪器（如离子色谱、气相色谱、电导率仪、EC/OC分析仪、天平等），实验室还可按需要配备试验台、水池、通风橱等装置以及冰箱、纯水仪、烘箱、马弗炉等设备。

超级站要为超级站管理办公室以及其他工作人员提供办公场所和休息场所，在设计图纸当中应该予以充分考虑。同时，超级站作为科研工作者、环境决策者开展科学研究和学术交流、人才培养的基地，以及环境保护部门培养技术骨干的中心，应该提供会议室供大小会议和学术交流活动使用。此外，还有供专项使用的工作室，如质控室、超净室、服务器控制室、值班室、储藏室等。

超级站的施工一定要严格按照设计要求来进行，结构、电路等涉及安全的方面，尤其是在承重墙的承重、电源的负荷等方面要充分考虑仪器的需要。超级站施工结束以后，要先邀请专家组审核通过以后再投入使用。

4.4　监测网络的设计和优化

4.4.1　监测网络的设计

以环境空气质量监测、空气质量达标评估、环境空气污染成因研究等为目标的监测网络，在设计环境空气质量监测时，应能客观反映环境空气污染对人类生活环境的影响，并以该区域多年的环境空气质量状况及变化趋势、产业和能源结构特点、人口分布情况、地形和气象条件等因素为依据，充分考虑监测数据的代表性，按照监测目的确定监测网的布点[7-8]。

国家根据环境管理的需要，为开展环境空气质量监测活动，设置国家环境空气质量监测网，目的在于确定全国城市区域环境空气质量变化趋势，反映城市区域环境空气质量总体水平，确定全国环境空气质量背景水平以及区域空气质量状况，同时判定全国及各地方的环境空气质量是否满足环境空气质量标准的要求，并为制定全国大气污染防治规划和对策提供依据。国家环境空气质量监测网需包含环境空气质量评价点、环境空气质量背景点以及区域环境空气质量对照点等。

各地方也可以根据环境管理的需要，设置省（自治区、直辖市）级或市（地）级环境空气质量监测网，其目的可以包括：确定监测网覆盖区域内空气污染物可能出现的高浓度值；确定监测网覆盖区域内各环境质量功能区空气污染物的代表浓度，判定其环境空气质量是否满足环境空气质量标准的要求；确定监测网覆盖区域内重要污染源对环境空气质量的影响；确定监测网覆盖区域内环境空气质量的背景水平；确定监测网覆盖区域内环境空气质量的变化趋势；为制订地方大气污染防治规划和对策提供依据。

4.4.2 监测网络的优化

空气质量监测网络是评估城市和区域环境空气质量、制订大气污染防治策略的基础。首先，由于受到经费、地形等现实条件的制约，不可能在区域所有位置都设立监测点位，因而要求对监测网络进行精简的优化设计。其次，过往监测网络的点位代表性和数量不再满足当前功能区的发展和改变的时候，同样需要对监测网络的功能、点位选址进行变更或增减。环境监测点位的优化布设是环境监测质量保证体系中一个至关重要的环节，合理的采样位置是取得空间代表性数据的根本保证。

监测网络的优化有多种方法，其中聚类分析法是最常用的分析方法。聚类分析法旨在通过数理统计及模型运算，获取污染特征相似的站点，从中选取最具有空间代表性的站点，剔除冗余监测站点；调整监测站点的功能，使得监测网络当中的评价点、区域点、背景点更符合其功能，国控点、市控点、区控点等更符合其空间定位；并在污染特征较为一致的重点污染区域选取或增设站点，用于评价或背景调查[9—10]。

无论使用什么计算方法，一个环境监测点位的优化布设方案的目的在于更客观地代表区域环境质量总体水平，使得数量合理的监测点位具有最充分的空间代表性，有效地整合环境监测资源，减少重复投资和建设，实现较高的费效比，以更合理的点位布设最大限度地客观反映区域环境质量状况，更科学地指导区域内环境管理工作，满足区域大气复合污染问题的科研与管理需求。

4.5　应用实例

4.5.1　上海市国家环境空气质量监测网优化调整方案

截至 2012 年底，上海市使用的国家环境空气质量监测网是 2001 年确定的 9+1 模式，即 9 个国控评价点和 1 个清洁对照点，该国控网络已维持 11 年。目前影响网络分布的城市建设、人口及污染源分布等因素均发生了很大改变，建成区面积扩大了约 57%，城市常住人口增加了 38%，特别是除中心城区持续扩张外，郊区卫星城镇发展迅速，在上海市主要建成区以外形成了高人口密集的独立建成区，使得国控点集中于中心城区的状况逐渐不能满足环境管理需要和公众需求，因此，需要新增一些点位以提高其空间代表性，适应上海城市建设发展规划需求，更好地全面客观反映和评价全市环境空气质量。

优化方案研究使用的是 PMF(正矩阵因子分解法)模型对全市各点位进行聚类。正矩阵因子分解法是一种多元统计分析的方法，使用最小二乘法处理因子分析问题，并约束解析出的因子为非负，非正交，从而保证每个因子贡献都有实际的物理意义。其数学原理如下：

定义站点数量为 m，时间段的数量为 n，解析出的因子数目为 p，那么可以将矩阵 $\boldsymbol{X}$ 按照如下式子进行分解：

$$\boldsymbol{X} = \boldsymbol{GF} + \boldsymbol{E}$$

式中：$\boldsymbol{X}$ 是一个 $n \times m$ 的矩阵，代表 m 个监测站点在 n 个时间段的监测数据，是模型主要的输入数据；$\boldsymbol{G}$ 是一个 $n \times p$ 的矩阵，表示观测时间 t 时的因子贡献；$\boldsymbol{F}$ 是一个 $p \times m$ 的矩阵，表示因子载荷。$\boldsymbol{G}$ 和 $\boldsymbol{F}$ 是模型的主要输出结果，表征一个因子的主要特征。残差矩阵 $\boldsymbol{E}$ 是一个 $n \times m$ 的矩阵，定义为实际数据与解析结果之间的差值，即

$$e_{ij} = X_{ij} - \sum_{k=1}^{p} g_{ik} f_{kj} \quad (i = 1, \cdots, n;\ j = 1, \cdots, m;\ k = 1, \cdots, p)$$

为解析出 $\boldsymbol{G}$ 和 $\boldsymbol{F}$ 矩阵，正矩阵因子分解模型的过程要求 Q 趋于最小，即

$$Q(\boldsymbol{E}) = \sum_{i=1}^{n} \sum_{j=1}^{m} \left(\frac{e_{ij}}{u_{ij}}\right)^2$$

式中：Q 是残差与观测值不确定性比值的平方和，u_{ij} 表示监测站点 j 在时间 i 时观测值的不确定性。

正矩阵因子分解法解析出的因子载荷矩阵 $\boldsymbol{F}$ 表征模式预测变量浓度时每个因子作用的大小，不同于传统的因子分析法所表示的因子与变量间相关性的大小。

研究中解析出的 p 个因子,分别表征污染物变化规律相同的站点及其所集成的区域。每个区域都包括全部站点的信息,根据输出结果 $\boldsymbol{F}$ 载荷矩阵表示的贡献百分比的高低判断每个因子作用的大小,每个区域中浓度最大的几个站点为该区域主要的表征对象,同时也表示这些监测站点的相关性更大。

以 2011 年所有点位 6 小时平均值为基础,有 48 个站点参与正矩阵因子分解模型的分析。聚类结果共有 7 类,如图 4-3 所示,其中郊区 4 类,市区 3 类。

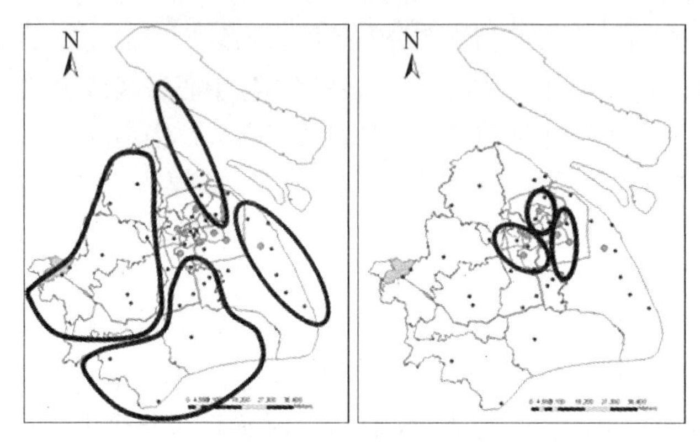

图 4-3　监测网络站点聚类结果

中心城区的解析结果显示,原有的 8 个国控点(徐汇上师大、浦东潍坊、浦东张江、卢湾师专附小、虹口凉城、静安监测站、杨浦四漂、普陀监测站)可以较好地代表和反映市区的污染特征,但是在市区以南的闵行各站点与市区一样呈现出了良好的一致性,鉴于中心建成区面积较原先有所扩大,建议在闵行区增设一个国控点,表征市区南部延伸建成区地带的污染特征。金山和奉贤、松江和青浦、宝山和崇明以及川沙和南汇分别都有较好的空间一致性,代表了上海市区以外建成区域的主要污染特征。由于在浦东川沙已经有站点表征南汇—川沙的污染特征,因此建议在余下的三个区域各选取 1～2 个站点分别代表上海北部、西部、南部地区的污染特征。根据正矩阵因子分解模型的解析结果,宝山区和崇明县点位可以代表上海北部地区,青浦区和松江区点位可以代表上海西部地区,金山区和奉贤区点位可以代表上海南部地区。此外,根据解析结果,处于宝山和青浦中间的嘉定区及其周围地区的污染特征在不同污染物之间的规律并不一致,鉴于该区域独特的污染特征,可在嘉定区点位中新增一个国控点,表征上海西北部地区的污染特征。

根据历年环境空气监测结果,结合区域点位代表性、建成区面积、人口分布等因素,在上述区域中选取了一定数量的站点作为新增国控点。

根据《环境空气质量监测点位布设技术规范》(HJ 664—2013),将新方案与原国控点 $PM_{2.5}$浓度的平均值以及 30, 50, 80, 90 百分位数进行比较,结果表明偏差分别为+0.5%, +3.4%, 0.0%, +2.5%, −2.4%,均未超过±10%的标准。

4.5.2　上海市大气复合污染超级监测站网设计方案

上海市大气复合污染超级监测站网旨在兼顾大气科学研究和服务环境管理的双重需求,大气科学研究是基础,服务环境管理是最终目标。主要的建设目标包括为研究掌握大气复合污染的特征、形成机制、污染物来源以及高污染过程的预报预警提供技术支持;为标准传递及新监测方法、新技术的研发及测试比对提供技术平台;为本市及区域大气污染的综合防控评估以及清洁空气行动计划的实施提供技术支撑;同时成为开放式研究培训基地,环境保护宣传展示的平台。

超级站网的总体设计原则为"立足上海,服务区域;依托既有,重点提升"。即超级站网主要用于支撑本市大气污染的综合防控工作,但同时兼顾服务于区域大气污染的综合评估及预警联动;建设上主要依托现有监测体系基础,针对重点、难点问题开展深入观测研究。相对于常规监测的面上铺开,超级站侧重于向纵向的深度发展。超级站空间上可以代表本地以及区域的大气复合污染特征及规律,能够反映区域污染物的输送特征;时间上可以服务未来 10～15 年大气污染综合评估和决策支持;能力上采用国际尖端、前沿的监测技术方法,覆盖大气复合污染的全要素、全过程;建设上充分依托现有监测体系能力,实现监测能力效力的最大化。

中国的东部沿海地区为经济较为发达的地区,而长三角城市发展的一体化水平较高,江苏、上海、浙北城市发展几乎连成一片。城市发展的区域一体化带来了污染的区域化,这就要求大气复合污染超级监测站网的设计需要从区域尺度和城市尺度统筹考虑。从大气环流角度讲,上海位于南北冷暖气团、东西海陆气团交汇以及西风带大陆上空污染物质向海洋上空输送的"十字地带",是多气团、多物质交汇和各种复杂大气化学反应过程的重要界面。由于上海市环境空气质量呈现冬季差、夏季优的特点,夏季较大的东南风和充沛的降雨量是导致空气质量较好的天气条件,而冬季的东北风和偏西风则是需要重点关注的风向通道。

基于 2010 年的大气污染物排放空间分布,PM_{10}的排放主要分布在中心城区、北部郊区及主干道路等;NO_x 的排放主要分布在中心城区、北部沿江区域及全市主干道路;SO_2 在全市分布较为分散,主要分布在石洞口、外高桥、吴泾等电厂企业较为密集的区域,内河及长江航道排放量也较高;VOCs 的排放主要分布在主要石化化工区以及宝山、嘉定等钢铁、汽车行业较为密集的区域。

基于 2013 年江浙沪两省一市实时发布的城市监测数据(共 23 个城市),$PM_{2.5}$和 PM_{10}总体上呈现北高南低、西高东低的态势,其中江苏的北部、西部颗粒物浓度较高;O_3 污染的分布则较为复杂,一方面呈现出区域性发展的趋势,但同时又呈现出以城市为中心的小区域高浓度的特点,因此 O_3 的污染既有区域性又有局地性。由此可以看出,长三角区域的污染趋势已呈现显著的区域化、同城化特征,其中,江苏、浙北及上海污染较为严重。就上海本地污染而言,西部郊区是本市 $PM_{2.5}$和 O_3

的高值区，具有典型的大气复合污染特征；中心城区因人口密度高，交通排放密集等因素，具有典型的超大城市城区代表性。

后向轨迹研究结果发现，上海市的气流后向轨迹季节变化明显。冬季受西北冷高压的控制，气流轨迹较长，主要来自西北方向。春季主要受大陆性高压的影响，气流轨迹来自北亚大陆中心。夏季主要受副热带高压控制，气流轨迹来自东南或西南方向。秋季随着西北冷空气逐渐南下，气流也逐渐从夏季海洋性转为大陆性，主要从偏东或西北方向而来，输送特征与冬季相似，但气流轨迹长度明显偏短。而轨迹聚类结果如图 4－4 所示，共分为六类，分别是西北、偏北、东北、东南、偏南和西南方向。由聚类分析的结果来看，污染日气团基本来自内陆；西北气团影响天数不多，但污染物平均浓度最高；偏北和东北气团影响时，平均浓度不高，但超标频率较高。总而言之，后向轨迹研究结果表明，来自偏西方向的轨迹当中含有大陆特征气溶胶的输送，对于上海 $PM_{2.5}$ 贡献非常明显。

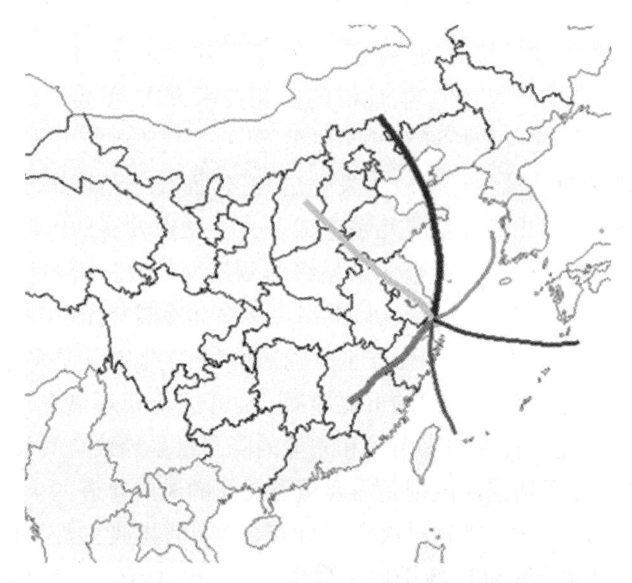

图 4－4　2011 年气流后向轨迹聚类结果

2012 年 10 月 20—30 日期间，上海经历了一次较为严重的颗粒物污染过程，其中 10 月 28 日 $PM_{2.5}$ 日均浓度达到 213.6 $\mu g/m^3$，并且 $PM_{2.5}$ 在 PM_{10} 中占比超过 90%，是一次典型的细颗粒物污染过程。针对该次污染过程，利用空气质量数值模型 Models－3/CMAQ 对上海市区和东、南、西、北四个方向郊区的五个典型监测站点开展 $PM_{2.5}$ 污染过程的模拟。结果显示，对于市区和东、南郊区，排放对 $PM_{2.5}$ 浓度上升的贡献最大，均超过 40%，而对西、北郊区，水平和垂直输送对 $PM_{2.5}$ 浓度上升的贡献最大。这说明，相较城区和东南郊区，西部和北部郊区受外来污染输送的影响更大。

结合前面排放源分布、污染物浓度空间分布等特点，由该过程的模拟分析可以看出，松江和崇明等区域，虽然自身局地排放源较少，但由于外来颗粒物输送以及外来前体物输送二次反应生成的影响，导致 PM$_{2.5}$ 浓度相对较高，具有较为典型的复合型大气污染特征。

综合分析上海市地理区位特点、经济发展状况、气候气象特征、大气污染特征等因素，结合建设目标和原则，上海超级站网络设计方案包括 1 个具有区域代表性的高浓度区超级监测站、1 个具有超大城市城区代表性的超级监测站和 1 个大尺度区域输送监控超级监测站，即上海市“1＋2”超级监测站网。其中，初步选址方位为：区域代表性的高浓度区站选在青浦或松江区域、超大城市城区代表性站选在中心城区、大尺度区域输送监控站选在崇明岛的东部。

参考文献

[1] US. EPA, Office of air quality planning and standards, research triangle park, NC [S]. Final Draft of The National Ambient Air Monitoring Strategy. 2004.

[2] EPA. Background material on national monitoring network and relationship to supersites [S]. 1998.

[3] EPA. PM Supersites program background [S]. 2000.

[4] Peringe Grennfelt Jan Willem Erisman, Kjetil Tørseth, Gun Lövblad. The role of the EMEP monitoring network and results [R].

[5] 赵倩彪. 区域大气污染监测——以珠江三角洲为例[D]. 北京：北京大学，2008：53 - 55.

[6] 广东省环境保护监测中心站. 珠江三角洲区域空气监控网络 QA/QC 手册[M]. 广州：广东科技出版社，2007.

[7] 环境保护部. 环境空气质量监测点位布设技术规范(试行)[Z]. 2013 - 09 - 22.

[8] 环境保护部.《环境空气质量监测点位布设技术规范(试行)》编制说明[Z]. 2013 - 02.

[9] 赵倩彪. 基于区域空气监测网络的珠江三角洲大气复合污染特征研究[D]. 北京：北京大学，2011：70 - 74.

[10] 郜涛，谢绍东，薄宇，等. 正矩阵因子分解法评价北京市 PM$_{10}$ 和 SO_2 监测网络[J]. 环境科学，2010，31(3)：560 - 565.

第5章 $PM_{2.5}$监测的质量控制和质量保证体系

质量控制和质量保证体系是监测工作的重要组成部分。$PM_{2.5}$监测的质量控制工作包括监测子站自动监测仪器校准维护、手工滤膜采样准备、采样设备校准、检查和保养、日常数据检查、系统检修等;质量保证体系包括质量保证实验室和系统支持实验室、标准传递和质保审核等。

5.1 质量控制

5.1.1 自动法仪器质量控制

5.1.1.1 监测子站运行维护

监测子站维护内容包括日常巡检、月、季和年的维护。

1) 自动监测仪器日常巡检内容

对监测子站定期进行巡检,至少每周1次,巡检工作主要包括:

(1) 检查子站供电设备和照明系统等是否正常,排风排气装置是否正常等。

(2) 检查$PM_{2.5}$监测仪系统是否正常,室外采样头周围是否存在障碍物。

(3) 检查$PM_{2.5}$监测仪及相关设备的运行状态和工作状态参数是否正常。

(4) 检查数据采集仪、通信网络设备等是否正常,各分析和监测仪面板示数是否与数据采集一致。

(5) $PM_{2.5}$监测仪采样头周围1 m范围内无障碍物或其他采样口,与低矮障碍物之间距离至少2 m,与高大障碍物之间水平距离至少是障碍物高出采样口垂直距离的两倍以上。采样口具有270°以上的自由空间(自由空间应包括主导风向)。

(6) 检查子站站房外部环境条件,及时清除站房周围杂草和积水,注意周围植物生长是否影响到颗粒物采样系统并及时进行处理。

(7) 站房室内温度应保持在25±5℃。

(8) 检查站房避雷设施是否正常,子站是否存在漏雨现象。

(9) 检查站房空调设备是否正常。

(10) 在冬夏季节应注意子站室内外温差,当温差较大使采样系统出现冷凝水,应及时改变站房温度或对采样总管采取适当控制措施,防止冷凝现象。

(11) 检查子站内的点检维护、校准记录、标准操作手册、标准传递报告、标准证书等是否齐全并妥善放置。

2) 每月维护内容

(1) PM_{10}和$PM_{2.5}$颗粒物监测仪流量检查校准。

(2) PM_{10}和$PM_{2.5}$颗粒物监测仪采样头清洗。

(3) 清洗空调室内机滤网。

(4) 仪器清洁擦拭。

(5) 现场耗材和零件库存清点。

3) 季和半年度的维护内容

(1) 数据处理用计算机磁盘驱动器重组。

(2) 第二、四季进行PM_{10}和$PM_{2.5}$粒物监测仪K_0值检查或标准滤膜检查。

(3) 第二、四季拆洗PM_{10}和$PM_{2.5}$颗粒物监测仪颗粒监测仪采样管,安装后实施检漏。

4) 年维护内容

(1) PM_{10}和$PM_{2.5}$颗粒物监测仪采样系统拆洗保养。

(2) PM_{10}和$PM_{2.5}$颗粒物监测仪温度、压力传感器校准。

(3) PM_{10}和$PM_{2.5}$ TEOM FDMS颗粒物监测仪测量状态切换阀门清洗。

(4) PM_{10}和$PM_{2.5}$ TEOM FDMS颗粒物监测仪冷却器清洗。

(5) PM_{10}和$PM_{2.5}$颗粒物监测仪采样泵保养维护。

(6) $PM_{2.5}$ TEOM FDMS颗粒物监测仪Dryer更换。

(7) 清洗空调室外机。

5.1.1.2 自动法仪器质量控制要求

1) 震荡天平法监测仪

(1) 气路系统检漏。

每月应按仪器说明书中检漏程序对采样和分析系统进行检漏,带FDMS膜动态补偿系统的应对base状态和reference状态分别进行检漏,如超出仪器设定的泄漏限值(主流量和辅流量与设定流量误差分别不大于0.15 L/min和0.60 L/min)需进行排查检修,检漏通过要求后才能使用。当仪器面板显示主流量和辅流量与设定流量误差分别大于0.30 L/min和1.20 L/min时,说明存在严重泄漏,数据无效。

(2) 流量检查和校准。

每月应使用经传递的工作流量标准流量计对震荡天平法设备的采样流量进行检查,总采样流量、主流量、辅流量的实测值和设定值误差均应小于±2%;各流量的面板显示值和设定值的误差应小于±4%，误差超过该限值应按仪器说明书进行校准和仪器维护。室外总流量检查时，仪器应设定为"主动态流量修正"模式：该模式下，仪器通过自带温度、压力传感器实时测量的大气温度和大气压对采样流量进行自动控制；室内主/辅流量检查校准时，仪器则设定为"被动态流量修正"模式：该模式下，操作人员需要使用经过量值传递的温度与大气压工作标准测量室内温度和大气压，并对仪器相应参数设置后进行流量检查和校准。

(3) 样品温度传感器检查和校准。

每两个月进行一次仪器样品温度传感器的检查和校准，将经量值传递过的工作标准温度计置于室外仪器的温度传感器附近，避免阳光直射和其他干扰，比较仪器面板显示温度和标准温度计测值，误差应小于±2%，超过应实施校准。当误差大于±4%时，仪器测值应为无效数据。

(4) 大气压传感器检查和校准。

每2个月进行一次仪器大气压传感器的检查和校准，比较仪器面板显示大气压和经量值传递的标准大气压计测值，误差应小于±6 mmHg，超过应实施校准。当误差大于±10 mmHg时，仪器测值应为无效数据。

(5) 震荡天平校准常数(K_0)检查。

每半年使用标准滤膜对震荡天平进行校准常数(K_0)检查，标准滤膜实测得的校准常数与天平铭牌上仪器出厂测试测得的校准常数(K_0)之间的误差应小于±2.5%，如果超过该限值，表示天平称量误差大，应进行修理，直到 K_0 值误差测试结果符合要求后才能使用。

(6) 数据一致性检查。

每周子站巡检维护中应进行仪器面板和数采仪数据的一致性检查。当存在明显差别时，应检查仪器和数采仪参数等是否正常，并进行处理。如果使用模拟信号输出，两者偏差应小于±1 $\mu g/m^3$。

(7) 震荡天平法监测仪质量控制措施。

措施还包括子站维护系统日常维护中颗粒物监测仪相关设备维护内容，以及仪器说明书规定的其他质控内容定期实施仪器维护校准。

2) β射线法监测仪

(1) 气路系统检漏。

每月应对β射线法监测仪进行气路系统检漏，更换滤纸带以及清洗喷嘴和导叶后也需检漏。检漏应在对仪器进行流量检查前进行，检漏结果应不大于1.5 L/min，超过则需进行排查检修。检漏通过后才能使用，当仪器面板显示流量大于3.0 L/min时，数据无效。

(2) 流量检查和校准。

每月应使用经传递的工作流量标准流量计对β射线法监测仪的采样流量进行

检查，实测值和设定值误差应小于±2%；各流量的面板显示值和设定值的误差应小于±4%，误差超过该限值应按仪器说明书进行校准和仪器维护。

（3）样品温度传感器检查和校准。

每两个月进行一次仪器样品温度传感器的检查和校准，将经量值传递过的工作标准温度计置于室外仪器的温度传感器附近，避免阳光直射和其他干扰，比较仪器面板显示温度和标准温度计测值，误差应小于±2%，超过应实施校准。当误差大于±4%时，仪器测值应为无效数据。

（4）大气压传感器检查和校准。

每两个月进行一次仪器大气压传感器的检查和校准，比较仪器面板显示大气压和经量值传递的标准大气压计测值，误差应小于±6 mmHg，超过应实施校准。当误差大于±10 mmHg时，仪器测值应为无效数据。

（5）标准膜检查。

β射线法监测仪应每三个月进行一次标准膜检查，在每次更换滤带时也可进行标准膜检查。检查结果与标准膜的初始值误差应小于±5%。

（6）数据一致性检查。

每周子站巡检维护中应进行仪器面板和数采仪数据的一致性检查。当存在明显差别，应检查仪器和数采仪参数等是否正常，并进行处理。如果使用模拟信号输出，两者偏差应小于±1 $\mu g/m^3$。

（7）β射线法监测仪质量控制措施。

措施还包括子站维护系统日常维护中颗粒物监测仪相关设备维护内容，以及仪器说明书规定的其他质控内容定期实施仪器维护校准。

（8）零点背景测试。

参照仪器说明书中的要求和测试程序每年对需要进行背景测试的β射线法监测仪进行测试，并将测得的背景值更新进仪器设置。

3）日常数据检查

市级和区/县级网络管理部门每日定期对所属的子站上传至数据平台的实时数据进行检查，及时发现各类数据异常现象，并对系统平台自动判断无效数据和可疑数据进行核查，及时与运维人员确认子站仪器设备是否正常，并对数据进行处理，将因事故导致的数据损失减至最低。

各区/县网络管理部门在对所属子站的日常数据进行检查的过程中发现问题，应通过全市数据平台和其他方式及时通知全市数据平台数据审核值班人员，共同完成数据检查和处理操作。

5.1.1.3 系统检修

1）预防性维修

（1）参照子站内主要仪器设备说明书中的年度维护要求，实施每年一次的预防性维修。维修内容包括所有仪器设备内部的气路、光路、采样泵等的清洁保养，根据仪器实际情况更换主要消耗部件。

(2) 仪器设备的预防性维修操作必须在技术支持实验室内进行，维修期间子站使用备机实施监测。

(3) 气态污染物分析仪在进行预防性维修保养后须进行气路气密性等性能检查，待仪器稳定后进行多点线性校准。

(4) 填写预防性维修记录和多点线性校准记录。并在年度运维报告中对子站的预防性维修内容和结果进行汇总。

2) 故障维修

(1) 大气自动监测系统仪器设备发生故障，工作日需在 4 小时内、非工作日在 6 小时内赶赴现场进行检修。

(2) 简单故障，在现场解决；故障较严重的，用备机替代监测，将故障仪器设备带回系统支持实验室进行检修，并在 48 小时内报告原因和处理结果。

3) 备机使用

(1) 各点位的 PM_{10} 和 $PM_{2.5}$ 监测仪均要求提供与在用监测仪器相同型号的备机，且仪器主要备品备件也应备足，确保仪器的正常运行和及时维护。

(2) 备机应设立专门的备机房进行存放，且确保至少一套所有因子的备机处于正常工作状态，以确保各点位仪器出现故障且暂时无法修复时，能够及时更换仪器，以确保监测数据的连续性。

5.1.1.4 事故和数据异常处理响应

(1) 通过远程监控等手段监控各子站仪器设备的运行情况，及时发现仪器异常情况，并迅速做出处理，若确定必须到现场处理的，工作日在 2 小时内、非工作日在 4 小时内赶赴现场进行检修并向监测网络数据检查和审核人员报告。

(2) 在数据检查和审核人员发现数据或仪器状态异常并进行通知后应及时处理，若确定必须到现场处理的，工作日在 2 小时内、非工作日在 4 小时内赶赴现场进行检修并向甲方数据审核值班人员报告。

(3) 若到达现场 2 小时内无法解决仪器故障，必须更换备机，并将该情况及时上报监测网络数据检查和审核人员。

(4) 因事故或数据异常到现场进行处理的，必须填写相关记录。

5.1.2 手工滤膜法质量控制

手工监测是以滤膜称量的重量法为原理，主要步骤包括采样准备、样品采集、样品运送与保存和样品分析，具体见本书第 2 章。质量保证与质量控制是手工监测数据真实准确与否的重要保障，必须贯穿整个监测过程，如图 5-1 所示。

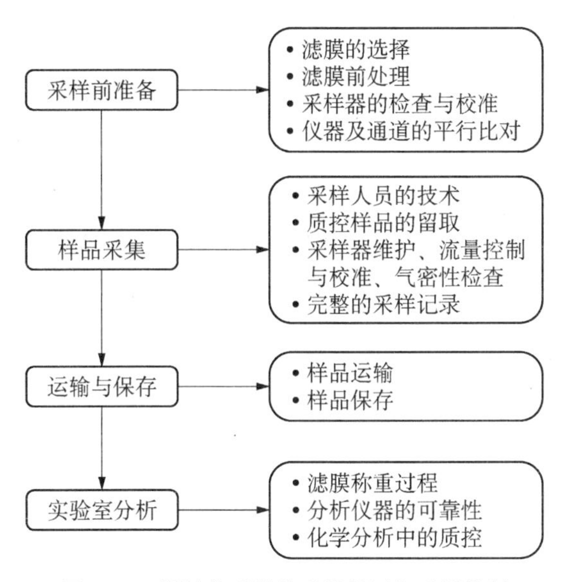

图 5-1　颗粒物采样的质量保证与质量控制

5.1.2.1　采样前准备的质量控制

采样前的准备包括滤膜的选择和采样仪器的选择及校准。根据采样目的和研究需要，选择所需滤膜的类型，详见本书第 2 章 2.2.2 节，一般而言，颗粒物采样中常用的滤膜主要是特氟龙膜和石英滤膜。其中，用于分析碳组分的石英滤膜在采样之前需进行一定的前处理，置于马弗炉中加热以消除本底(吸附的有机物)的影响，对于加热的温度和时间，目前尚无定论，常见的有在 700℃加热 6 h 和在 450℃加热 4～5 h[1]。

手工采样器的性能稳定是监测结果准确性的保证，主要通过平行性比对测定采样器的稳定性，包括不同仪器间的平行比对和多通道仪器的不同通道间的比对。采样之前，必须对采样仪器的流量、气密性等进行检查和校准。同时需注意采样器的固定以及防水，特别是在风速大、降水频率高的地区。

5.1.2.2　样品采集时的质量控制

1) 滤膜的更换

采样时，滤膜需安放正确，确保系统无漏气：若采样之后滤膜上颗粒物与四周白边之间界限模糊，表明有漏气，应检查滤膜安装是否正确，或者更换滤膜密封垫、滤膜夹，该滤膜样品作废。在取放滤膜时，应佩戴乙烯基手套等实验室专用手套，使用无锯齿状的镊子。

每台手工采样器应至少配备 2 套膜托，其中一套用于采样，另一套可提前放置空白滤膜。每次更换滤膜时，取出已采完样的膜托后可直接替换已放置好空白膜的膜托安置于采样器内。这样不仅可以节省换膜时间，提高效率，同时空白膜的安装和采样膜的取出均可在室内进行，能够避免外场风沙雨水等对滤膜的污染。

2）采样器的定期检查、维护

采样器的流量决定了颗粒物的切割粒径，对监测结果有直接影响，必须定期对采样器进行流量检查和校准。采样头的定期清洗也同样重要，根据实际操作经验，清洗采样头时，需将整个采样头拆下并拆卸成尽可能多的部件，逐一用无水乙醇或清水冲洗，并用清洁的无尘纸巾擦拭干净，同时及时在采样头内部涂抹凡士林以保护密封O圈。特殊天气（如大风、雨雪、沙尘暴等）后应及时检查采样器的状态，检查采样器内部是否有进水现象，污染较严重时要提高清洗频率。

3）采样器供电保障

若采样过程中停电，导致累计采样时间未达到要求，该样品作废。应加强采样器的电源保护措施，避免电源接触点直接暴露在空气中从而引起降水时发生短路，采样器停止工作甚至损坏。可以使用密封盒将外接电源插座严密包裹，并在采样器的电源接口周围粘贴胶带或涂抹胶体以隔绝降水。

4）质控空白样品

采样过程中，质控空白样品的留取也很重要，空白滤膜应和采样滤膜一起送至采样地点，在采样器中保持和采样滤膜相同的时间但不进行采样，与采样后的滤膜一起运回实验室称量。根据国家标准要求[2]，空白滤膜前、后两次称量质量之差应远小于采样滤膜上的颗粒物负载量，否则该批次采样监测数据无效。

5）采样记录

完整的采样记录十分重要，记录内容应包括采样人员、采样时间、地点、采样流量、环境温度、大气压等，同时有关样品有效性和代表性的因素，如采样器受干扰或故障、异常气象条件、异常建设活动、火灾或沙尘暴等，均应详细记录，以便后期数据处理时进行审查、判断和剔除。同时，滤膜盒上的标签也应标示清楚，最好包括滤膜种类、编号、采样日期等信息，方便采样人员的记录和查阅。

6）采样人员

采样人员的技术也至关重要，每次采样前，应做好采样人员的技术培训并明确各环节的人员职责分工，减少手工监测中因操作人员不同或操作不当带来的人为误差。

5.1.2.3 运输与保存的质量控制

在样品的运输和保存过程中，要尽量避免样品的污染和损失。采完样之后，滤膜应立即放于专用滤膜盒内，密封低温保存。对于分析OC/EC和有机组分的滤膜需置于特制滤膜盒（以灼烧过的铝箔包裹覆盖）避光保存。样品运输过程中，为避免高温造成的样品挥发损失，尽可能使用带有冰袋的保温箱或便携式冰箱。运送至实验室后，样品要冷冻保存，特别需注意样品的分类存放避免交叉污染。

5.1.2.4 实验室分析的质量控制

1）称量过程的质量控制

滤膜称重过程中的质量控制对获取颗粒物的质量数据十分重要，包括称量环境、分析天平、称重操作等多方面。

滤膜称重所用的天平精度越高，称量结果越准确，但相应的对天平室的要求就越高。目前用于称量PM$_{2.5}$滤膜的天平最高精度达到千万分之一，要求天平室的整体环境达到恒温、恒湿并防震。上海市环境监测中心建有高精度颗粒物称量实验室，配备了千万分之一天平和自动称量系统，详细介绍见本章5.2.1.3节。天平室的温度和湿度在短时间内不能有剧烈的变动，以避免对滤膜平衡和称重的影响。HJ 656—2013中规定要在恒温、恒湿条件下对滤膜进行平衡和称重，温度恒定在15～30℃中任何一个值，相对湿度为45%～55%。美国EPA的要求有所不同，要求PM$_{2.5}$采样前后滤膜置于湿度30%～40%（误差±5%）、温度20～23℃（误差±2℃）的恒温、恒湿条件下。

用于称重的天平应尽量处于长期通电状态，并定期进行清理和校准。称量前，使用干净刷子清理分析天平的称量室，使用抗静电溶液或丙醇浸湿的一次性实验室抹布清洁天平附近的表层，用于取放标准砝码和滤膜的非金属镊子每次称量前也需清洗，并确保干燥。每次称量前，应检查分析天平的基准水平，根据需要进行调节，按照分析天平的操作规程校准分析天平。分析天平的校准砝码应保持无锈蚀，一般砝码需配置两组，一组作为工作标准，另一组作为基准。采样前后的滤膜称量应使用同一台分析天平，操作天平时应佩戴无粉末、抗静电、无硝酸盐、无磷酸盐、无硫酸盐的乙烯基手套。为避免呼吸产生气体对滤膜的污染（呼吸产生的氨气能够中和滤膜上颗粒物中的酸性物质或被某些材质的滤膜所捕获），操作人员应佩戴口罩。进入称量室之前，也应穿上无尘和防静电工作服。滤膜的前后称量最好由同一人员进行操作，避免不同操作人员造成的人工误差。

手工称量前，应先打开分析天平屏蔽门至少保持1 min，使分析天平称量室内温、湿度与外界达到平衡。每张滤膜称量前必须消除静电影响并尽可能缩短操作时间。

称量过程中应同时配备标准滤膜对称量环境条件进行质量控制。根据HJ 656—2013中标准滤膜的制作方法：使用无锯齿状镊子夹取空白滤膜若干张，在恒温、恒湿设备中平衡24 h后称量；每张滤膜非连续称量10次以上，计算每张滤膜10次称量结果的平均值作为该张滤膜的原始质量，上述滤膜称为“标准滤膜”，标准滤膜的10次称量应在30 min内完成。每批次进行滤膜称量时，应称量至少一张“标准滤膜”。若标准滤膜的称量结果在原始质量±5 mg（大流量采样）或±0.5 mg（中流量和小流量采样）范围内，则该批次滤膜称量合格，否则应检查称量环境条件是否符合要求并重新称量该批次滤膜。

2) 化学分析的质量控制

实验室分析仪器的可靠性包括分析方法和分析仪器的检出限、灵敏度、准确性、重现性、加标回收率等多方面，根据样品的大概浓度选择检测限、灵敏度适合的仪器，根据平行样品和标准样品的分析结果确定仪器的重现性和准确性。

5.2 质量保证

5.2.1 质量保证实验室和系统支持实验室[3]

5.2.1.1 质量保证实验室

质量保证实验室的主要任务：对系统所用监测设备的标定、校准和审核；对检修后的仪器设备的校准和主要技术指标的运行考核；系统有关监测质量控制措施的制订和落实。

(1) 质量保证实验室大小应能保证操作人员正常工作，使用面积一般不少于 25 m^2。

(2) 实验室应设有缓冲间，保持温度和湿度的恒定，防止灰尘和泥土带入实验室。

(3) 实验室内应安装温湿度控制设备，使实验室温度能控制在 25±5℃，相对湿度控制在 80%以下。

(4) 实验室供电电源电压波动不能超过(220±10%)V。实验室供电系统应配有电源过压、过载和漏电保护装置，实验室要有良好的接地线路，接地电阻<4 Ω。

(5) 实验室应配置良好的通风设备和废气排出口，保持室内空气清洁。

(6) 应设置标气钢瓶放置间(柜)安全放置标准传递用标气钢瓶。在没有条件设置标气钢瓶放置间(柜)时，应在固定位置放置标气钢瓶并将其固定。

(7) 当使用渗透管校准设备时，应配备冷冻柜存放标准传递用渗透管。

(8) 酌情设置用于清洗器皿和物品的清洗池，清洗池安装位置应远离干燥操作的工作台。

(9) 质量保证用精密天平应放置在独立的天平间中。天平间应有恒温、恒湿和防震措施。

(10) 实验室应配置一定数量的实验台和存储柜，实验台应有充足的采光。建议每个分析人员在实验台的工作范围不少于 1.8 m。

质量保证实验室应配备以下设备，对各种监测仪器设备进行校准和标准传递。

(1) 各种流量标准传递设备，用于校准本系统中所有监测仪器和校准仪器的流量。

(2) 经过国家认证的各种基准标准气体或渗透管，用于标定或传递监测仪器和各种工作标准气体。

(3) 质量保证专用仪器，用来传递基准标准至工作标准或校验工作标准。

(4) 便携式审核校准仪器，用于各子站的现场定期审核和校准。

(5) 质量保证实验室配置基本设备推荐清单如表 5-1 所示。

表 5-1　质量保证实验室基本设备推荐清单

编号	仪器名称	技 术 要 求	数量	用途
1	与子站监测项目相同的监测分析仪器	与子站监测分析仪器的技术性能指标相同	1 套	标准传递
2	基准标准气体	由中国环境监测总站、环保部标样研究所或国家计量部门认可	1 套	标准传递
3	多气体动态校准仪(包括零气发生器)	可将基准标准气体稀释至校准浓度；并作为臭氧工作标准，能提供臭氧校准标准气体	1 套	标准传递
4	标定用流量计	0～1 L/min　1 级	1 套	流量传递
5	标定用流量计	1～20 L/min　1 级	1 套	流量传递
6	高精度秒表	误差 0.01 s	1 个	流量传递
7	质量流量计或电子皂膜流量计	准确度在±2%以内	1 套	现场流量校准
8	压力表	1 级	1 个	气路检查
9	真空表	1 级，可溯源到国家标准	1 个	气路检查

质量保证实验室日常检查内容包括：

(1) 质量保证实验室环境条件的检查。

(2) 校准仪器设备工作状态的检查。

(3) 标准物质有效期的检查。

(4) 监测仪器计量检定证书、校准报告和证书、下次校准计划、下次检定计划的整理和检查。

(5) 空调、稳压电源等辅助设备运行状态检查。

5.2.1.2　系统支持实验室

系统支持实验室的主要任务是：根据仪器设备的运行要求，对系统仪器设备进行日常保养、维护；及时对发生故障的仪器设备进行检修和更换。

系统支持实验室用于对系统仪器设备的维修保养，对仪器设备的备品备件进行管理，对仪器设备进行运行考核。一般实验室使用面积不小于 30 m^2，同时，应配备适当的电源、温湿度控制设备、通风装置及相应工作台、储存柜等。

系统支持实验室应配备通用及专用测试、调整和维修用电子仪器和工具(如双踪示波器、数字万用表、数字频率计、逻辑测试笔和维修用稳压电源等),用于系统各种仪器设备的日常维护、定期检查和故障排除等工作。系统支持实验室还应配备一定数量的备用监测分析仪器设备,用于及时排除故障和预防性检修。监测仪器使用年限一般为 8 年,备用仪器的数量一般不少于监测分析仪器总数的 1/3。

5.2.1.3 天平室

天平室主要用于颗粒物采样样品的准确称量,以及颗粒物自动监测仪器标准滤膜的准确称量定值,其中,核心部分是称量用的分析天平。天平是精密测量仪器,特别是高精度天平如百万分之一、千万分之一天平对环境的要求相对较高,包括对温湿度、震动、风速、风量、磁场等都有严格的要求。天平室应远离震源,不能与高温室和有较强电磁干扰的房间相邻,一般选择建在地下室或低楼层,防尘、防震、防阳光直射、防腐蚀性气体侵蚀,保持恒定的温度和湿度,室内风速平稳,配备高精度的微量称量天平,具备防震功能的专业天平台以及除静电装置等。

以上海市环境监测中心的高精度颗粒物称量天平室为例,天平室专用于采集颗粒物尤其是 $PM_{2.5}$所用滤膜的平衡与称量,并配备了千万分之一天平以及自动称量系统。实验室总面积约 20 m^2,建在大楼地下室,根据功能需要划分为过渡间、称重间和维修间,核心区称重间约 12 m^2,内设连接有千万分之一天平的自动称量系统,并摆放有三张大理石天平台用于手工称量天平的摆放,同时设有滤膜架用于滤膜的平衡;为保证人员进出不影响称重间的温湿度,设置有过渡间,并安装独立的空调用于过渡间的恒温,同时摆设有衣架鞋柜用于更换工作服和工作鞋,设有文件物品柜摆放相应的文件用品,过渡间对外的大门上方装有一个 LEC 温湿度显示器,可实时显示天平室内的温湿度。天平室整体布局如图 5-2 所示。

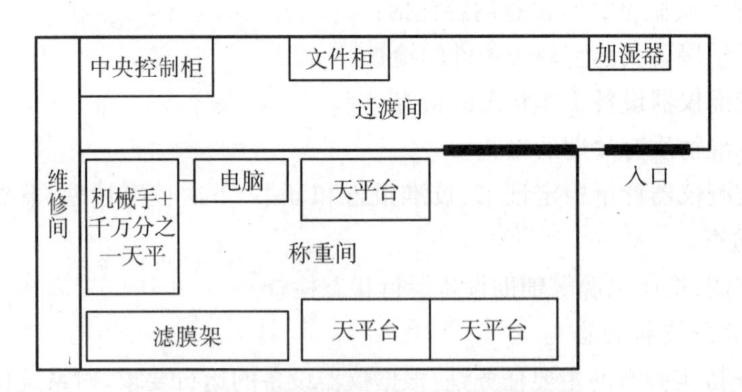

图 5-2 高精度颗粒物称量天平室整体布局

1) 主要技术性能指标

(1) 天平室 365 天、24 小时连续运行。

(2) 温度范围控制在 20~25℃,且温度偏差≤±0.25℃,相对湿度范围控制在

45%～55%，湿度偏差≤±2.5%。

(3) 送风方式：从顶部向下送风，风速平稳，通风管道中必须有空气过滤袋，风机可变频，风速可调，风速≤0.2 m/s。

(4) 新风量：3 人×1.5×30 m^3/h。

(5) 工作室负载：称重间内额定人数为 3 人，房间内新鲜空气的输入量为 45%(换气率)，设备工作时人数为 3 人，箱内设备工作时产生的热量总和为 500 W。

(6) 天平室内及重要部件均安装各类报警装置。

2) 结构简介

天平室建在大楼地下室现有的房间内，并加有保温材料，内部搭建有建钢结构，顶板也采用钢架结构以承受操作人员的重量。整个称重间由封板围成一个有效使用空间。称重间和过渡间之间采用横向推拉式玻璃滑门，方便操作人员进出。天平室在吊顶上布置节能日光灯，采用电子镇流器，减低噪声和发热。

技术配置方面，天平室主要由空气处理系统、制冷系统和控制系统组成。

空气处理系统主要是空调柜和送回风风管。空调柜吊装在房间的顶部，送风管吊装在工作室顶部的风道夹层中，在送风管的下部再用喷塑铁板吊顶；回风管装在工作室地面的四周(机械手装置的下部和大理石桌的下部)；送风管和空调室的联接以及回风管和空调室的联接采用软性波纹管，以防止空调室的振动传递到工作室；工作室内的送风管加装静压箱和吸声材料，以均压送风并减少空气在风管中流动产生的噪声；新风装置采用新风换气机，节能环保。新风装置进出气口装在车库入口以保证新鲜空气。空调柜内依次装有空气过滤器、送风机(离心风机)、制冷除湿蒸发器、不锈钢铠装加热管、加湿器进气管。其中，加湿器采用外置加湿器。

制冷系统采用一套单级风冷机组制冷，保证设备在环境温度高的情况下不出现超压保护，以确保设备长期正常使用。压缩机将制冷剂压缩成高温高压气体，经冷凝器冷凝成低温高压液体，经节流装置喷入空调室蒸发器，膨胀气化成低温低压气体，由于气化而吸热，从而使蒸发器温度降低，低温低压气体又被吸回压缩机而形成循环。随着蒸发器温度降低，通过空气循环，天平室温度也随之不断降低。同时由于蒸发温度低于天平室内的露点温度，所以蒸发器也具有除湿功能。机组正常工作时，小型板式换热器的进水电磁阀关闭，冷却水不进入其内而不工作，当夏天温度高时，冷凝温度偏高，冷凝压力超过设定值时，小型板式换热器的进水电磁阀打开，冷却水进入其内，进一步冷却氟利昂，保证压缩机不超压；当冬天温度较低时，冷凝风机的转速由冷凝风扇调速器调整，控制风速，以保证合适的冷凝温度。为了部分调节制冷量，设有液旁路，可通过仪表控制其工作状态。

控制系统采用平衡调温调湿(balanced temperature and humidity control，BTHC)方式控制温度和湿度。控制器实时比较温湿度传感器检测到的温湿值与控制器设定值，经过一系列 PID 运算自动控制加湿器输出功率、加热器输出功率、部分调节制冷功率，以平衡箱内的温度和湿度来创造所需要的环境(控制器设定值)；同时控制器时刻监视报警系统传递的报警信号，以防止执行机构的异常运行。采用380 V三相四线制供电，配有电源线。由于功率大，不配插头，由用户直接外接独立的空气开关。内置断路器做电源开关，上电后，触摸屏蒂，超温保护开始工作进入监示状态，时间累积计时器在触摸屏开启运行功能后才开始计时。除上述超温保护外，其他所有的逻辑，包括风机，加热，制冷和相关保护、报警，都需通过触摸屏控制。

5.2.2 标准传递

对用于传递的分析天平、各类标准流量计、标准气压表、压力计、真空表、温度计、精密电阻箱和标准万用表定期送国家有关部门进行质量检验和标准传递。

对用于工作标准的质量流量计、标准流量计、气压表、压力计和真空表，用经国家有关部门传递过的标准定期进行间接传递。

对于现场仪器设备中使用的温度显示及控制装置、流量显示及控制装置、气压检测装置和压力检测装置，所用工作标准每半年至少进行1次标定。

5.2.2.1 流量标准传递

颗粒物监测中的流量测量是关键技术环节。流量标准间接传递是一种两级方式的传递过程。第一级传递系指经国家计量部门质量检验和标准传递过的一级标准流量测定装置，如皂膜流量计、湿式流量计和活塞式流量计对用于现场校准和标定的传递标准，如质量流量计或电子皂膜流量计等流量测定装置进行流量校准和标定。第二级传递系指用经过一级标准标定过的传递标准对用于现场流量测定的工作标准，如质量流量控制器等流量测定装置进行校准和标定。以下所述为标准传递的具体方法和步骤。

质量流量计校准步骤如下所述。

校准设备安装和气路连接及质量流量计校准和标定过程如图 5-3 所示。

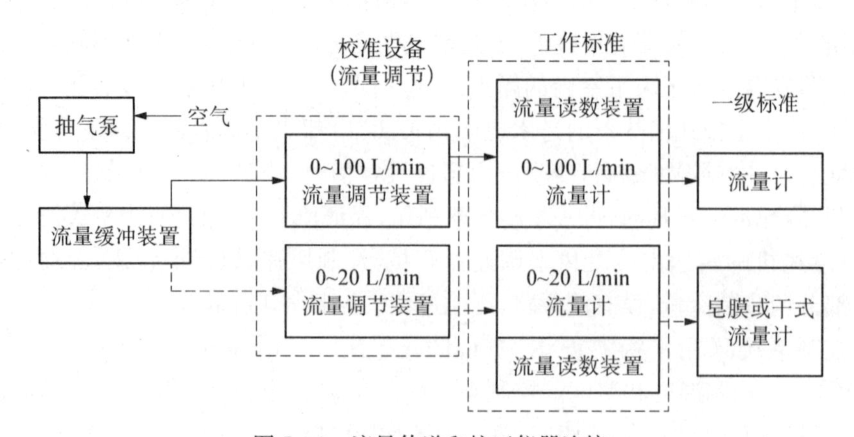

图 5-3 流量传递和校正仪器连接

（1）按图 5－3 连接所有进行流量传递和校准的设备，在连接过程中要检查气路，严防泄漏。

（2）在确保整个气路无气流通过的情况下，观察质量流量控制器的读数（RC）和质量流量计流量显示读数（RM），如不为零，调节质量流量控制器和质量流量计流量显示读数的零电位器，使（RC）、（RM）和一级标准流量测定装置的流量读数为零。

（3）启动抽气泵，设置质量流量控制器读数（RC）于满量程的 100%，待读数稳定后，在皂膜流量计上产生皂膜，用秒表记录皂膜通过玻璃管上 100 mL 体积刻度时所需时间；或观察湿式流量计面板流量指针通过面板刻度盘上一定体积刻度所需的时间，以上过程至少重复 3 次，对 3 次进行算术平均，平均结果记为$\bar{t}$。如是活塞式流量计，可直接从流量计读取流量值。

（4）测定校准现场环境温度和压力参数。温度、压力测试设备应经国家计量部门检验标定，并在有效使用期限内。将一级标准流量测定装置的实测流量按公式（5－1）修正至标准状态下的质量流量 Q_S；如使用活塞式流量计，可直接将读数乘以由温度和压力计算出的修正系数。然后观察质量流量计读数（RM）与质量流量 Q_S 是否相符，如不符，调节质量流量计内部电位器，使读数（RM）与质量流量 Q_S 相符。

$$Q_S = V_S/\bar{t} = V_m/\bar{t} \times \{[(P_B - P_T) - P_V + \Delta P_m]/P_S \times T_S/T\} \quad (5-1)$$

式中：Q_S 为标准状态下的质量流量（mL/min 或 L/min）；V_S 为标准状态下的体积（mL 或 L）；V_m 为皂膜通过玻璃管上不同刻度线间的体积（mL）或流量指针通过面板刻度盘上不同刻度的体积（L）；$\bar{t}$ 为 3 次测定时间的平均值（min）；P_B 为校准时环境大气压；P_T 为温度对压力计读数的修正值（kPa，该修正值可查阅压力计厂家提供的使用手册）；P_V 为给定温度下的饱和蒸气压（kPa）；P_m 为湿式流量计的水压计上水压差读数（kPa，皂膜流量计不考虑此值）；P_S 为标准状态下的压力（101.325 kPa）；T 为校准时的环境温度（K）；T_S 为标准状态下的温度（273 K）。

（5）如质量流量计具有半满量程调节点，则重复（3）和（4），设定质量流量控制器读数（RC）在满量程的 50%，待读数稳定后，观察质量流量计流量读数（RM）与一级标准流量测定装置测得的质量流量 Q_S 是否相符，如不符，调节质量流量计内部电位器使读数（RM）与一级标准流量测定装置测得的质量流量 Q_S 相符。

（6）重复步骤（2）、（3）、（4）和（5），直至不用调节质量流量计内部电位器，使质量流量计读数（RM）与一级标准流量测定装置测得的质量流量 Q_S 相符，且保持稳定，并分别记录读数（RM）和 Q_S。

（7）分别设置质量流量控制器读数（RC）在满量程的 20%、40%、60%和 80%，并观察和记录相应的质量流量计读数（RM）、一级标准流量测定装置的实测

流量和质量流量 Q_S。

(8) 绘制校准曲线和检验指标。根据最小二乘法计算得到质量流量 Q_S 和质量流量计读数(RM)之间的校准曲线,两者之间呈线性关系,其校准曲线应满足以下校准方程:

$$Q_S = b_1 \cdot RM + a_1 \quad (5-2)$$

式中:Q_S 为质量流量值;RM 为质量流量计流量读数;b_1 为校准曲线斜率;a_1 为校准曲线截距。

为确保对质量流量计进行流量标准传递的准确度在±1%范围内,对所获校准曲线的检验指标应符合以下要求:

相关系数 $(r) > 0.9999$;

$0.99 \leqslant$ 斜率$(b_1) \leqslant 1.01$;

截距$(a_1) <$ 满量程±1%。

若其中任何一项不满足指标要求,则需对质量流量计重新进行调整。

(9) 注意事项。皂膜流量计或湿式流量计在使用前,应先将工作台调节至水平,检查设备连接是否漏气和漏水;测定体积流量时,为减少操作误差和测量误差,一般规定皂膜通过玻璃管不同体积刻度或流量指针通过面板刻度所需的最短时间应大于 30 s,3 次测定结果的误差应在±1%范围内。

5.2.2.2 标准膜的传递

震荡天平法仪器采用仪器厂商提供的标准滤膜或通过高精度天平称量自制的滤膜进行仪器 K_0 值检查。标准滤膜必须经更高级别并经量值溯源检定的天平进行称量传递,对天平室的环境要求相对更高,具体制作标准震荡天平滤膜的程序参考本书第 2 章 2.4 节重量分析。

β射线法监测仪的标准滤膜一般都有生产商提供,使用者应保证标准滤膜的有效性。

5.3 质保审核

质保审核是评价监测网络系统的运行状态和绩效,通过采用各项技术检查监测系统性能、检查整个质量工作落实情况以及监测网络保障情况,查找存在的问题,及时解决。

5.3.1 系统审核

对空气自动监测网络的各个技术环节包括系统建设、运行、质控质保措施落实、系统保障等,以及与相关的国家和地区规范的符合性等进行审核评价。

5.3.2　空气质量自动监测仪器的性能审核

颗粒物监测仪性能审核机构和人员应有相关资质，并且不从事所审核子站的日常运行维护，审核所使用的流量计、温度计、气压计等工作标准应为经量值传递的专用标准，不能作所审核子站日常质控使用[4,5]。

审核频次每年至少 1 次；自动监测与手工监测比对准确度审核频次可根据条件开展，可每个子站每 3 年实施一次。

性能审核内容包括以下 4 个方面。

1）流量审核

实测采样总流量与设置流量的误差应小于±5%，与面板显示流量差别应小于±4%。

2）样品温度传感器准确度审核

实测温度与仪器面板显示温度误差应小于±2%。

3）大气压传感器准确度审核

实测大气压与仪器面板显示大气压误差应小于±6 mmHg。

4）自动监测系统准确度审核

参照《环境空气颗粒物（PM_{10}和 $PM_{2.5}$）连续监测系统安装和验收技术规范》（HJ 655—2013）中“6.2.5 参比方法比对调试”中的方法对 PM_{10}和 $PM_{2.5}$监测仪进行手工采样方法平行比对，比对结果要求参见 HJ655 附录 A 中的要求[6]。

5.3.3　数据有效性审核

1）自动监测系统数据审核

对自动监测网络的数据每日进行检查和审核。及时处理导致数据不正常的各类事故、故障。

每月对系统平台内的本月数据实施一次审核，对本月数据和审核情况进行核查，对发现的问题及时处理；每年底对本年度子站网络整年的数据进行审核。

2）手工监测数据审核

手工监测数据的审核不需要考虑自动监测数据审核的时效性，一般由人工经验判别，剔除仪器故障数据、仪器比对和通道比对等质控措施中发现的不正常数据、零值及负值。

参考文献

[1] 胡敏，何凌燕，黄晓蜂，等. 北京大气细粒子和超细粒子理化特征、来源及形成机制[M]. 北京：科学出版社，2009.

[2] HJ 656—2013. 环境空气颗粒物($PM_{2.5}$)手工监测方法(重量法)技术规范[S].

[3] 国家环境保护部. 环境空气质量自动监测技术规范[S]. HJ/T 193—2005.

[4] QA Handbook for Air Pollution Measurement Systems Volume II Ambient Air Quality Monitoring Program [R], EPA-454/B-08-003, December, 2008.

[5] Guidance on Technical Audits and Related Assessments for Environmental Data Operations [R], EPA/600/R-99/080, January 2000.

[6] 国家环境保护部. 环境空气颗粒物(PM10 和 PM2.5)连续监测系统安装和验收技术规范[S], HJ 655—2013.

第 6 章　$PM_{2.5}$数据统计及评价

本章主要介绍 $PM_{2.5}$监测数据的统计方法、统计要求和评价方法，分别以小时均值、日均值、任一时间段均值（如月均值、季均值、年均值等）、百分位数和达标率等多个指标为基础，介绍单点位和多点位（如城市范围）数据的计算方法、统计要求，又从时间和空间两个尺度介绍 $PM_{2.5}$的评价方法和评价标准，并以 $PM_{2.5}$为出发点，介绍多项污染物的统计和评价方法。

6.1　$PM_{2.5}$数据统计

6.1.1　小时均值

对于自动监测仪器来说，虽然每分每秒都可产生监测数据，但是，只有小时数据才是用于统计的原始数据。空气质量的实时发布也就是基于点位上自动监测的小时数据。

对于拥有多个点位的城市而言，小时均值即为评价点位小时数据的算术平均值。

为了便于空气质量实时发布，在《环境空气质量评价技术规范（试行）》（HJ 663—2013）中[1]，对于点位 1 小时平均是这样说明的：整点时刻前 1 小时时段内点位污染物浓度的算术平均值，记为该时刻的点位 1 小时平均值。一个自然日内点位 1 小时平均的时标分别记为 1:00，2:00，3:00，…，23:00 和 24:00 时。

但是，在数据库系统中，无法将时间记录为 24:00 时，一个自然日内的小时平均的时标会分别记为 0:00，1:00，2:00，…，22:00 和 23:00 时。因此，在设计系统和数据计算时都必须注意这个问题。

6.1.2　日均值

对于自动监测仪器来说，由一个自然日的 24 个小时均值求得的算术平均值即为日均值。对于手工监测来说，一般监测周期为 24 小时，非自然日产生的数据同样作为日均值。日均值是计算任一时间段均值的基数数据。

对于拥有多个点位的城市而言，日均值的计算方法应该有两种，一种为由参与评价的点位的日均值的算术平均值计算而得；另一种为城市小时均值的算术平均值。一般来说，在数据没有任何缺失的情况下，两种计算方式的计算结果应该一致，但事实上，经常存在个别点位小时均值缺失、有效位数保留等问题，导致两种计算方式的计算结果有差异。在《环境空气质量评价技术规范（试行）》（HJ 663—2013）中[1]，要求采用的是第一种计算方式，即各评价点位 24 小时平均浓度值的算术平均值。

举例：

S 城市有 5 个评价点位，分别是 A 点位、B 点位、C 点位、D 点位和 E 点位。A 点位一个自然日产生 n 个小时数据，分别为 $A_1, A_2, A_3, \cdots, A_n$，那么 A 点位的日均值 $A=(A_1+A_2+A_3+\cdots+A_n)/n$。S 城市的日均值 $S=(A+B+C+D+E)/5$。

需要说明的是，以上计算方法除了适用于 $PM_{2.5}$ 日均值计算外，也适用于 PM_{10}，SO_2，$NO/NO_2/NO_x$，CO 等污染物，不适用于 O_3 的计算。

6.1.3 任一时间段均值

月均值、季均值、半年均值和年均值等任一时间段的均值计算都是以日均值为基础的。对于单点位来说，月均值就是一个日历月中日均值的算术平均值。对于具有多个评价点位的城市来说，首先需要计算获得城市的日均值，然后计算日历月中城市日均值的算术平均值即为城市月均值。季均值、半年均值和年均值的计算方法与月均值相同。由于日以上的均值计算都是以日均值为基础的，所以可以获得任一时间段内的均值，用于特殊时间的分析，比如计算截止至 6 月 5 日（世界环境日）的平均浓度，接近年终时截止至 12 月底的平均浓度等。

和日均值计算一样，任一时间段均值的计算方法除了适用于 $PM_{2.5}$外，也适用于 PM_{10}，SO_2，$NO/NO_2/NO_x$，CO 等污染物，但不适用于 O_3 的计算。

对于较大区域，整个区域可划分为城市区域和非城市区域，不同类型分区分别统计。城市区域监测点位较多，每个点位代表的尺度较小，首先计算各城市的 $PM_{2.5}$浓度均值，然后以城市为单元计算算术平均值。非城市区域监测点位较少，每个点位代表的尺度较大，统计时以区域监测点为单元计算算术平均值。如果需要对城市区域与非城市区域进行整体评价时，可采用面积加权的方法。

《环境空气质量评价技术规范（试行）》（HJ 663—2013）中还规定[1]，省级及以上环境主管部门进行的区域环境空气质量评价，以区域内地级及以上城市为参评城市。地市级环境主管部门进行的区域环境空气质量评价可将区域内县级市共同作为参评城市。

6.1.4　百分位数

如果将一组数据从小到大排序，并计算相应的累计百分位，则某一百分位所对应数据的值就称为这一百分位的百分位数。可表示为：一组 n 个观测值按数值大小排列。如，处于 $p\%$位置的值称第 p 百分位数。

百分位数计算方法并不唯一，SPSS11.5 软件、MATLAB 7 以及 EXCEL 2003/2007/2010 中的百分位数计算方法均有一定的差别。为了保证后续评价工作的连续性和一致性，根据《环境空气质量评价技术规范（试行）》(HJ 663—2013)中的要求和规定[1]，污染物浓度序列的第 p 百分位数计算方法如下：

(1) 将污染物浓度序列按数值从小到大排序，排序后的浓度序列为 $\{X_{(i)}, i=1, 2, \cdots, n\}$。

(2) 计算第 p 百分位数m_p的序数 k，序数 k 按式(6－1)计算：

$$k = 1 + (n - 1)p\% \tag{6-1}$$

式中：k 为 $p\%$位置对应的序数；n 为污染物浓度序列中的浓度值数量。

(3) 第 p 百分位数 m_p 按式(6－2)计算：

$$m_p = X_{(s)} + (X_{(s+1)} - X_{(s)})(k - s) \tag{6-2}$$

式中：s 为 k 的整数部分，当 k 为整数时 s 与 k 相等。

6.1.5　达标率

达标率指在一定时段内，污染物短期评价（小时评价、日评价）结果为达标的百分比。污染物 i 的达标率、日达标率按式(6－3)计算：

$$D_i = (A_i / B_i) \times 100\% \tag{6-3}$$

式中：D_i 为污染物 i 的达标率；A_i 为统计时段内污染物 i 的达标天（小时）数；B_i 为统计时段内污染物 i 的有效监测天（小时）数。

需要特别提醒的是，在式(6－3)中，B_i 是有效小时数或天数，不是总小时数或总天数。如一年 365 天中，产生日均值的日数为 360 天，剩余的 5 天因为仪器校准、故障、停电、数据异常等原因导致不满足有效数据的要求而缺失数据，那么 B_i 就应该是 360。

对于 $PM_{2.5}$来说，由于没有小时浓度限值要求，所以不需要计算小时达标率；日达标率则可以根据式(6－3)计算。

6.1.6　超标倍数

超标倍数是指污染物浓度超过环境质量标准中对应平均时间的浓度限值的倍

数。超标项目 i 的超标倍数按式(6-4)计算:

$$B_i = (C_i - S_i)/S_i \tag{6-4}$$

式中:B_i 为超标项目 i 的超标倍数;C_i 为超标项目 i 的浓度值;S_i 为超标项目 i 的浓度限值标准,一类区采用一级浓度限值标准,二类区采用二级浓度限值标准。

6.2 数据统计的有效性规定

在6.1节的 $PM_{2.5}$ 数据统计中,都涉及一个概念,即有效数据。当分钟数据、小时数据或日数据不满足《环境空气质量标准》(GB 3095—2012)的有效性最低要求时,就不能产生相应的小时数据、日数据或年数据。

《环境空气质量标准》(GB 3095—2012)[2]对 $PM_{2.5}$ 的数据有效性规定如下:

(1) 每日至少有20个小时平均浓度值或采样时间,才能产生1个24小时平均值。

(2) 每年至少有324个日平均浓度值,而且每月至少有27个日平均浓度值(二月至少有25个日平均浓度值),才能产生1个日历年的年均值。

此外,《环境空气质量评价技术规范(试行)》(HJ 663—2013)[1]中规定:

(1) 日历年内 SO_2,NO_2,PM_{10},$PM_{2.5}$,CO 日均值的特定百分位数统计的有效性规定为日历年内至少有324个日平均值,每月至少有27个日平均值(二月至少25个日平均值)。

(2) 统计评价项目的城市尺度浓度时,所有有效监测的城市点必须全部参加统计和评价,且有效监测点位的数量不得低于城市点总数量的75%(总数量小于4个时,不低于50%)。

(3) 当上述有效性规定不满足时,该统计指标的统计结果无效。

6.2.1 单点位统计

对于单点位的 $PM_{2.5}$ 数据统计来说,虽然《环境空气质量标准》(GB 3095—2012)中并没有给出1小时平均的数据有效规定,也就是说,对于 $PM_{2.5}$ 的小时数据来说,不管60分钟内采集到几个数据,都可以产生小时数据。但是事实上,如果一个小时内只有1分钟或者5分钟有数据,也可以产生小时值的话,显然不是很合理,所以在实际操作中,$PM_{2.5}$ 小时数据的有效性规定还是和 SO_2、NO_2、NO_x、CO、O_3 等污染物一样,执行每小时至少有45分钟的采样时间的有效性规定,即75%的数据捕集率。

24小时平均执行每日至少有20个小时平均浓度值或采样时间的有效性规定,也就是说,为确保日数据有效,每天最多只能有4个小时的数据无效。

对于年均值，必须同时满足 2 个条件，一是日均值分布均匀的要求，即每月至少 27 个日均值的要求，而由于 2 月份只有 28 或 29 天，所以需满足至少有 25 个日均值的要求；另一个是日均值的最低要求，即至少有 324 个日均值。两个条件缺一不可，因为如果按照第一个条件计算，一年只要有 322 个日均值就够了，低于 324 个日均值的第二个要求，因此必须两个条件同时满足。从空缺天数的角度出发，每月最多空缺 3～4 天，每年最多空缺 41～42 天。

对于月均值，《环境空气质量标准》(GB 3095—2012)中也没有明确规定，但是由于在年均值的有效性规定中提及了每月的日均值数量要求，因此在计算月均值时参照执行，即每月至少有 27 个日平均值(二月至少 25 个日平均值)。

对于季均值和半年均值等任意一段时间均值来说，并没有有效性规定。由于这类数据可以认为是过渡值，不需要直接用于评价，因此无论日均值的数量是多少，都可以暂时产生一个季均值、半年均值或任意一段时间均值等。

此外，在《环境空气质量评价技术规范(试行)》(HJ 663—2013)中又新增了百分位数的概念，数据有效性规定与年均值相同，要求日历年内至少有 324 个日平均值，每月至少有 27 个日平均值(二月至少 25 个日平均值)。

6.2.2　多点位统计

对于多点位的城市 $PM_{2.5}$ 数据统计来说，由于小时均值和日均值都是通过评价点位的算术平均值计算而来，所以在《环境空气质量评价技术规范(试行)》(HJ 663—2013)中要求，有效监测点位的数量不得低于城市点位总数量的 75%(总数量小于 4 个小时，不低于 50%)。以上海市为例，目前有国控评价点位 9 个，要满足 75%的有效性规定，就必须有至少 7 个点位产生有效数据。

由于日均值是计算月均值、季均值、半年均值、年均值等任意一段时间均值的基础数据，所以其有效性规定与单点位要求一致。

6.3　数据修约要求

在进行算术平均值等计算过程中，经常会产生除不尽的现象，常常在小数点之后拖着长长的一串数字。而当这些数据再次参与计算时，修约与否就产生差别了。所以，《环境空气质量评价技术规范(试行)》(HJ 663—2013)中规定，进行现状评价和变化趋势评价前，数据统计结果按照 GB/T 8170[3] 中的规则进行修约，浓度单位及保留小数位数要求如表 6-1 所示。污染物的小时浓度值、日均浓度值、年均浓度值、百分位数等数据，都需要进行修约。因此，日均值是在修约后的小时值基础上计算而来的，年均值等任意一段时间均值是在修约后的日均值基础上产生的。

表 6-1　指标的单位和保留小数位数要求

指　标	单　位	保留小数位数
$PM_{2.5}$	$\mu g/m^3$	0
超标倍数	/	2
达标率	%	1

6.4　$PM_{2.5}$ 数据评价

6.4.1　浓度值评价

1）浓度限值的评价

$PM_{2.5}$ 的浓度限值如表 6-2 所示。其中的一级标准适用于环境空气功能区一类区，即自然保护区、风景名胜区和其他需要特殊保护的区域；二级标准适用于环境空气功能区二类区，即居住区、商业交通居民混合区、文化区、工业区和农村地区。

表 6-2　环境空气污染物基本项目浓度限值

污染物项目	平均时间	浓度限值		单　位
		一级	二级	
$PM_{2.5}$	年平均	15	35	微克/立方米（$\mu g/m^3$）
	24 小时平均	35	75	

在评价是否达标之前，需要了解该点位或城市适用一级标准还是二级标准。从环境空气功能区的划分来看，除背景点位等，其余大部分的环境空气质量监测点位都设立在建成区或农村地区，适用二级标准。

虽然 $PM_{2.5}$ 没有设立小时评价标准，但是根据国家最新规定，在实时发布时，采用 24 小时平均浓度标准作为参考标准予以评价。对于日均值，执行 24 小时平均浓度限值。当单点位或城市日均值小于或等于浓度限值时，即为达到 24 小时平均标准，反之，当单点位或城市日均值超出浓度限值时，为超标。对于一个城市的年均值而言，是否达标更为关键。在《环境公报》、《环境年鉴》、《环境质量报告书》等质量评估报告中，评价城市年均值时，可表述为："××××年，S 市细颗粒物（$PM_{2.5}$）年日均值为 nn $\mu g/m^3$，达到《环境空气质量标准》(GB 3095—2012)二级标准"或"××××年，S 市细颗粒物（$PM_{2.5}$）年日均值为 nn $\mu g/m^3$，超出《环境空气质量标准》(GB 3095—2012)二级标准 mm $\mu g/m^3$"。

此外，在《环境空气质量评价技术规范(试行)》(HJ 663—2013)中规定了，在进行 $PM_{2.5}$年评价时，在评价年均浓度的同时，还需评价特定百分位数即第95百分位数浓度值的达标情况。可表述为："××××年，S市细颗粒物($PM_{2.5}$)的24小时平均第95百分位数浓度为 nn μg/m^3，达到《环境空气质量标准》(GB 3095—2012)日均二级标准"或"××××年，$PM_{2.5}$的24小时平均第95百分位数浓度为 nn μg/m^3，超出《环境空气质量标准》(GB 3095—2012)日均二级标准 mm μg/m^3。"

2）达标率和超标率

当统计达标率时，就是把一段时间内日均值小于或等于24小时平均浓度限值的天数占总天数的比率计算出来。反之，一段时间内日均值超出24小时平均浓度限值的天数占总天数的比率就是超标率。根据6.3节的修约规定，达标率和超标率的计算结果以"%"为单位，保留小数点后1位。达标率与超标率之和应为100%。由此可以看出，$PM_{2.5}$的达标率和超标率的计算是以日均值为基础的。

由于 $PM_{2.5}$没有小时标准，所以也就不存在小时达标率和小时超标率的概念，因此，在提及 $PM_{2.5}$的达标率或超标率时，指的就是日均值的达标率或超标率。

3）超标倍数

超标倍数多用于年度数据，用于评价数据超出标准的程度。在年度评价时，当 $PM_{2.5}$年均浓度超出相对应的环境空气质量年均标准时，可计算年均浓度相对于年均标准的超标倍数；当 $PM_{2.5}$的第95百分位数浓度超出相对应的日均值标准时，可以计算百分位数浓度相对于日均标准的超标倍数。

例如，2013年上海市环境空气中 $PM_{2.5}$浓度为62 μg/m^3，未达到《环境空气质量标准》(GB 3095—2012)年均二级标准(35 μg/m^3)，超标倍数为0.77倍。$PM_{2.5}$日均浓度第95分位数为156 μg/m^3，未达到《环境空气质量标准》(GB 3095—2012)日均二级标准(75 μg/m^3)，超标倍数为1.08倍。

虽然 $PM_{2.5}$没有小时评价标准，但是有标准就可以有比较，在实际工作中，尤其是在公众服务时，为了清晰地表达当前的空气质量状况，也可以借用日均值标准，计算当前小时值超出标准的倍数，来描述空气质量的优劣程度。关于公众服务方面的内容，请具体参照本书第8章。

4）排名

根据 $PM_{2.5}$浓度的大小，可以对多个点位或城市进行排名。对于一个城市的多个点位的排名，目的在于对点位的空间分布进行一定的了解。对于一个区域内的多个城市，比如一个省份内多个城市，一个城市内多个区县等，其排名的目的多在于考核，让领导和公众更方便地了解每个地区的 $PM_{2.5}$浓度状况。

当然，光看 $PM_{2.5}$浓度不能完全代表该地区的空气质量。对于 $PM_{2.5}$污染严重，多为首要污染物的地区来说，或许 $PM_{2.5}$的排名非常重要，但是对于中国西部地区和北部地区来说，其首要污染物仍然多为 PM_{10}或 SO_2，而在南方的一些城市

O_3 问题更为突出，那么在这种情况下 $PM_{2.5}$ 的浓度排名就没那么有用了。这个时候，可以使用多个污染物的综合指数排名来表示不同城市的空气质量排名。比如在中国环境监测总站编写的 74 个城市空气质量状况报告中，就使用环境空气质量综合指数进行排名，当环境空气质量综合指数相同时，由城市的超标天数确定排名顺序。

5) 改善率

改善率一般用于年均值的比较。当现状年与基准年一个达标一个不达标时，可以非常明确地判断现状年的环境空气质量是改善还是恶化，但是当现状年与基准年的年均值都达标或不达标时，就需要使用改善率进行比较，来判断现状年相对于基准年的改善或恶化的程度，用百分比表示。改善率按式(6-5)计算而得。

$$G_i = \frac{C_{n,i} - C_{m,i}}{C_{m,i}} \times 100\% \tag{6-5}$$

式中：G_i 为污染物 i 的改善率(%)；$C_{n,i}$ 为污染物 i 在现状年 n 年的浓度值；$C_{m,i}$ 为污染物 i 在基准年 m 年的浓度值。

当改善率为正值时，表明现状年的浓度值较基准年有所下降，有所改善；当改善率为负值时，表明现状年的浓度值较基准年有所上升，有所恶化。

当然，改善率的使用并不仅限于年均浓度的比较，在进行任一时间段的浓度环比或同比的时候，这个公式也是适用的。以上海市为例，2013 年上半年和 2014 年上半年 $PM_{2.5}$ 的平均浓度分别为 65 $\mu g/m^3$ 和 57 $\mu g/m^3$，由此，2014 年上半年 $PM_{2.5}$ 的平均浓度较 2013 年同期下降(改善)12.3%，即改善率为 12.3%。

6) 变化趋势评价

变化趋势评价适用于评价污染物浓度或环境空气质量综合状况在多个连续时间周期内的变化趋势，采用 Spearman 秩相关系数法评价。一般来说，变化趋势用于连续多个年均值的评价，年均值数量不低于 5 个。

在《环境空气质量评价技术规范(试行)》(HJ 663—2013)中规定，国家变化趋势评价以国家环境空气质量监测网点位监测数据为基础，评价时间周期一般为 5 年，趋势评价结果为上升趋势、下降趋势或基本无变化，同时评价 5 年内的环境空气质量变化率。省级及以下和其他时间周期内的变化趋势评价可参照执行。

(1) Spearman 秩相关系数计算方法。

Spearman 秩相关系数按照式(6-6)计算

$$\gamma_S = 1 - \frac{6}{n(n^2-1)} \sum_{j=1}^{n} (X_j - Y_j)^2 \tag{6-6}$$

式中：γ_S 为 Spearman 秩相关系数；n 为时间周期的数量，$n \geqslant 5$；X_j 为周期 j 按时间排序的序号，$1 \leqslant X_j \leqslant n$；$Y_j$ 为周期 j 内污染物浓度按数值升序排序的序号，

$1 \leqslant Y_j \leqslant n$。

(2) 变化判定标准。

将计算秩相关系数绝对值与表6-3中临界值相比较。如果秩相关系数绝对值大于表中临界值,表明变化趋势有统计意义。γ_S 为正值表示上升趋势,负值表示下降趋势。如果秩相关系数绝对值小于等于表中临界值,表示基本无变化。

表6-3　Spearman秩相关系数 γ_S 的临界值 γ(单侧检验的显著性水平为0.05)

n	临界值 γ	n	临界值 γ
5	0.900	16	0.425
6	0.829	18	0.399
7	0.714	20	0.377
8	0.643	22	0.359
9	0.600	24	0.343
10	0.564	26	0.329
12	0.506	28	0.317
14	0.456	30	0.306

统计软件中也可以获得秩相关系数,比如SPSS,具体操作方法是:准备好需要分析的数据,选择菜单“Analyze”→“Correlate”→“Bivariate”命令,打开“Bivariate Correlations”(双变量相关分析)对话框。在左侧的变量列表窗口中选择两个相关分析变量,也就是年份和 $PM_{2.5}$ 年均浓度值,单击向右箭头,将其移动至“Variables”(变量)窗口。在“Correlation Coefficients”中选择“Spearman”相关系数,在“Test of Significance”中选择“One-tailed”(单测检验),最后单击“OK”按钮,执行秩相关分析操作。

6.4.2　指数化评价

在公众服务时,仅使用浓度值会过于专业,不利于民众的理解和达标与否的判断,因此,需要将浓度值通过一定的标准和公式转化为指数。在美国,主要使用AQI(Air Quality Index)指数,将空气质量分为6个等级,分别对应不同的健康影响[4];英国则将空气污染指数分为10个等级,空气污染对人体健康的影响程度分为4个级别[5];加拿大以AQHI(Air Quality Health Index)形式公告空气污染对健康的影响,描述主要污染物对人体健康的综合影响[6];我国香港环保署根据空气质量和健康影响将空气质素健康指数(AQHI)划分为5个等级[7],而在内地,最新的《环境空气质量指数(AQI)技术规定(试行)》(HJ 633—2012)[8]中,使用 AQI 指数将空气质量划分为 6 个等级,分别对应健康影响和建议措施。

$PM_{2.5}$ 作为 AQI 计算的污染物中的一员,在小时报、日报和预报中,都需要使用到 $PM_{2.5}$ 的 AQI 分指数概念。

污染物项目 P 的空气质量分指数的通用公式按式(6-7)计算,空气质量指数级别及对应的污染物项目浓度限值如表 6-4 所示。

$$IAQI_P = \frac{IAQI_{Hi} - IAQI_{Lo}}{BP_{Hi} - BP_{Lo}}(C_P - BP_{Lo}) + IAQI_{Lo} \tag{6-7}$$

式中:$IAQI_P$ 为污染物项目 P 的空气质量分指数;C_P 为污染物项目 P 的质量浓度值;BP_{Hi} 为表 6-4 中与 C_P 相近的污染物浓度限制的高位值;BP_{Lo} 为表 6-4 中与 C_P 相近的污染物浓度限值的低位值;$IAQI_{Hi}$ 为表 6-4 中与 BP_{Hi} 对应的空气质量分指数;$IAQI_{Lo}$ 为表 6-4 中与 BP_{Lo} 对应的空气质量分指数。

表 6-4 空气质量分指数及对应的 $PM_{2.5}$ 浓度限值

空气质量分指数(*IAQI*)	指数级别	指数类别	24 小时浓度限值/($\mu g/m^3$)
50	一级	优	35
100	二级	良	75
150	三级	轻度污染	115
200	四级	中度污染	150
300	五级	重度污染	250
400	六级	严重污染	350
500			500

从表 6-4 可以看出,$PM_{2.5}$ 空气质量分指数的 50 和 100 对应的 24 小时浓度限值正好是《环境空气质量标准》(GB 3095—2012)中 24 小时平均值的一级标准和二级标准,也就是说,当使用一级标准时,$PM_{2.5}$ 的 AQI 分指数小于或等于 50 时,即为日均值达标;同理,使用二级标准时,$PM_{2.5}$ 的 AQI 分指数小于或等于 100 时,日均值达标。

在计算获得分指数后,空气质量指数按式(6-8)计算:

$$AQI = \max\{IAQI_1, IAQI_2, IAQI_3, \cdots, IAQI_n\} \tag{6-8}$$

式中:$IAQI$ 为空气质量分指数;n 为污染物项目。

AQI 大于 50 时,IAQI 最大的污染物为首要污染物。若 IAQI 最大的污染物为两项或两项以上时，并列为首要污染物。IAQI 大于 100 的污染物为超标污染物。在长三角的一些城市，$PM_{2.5}$是目前超标最严重的污染物，不但经常成为超标污染物，还经常成为首要污染物。以上海市为例，2013 年全年 365 天中，$PM_{2.5}$的 AQI 分指数大于 100 的天数为 96 天，即有 96 天成为超标污染物。全市 AQI 大于 50 的天数有 313 天，其中，$PM_{2.5}$为首要污染物的为 153 天，占了近一半。在 AQI 大于 100 的 124 个污染日中，$PM_{2.5}$为首要污染物的有 87 天，占了 70%。

6.4.3　空间分布特征

虽然从单个点位的浓度值和位置上可以大致看出一个地区的污染分布趋势，但是，当一个城市有足够多的评价点时，我们就可以使用工具创建出直观的污染物浓度分布示意图，此时地理信息系统(GIS)就是有用的工具。

在《ARCGIS 地理信息系统空间分析实验教程》[9]一书中，详细介绍了几种比较常用的空间插值方法。

1) *反距离加权法*(inverse distance weighting)

反距离加权插值法是基于相近相似的原理，即两个物体离得越近，它们的性质就越相似，反之，离得越远则相似性越小。它以插值点与样本点的距离为权重进行加权平均，离插值点越近的样本点赋予的权重越大。

反距离加权插值法的一般公式如下：

$$\hat{Z}(s_0) = \sum_{i=1}^{N} \lambda_i Z(s_i) \tag{6-9}$$

式中：$\hat{Z}(s_0)$ 为 s_0 处的预测值；N 为预测计算过程中要使用的预测点周围样点的数量；λ_i 为预测计算过程中使用的各样点的权重，该值随着样点与预测点之间距离的增加而减少；$Z(s_i)$ 是在 s_i 处获得的测量值。

确定权重的计算公式为

$$\lambda_i = d_{i0}^{-p} \Big/ \sum_{i=1}^{N} d_{i0}^{-p} \quad \sum_{i=1}^{N} \lambda_i = 1 \tag{6-10}$$

式中：P 为指数值；d_{i0}是预测点 s_0 与各已知样点 s_i 之间的距离。

样点在预测点值的计算过程中所占权重的大小受参数 p 的影响，即随着采样点与预测值之间距离的增加，采样点对预测点影响的权重按指数规律减少。在预测过程中，各样点值对预测点值作用的权重大小是成比例的，这些权重值的总和为 1。

2) *全局多项式插值法*(global polynomial interpolation)

全局性插值方法以整个研究区的样点数据集为基础，用一个多项式来计算预测值，即用一个平面或曲面进行全区特征拟合。全局多项式插值所得的表面很少能与实际的已知样点完全重合，所以全局插值法是非精确的插值法。利用全局性插值法生成的表面容易受极高和极低样点值的影响，尤其在研究区边沿地带，因此用于模拟的有关属性在研究区域内最好是变化平缓的。全局多项式插值法适用的情况有：①当一个研究区域的表面变化缓慢，即这个表面上的样点值由一个区域向另一个区域的变化平缓时，可以采用全局多项式插值法；②检验长期变化的、全局性趋势的影响时一般采用全局多项式插值法，在这种情况下应用的方法通常称为趋势面分析。

3) *局部多项式插值法*(local polynomial interpolation)

局部多项式插值采用多个多项式，每个多项式都处于特定重叠的邻近区域内。通过使用搜索邻近区域对话框定义搜索的邻近区域。局部多项式插值法并非精确的插值方法，但它能得到一个平滑的表面。建立平滑表面和确定变量的小范围的变异可以使用局部多项式插值法，特别是数据集中含有短程变异时，局部多项式插值法生成的表面就能描述这种短程变异。

在局部多项式插值法中，邻近区域的形状、要用到的样点数量的最大值和最小值以及扇区的构造都需要进行设定。还可以使用另外一种方法，就是通过拖动一个滑块改变参数值定义邻近区域的宽度，这个参数以预测点与已知样点之间的距离为基础，所用的邻近区域内的采样点的权重随着预测点与标准点之间距离的增加而减小。因此，局部多项式插值法产生的表面更多地用来解释局部变异。

4) *径向基函数法*(radial basis functions)

从概念上来说，径向基函数插值法如同将一个软膜插入并经过各个已知样点，同时又使表面的总曲率最小。它不同于全局多项式和局部多项式插值方法，属于精确插值方法。所谓精确插值方法就是指表面必须经过每一个已知样点。径向基函数包括五种不同的基本函数：平面样条函数、张力样条函数、规则样条函数、高次曲面函数和反高次曲面样条函数。选择何种基本函数意味着将以何种方式使径向基表面穿过一系列已知样点。

径向基函数插值法适用于对大量点数据进行插值计算，同时要求获得平滑表面的情况。将径向基函数应用于变化平缓的表面，如表面上平缓的点高程插值，能得到令人满意的结果。而在一段较短的水平距离内，表面值发生较大的变化，或无法确定采样点数据的准确性，或采样点数据具有很大的不确定性时，径向基函数插值的方法并不适用。

5) *克里金法*(Kriging)

克里金法，也可称为克里格法，是以空间自相关性为基础，利用原始数据和半方差函数的结构性，对区域化变量的未知采样点进行无偏估值的插值方法。

在克里金法插值过程中，需注意以下几点：

(1) 数据应符合前提假设。

（2）数据应尽量充分，样本数尽量大于 80，每一种距离间隔分类中样本对数尽量多于 10 对。

（3）在具体建模过程中，很多参数是可调的，且每个参数对结果的影响不同。

a. 块金值：误差随块金值的增大而增大。

b. 基台值：对结果影响不大。

c. 变程：存在最佳变程值。

d. 拟合函数：存在最佳拟合函数。

（4）当数据足够多时，各种插值方法的效果基本相同。

目前，克里金方法主要有以下几种类型：普通克里金法（ordinary Kriging）、简单克里金法（simple Kriging）、泛克里金法（universal Kriging）、协同克里金法（co-Kriging）、对数正态克里金法（logistic normal Kriging）、指示克里金法（indicator Kriging）、概率克里金法（probability Kriging）和析取克里金法（disjunctive Kriging）等。

不同的方法有其不同的适用条件，具体的算法、原理可查阅相关文献资料。当数据服从正态分布时，选用对数正态克里金法；若不服从简单分布时，选用析取克里金法；当数据存在主导趋势时，选用泛克里金法；当只需了解属性值是否超过某一阈值时，选用指示克里金法；当同一事物的两种属性存在相关关系，且一种属性不易获取时，选用协同克里金方法，它借助另一属性实现该属性的空间内插；当假设属性值的期望值为某一已知常数时，选用简单克里金法；当假设属性值的期望值是未知的，选用普通克里金法。

ESRI 公司开发的 ArcGIS 就可以实现污染物空间分布图的产生。ArcGIS 9 中最简便的操作方法是：打开 ArcGIS 下的 ArcMap，首先点击“Add Data”按钮加载数据文件，加载的数据文件可以有很多层，包括分析区域的边界图层、行政区图层、水域图层、污染物点位数据层等。在 Layers 下右击数据层，选择点击“Display XY Data”，在“X Field”中选择经度数据，在“Y Field”中选择纬度数据，点击“OK”，在图上会显示相应的点位。在工具条中点击“Geostatistical Analyst”，选择“Geostatistical Wizard”，在对话框的“Input”中，选择数据文件，在“Attribu”中，选择要作图的数据，在“Methods”中，有 6 种插值的方法，分别是“Inverse Distance Weighting（反距离加权法）”、“Global Polynomial Interpolation（全局多项式插值法）”、“Local Polynomial Interpolation（局部多项式插值法）”、“Radial Basis Functions（径向基函数法）”、“Kriging（克里金法）”、“Cokriging（协同克里金法）”。根据之前的描述，可以选择合适的插值方法，一般多选用“Inverse Distance Weighting”插值方法。点击“Finish”，即会生成插值后的分布图，默认的颜色为黄色系渐变色。之后则可以通过右击“Layers”选择点击“Properties”，根据实际需求和美观度调整图层、切除外框、更换色彩等操作，最后点击菜单“View”→“Layout View”，可以通过“Insert”加入图例、指南针、比例尺等信息，调整布局，点击菜单

"File"→"Export Map",选择要生成的文件类型和文件名,一般选择存成 jpg 文件,可以直接插入 word 文本中。

6.5 多项污染物综合评价

6.5.1 最大指数法

环境空气质量最大指数法适用于对不同地区间多项污染物污染状况的比较,参评项目为 SO_2、NO_2、PM_{10}、$PM_{2.5}$、CO、O_3,按式(6-11)计算:

$$I_{max} = \max(I_i) \tag{6-11}$$

式中:I_{max} 为环境空气质量最大指数;I_i 为污染物 i 的单项指数。

使用环境空气质量最大指数法进行环境空气质量状况比较时,需同时给出各项污染物的环境空气质量单项指数法比较结果,为各地区环境管理提供明确导向。

环境空气质量单项指数法适用于不同地区间单项污染物污染状况的比较,反映的是污染物年均浓度和年日均浓度百分位数的超标情况。年评价时,污染物 i 的单项指数按式(6-12)计算:

$$I_i = \max\left(\frac{C_{i,\mathrm{a}}}{S_{i,\mathrm{a}}}, \frac{C_{i,\mathrm{d}}^{\mathrm{per}}}{S_{i,\mathrm{d}}}\right) \tag{6-12}$$

式中:I_i 为污染物 i 的单项指数;$C_{i,\mathrm{a}}$ 为污染物 i 的年均值浓度值,i 包括 SO_2、NO_2、PM_{10} 及 $PM_{2.5}$;$S_{i,\mathrm{a}}$ 为污染物 i 的年均值二级标准限值,i 包括 SO_2、NO_2、PM_{10} 及 $PM_{2.5}$;$C_{i,\mathrm{d}}^{\mathrm{per}}$ 为污染物 i 的 24 小时平均浓度的特定百分位数浓度(见表 6-5);$S_{i,\mathrm{d}}$ 为污染物 i 的 24 小时平均浓度限值二级标准(对于 O_3,为 8 小时均值的二级标准)。

表 6-5 百分位数评价项目和指标

评价项目	评价指标	评价项目	评价指标
SO_2	24 小时平均第 98 百分位数	$PM_{2.5}$	24 小时平均第 95 百分位数
NO_2	24 小时平均第 98 百分位数	CO	24 小时平均第 95 百分位数
PM_{10}	24 小时平均第 95 百分位数	O_3	日最大 8 小时平均第 90 百分位数

6.5.2 综合指数法

环境空气质量综合指数是描述城市环境空气质量综合状况的无量纲指数,它综合考虑了 SO_2、NO_2、PM_{10}、$PM_{2.5}$、CO、O_3 这 6 项污染物的污染程度,环境空气质量综合指数数值越大表明综合污染程度越重。环境空气质量综合指数按式(6-13)计算。

$$I_{sum} = SUM(I_i) \tag{6-13}$$

式中：I_{sum}为环境空气质量综合指数；I_i为污染物i的单项指数。

6.5.3　实例

以2013年上海市空气质量为例，6项污染物的单项指数、最大指数和综合指数计算结果如表6-6所示。从表中可以看出，SO_2、NO_2、PM_{10}和$PM_{2.5}$的单项指数是根据"年均值/年均标准"和"百分位数/日均标准"获得的，并且取的是两者的最大值；而CO和O_3由于没有年均值标准，因此单项指数即为"百分位数/日均标准"。通过上海市的实例可以看出，2013年各项污染物的单项指数均取的是"百分位数/日均标准"，可见，百分位数超标较年均值超标更为严重，也可以预见，在将来空气质量逐步改善的情况下，即使年均值达标，也有可能百分位数不达标，那么对于一个城市而言，空气质量还是没有达标。只有当最大指数小于等于1.00时，才说明城市的空气质量达标了。从目前的6项污染物来看，最大指数为2.08，为$PM_{2.5}$的单项指数，说明超标最为严重的污染物是$PM_{2.5}$，在空气污染治理时就需要特别考虑$PM_{2.5}$及其前体物的总量减排与污染防治。

表6-6　2013年上海市空气质量综合评价

	SO_2	NO_2	CO	O_3	PM_{10}	$PM_{2.5}$
年均值	24	48	/	/	82	62
年均值标准	60	40	/	/	70	35
年均值/年均标准	0.4	1.2	/	/	1.17	1.77
百分位数	75	109	1.52	163	196	156
日均值标准	150	80	4	160	150	75
百分位数/日均标准	0.5	1.36	0.38	1.02	1.31	2.08
单项指数	0.5	1.36	0.38	1.02	1.31	2.08
最大指数	2.08					
综合指数	6.65					

参考文献

[1] HJ 663—2013，环境空气质量评价技术规范(试行)[S].

[2] GB 3095—2012,环境空气质量标准[S].

[3] GB/T 8170—2008,数据修约规则与极限数值的表示和判定[S].

[4] United States Environmental Protection Agency. Air Quality Index-A Guide to Air Quality and Your Health [R/OL]. http://cfpub. epa. gov/airnow/index. cfm? action=aqi_brochure. index

[5] United Kingdom Environment Agency. Review of the UK Air Quality Index [R/OL]. https://www. gov. uk/government/uploads/system/uploads/attachment_data/file/304633/COMEAP_review_of_the_uk_air_quality_index. pdf.

[6] Environment Canada. Air Quality Health Index [R/OL]. http://www. ec. gc. ca/cas-aqhi/

[7] 香港特别行政区政府环境保护署. 空气质素健康指数(AQHI)[R/OL]. http://www. aqhi. gov. hk/sc. html.

[8] HJ 633—2012,环境空气质量指数(AQI)技术规定(试行)[S].

[9] 汤国安,杨昕. ARCGIS 地理信息系统空间分析实验教程[M]. 北京:科学出版社,2012.

第7章　$PM_{2.5}$预报技术及预警

7.1　$PM_{2.5}$预报发展与现状

随着上海市及长三角地区经济的高速发展和能源消耗总量的快速增长，各种污染物排放引起的大气污染问题日益成为制约经济社会环境持续发展的瓶颈。当前的空气污染特征已从传统的煤烟型污染向“复合型”污染转变[1]。特别是近年来，大气氧化性不断加强，气溶胶浓度居高不下，以细颗粒物($PM_{2.5}$)为代表的区域型大气污染问题日益显现[2-5]。

$PM_{2.5}$来源广泛且成因复杂，容易受排放源和气象条件的影响，因此预测难度较大。利用模型开展预报是目前国内外广泛应用的手段之一。第一代拉格朗日轨迹模型主要用于一次污染物扩散及简单反应性轨迹模拟；第二代欧拉网格模型虽然可以模拟较为复杂的反应机制，但由于其设计分别针对光化学反应的气态污染物或固态污染物，因而其模拟结果通常仅为单一介质的浓度[6]；这两种方法主要描述大气条件对污染物的作用，均不考虑化学机制，因此缺乏对二次污染物和高污染的预报能力[7-9]。第三代空气质量模式则引入了“一个大气”的概念，比较适合开展较为全面的大气污染物浓度模拟和空气质量预报研究[10, 11]，其中以美国环保署研究开发的 Models-3/CMAQ 为代表。该套模式使用一套各个模块相容的大气控制方程，具备更为完善的化学机制和气溶胶模块，可开展局地、城市、区域和大陆等多种尺度的污染物模拟和预报研究。美国环保署利用 CMAQ 提供了全美范围内超过 300 个主要城市的臭氧及 $PM_{2.5}$预报服务(http://www.airnow.gov)。国内很多研究学者也应用 CMAQ 开展了大量研究。费建芳等[12]利用 CMAQ 对 2002 年 12 月北京及周边地区发生的一次大雾及污染天气进行数值模拟，以此分析极端气象条件下大气中 $PM_{2.5}$二次无机离子的演变及其影响，研究了气象条件对于 $PM_{2.5}$生成、转化和传输的影响。除了 Model-3/CMAQ，国内外很多国家也开发了众多城市空气质量预报系统[13, 14]，例如德国 Cologne 大学的 EU-RAD，加拿大国家研究委员会的 MC2-CALGRID 等。国内各大高校及科研院所也开展了大量研究，如中国科学院大气物理研究所空气污染数值预报模式系统[15]，王自发、黄美元等开发的嵌套网格空气质量预报模式系统 NAQPMS[16]，房小怡、蒋维楣等开发的南京大学城市空气质量预报系统 NJU - CAPOS[17]。近年来上述空气质量预报系统在北京、天津、广州、南京等多个预报部门得以业务应用。王自发等[18]综合当今主流空气质量模型开发建立了空气质量多模式集成预报系统并投入业务应用，有效支持了北京奥运会、上海世博会[19]以及广州亚运会[20]期间的空气质量保障及污染预警工作。房小怡等[21]在 CMAQ 模式的基础上对污染源输入参数加以改进，形成了城市空气质量数值预报模式系统(NJUCAQPS)，其包涵特有的边界层模块，考虑了建筑物、人为热源等城市化因素的影响，更适合城市尺度各类空气污染问题的模拟。

CMAQ、NAQPMS 等数值模型的预报效果均取决于模式采用的源排放清单精度能否客观、准确反映污染源强度的时空分布及其动态变化特征，如何改进模式源排放的可靠性一直是目前第三代空气质量数值预报模式的技术瓶颈。BECAPEX 试验于 2001 年 1—3 月的观测资料分析[22]表明：北京市冬季采暖期、非采暖期、过渡期存在显著的源影响差异，采暖期 SO_2、NO_x 和 CO 浓度明显高于非采暖期的平均状态，而不同污染物的浓度变化也有显著差异。王会祥、唐孝炎等[23]研究长三角痕量气态污染物的时空分布特征时，发现所有观测站的 NO，NO_x、CO、SO_2 浓度具有显著的季节变化，冬季出现全年最高值，表明该区域受人为源排放的影响显著。只有采用了准确的污染源参数、排放强度及其时空分布信息，才能给空气质量模式提供精确的源排放清单，而这些数据的获取和核查本身就具有相当大的不确定性，尤其是在人口集中的城市地区，污染源的季节变化特征明显。在国内，由于污染源清单和排放数据库尚不健全，现有的源排放清单很难客观描述城市污染源的时空变化特征，这在很大程度上制约了城市空气质量预报模式的精度。目前各国研究学者也尝试采用各种反演模型试图解决源影响等因素造成的模式预报误差，Tie 等[24—26]、李灿等[27]分别用光化学模式和传输模式研究了 O_3、NO_x 等污染物的排放变化情况。此外，模式输出统计预报方法(MOS)也较为普遍[28]。MOS 方法是将数值预报的输出结果和局地气象要素或污染物浓度建立统计关系，从而对数值预报结果予以修正。这种预报方法具有客观、定量和自动化等优点，在气象和污染预报方面已有较为成熟的应用。许建明等[29]利用回归方法建立预测数据与监测数据之间的关系，降低了由于污染源不确定性产生的预报偏差。谢敏等[30]尝试将监测数据直接作为预报初始值，结合 CMAQ 模式预报的增减量建立修正方法。

7.2 $PM_{2.5}$ 预报技术方法

按预报要素划分，$PM_{2.5}$ 预报方法可分为潜势预报和污染浓度预报，污染浓度预报包括统计预报、数值预报等。

7.2.1　潜势预报

空气污染潜势预报是以天气形势和气象要素为依据，从气象学角度出发，对未来大气污染物进行定性或半定量的分析，其实质是以天气形势预报为基础的"二次预报"。潜势预报采用的基本方法一般是从各次历史污染事件着手，归纳总结出发生污染事件时所特有的天气形势和气象因子指标，并通过大量历史资料验证，从而得出高污染潜势的判定依据。目前的潜势预报所采用的方法与早期的天气形势预报有相似之处，都是以天气因子作为预报依据。

1997 年中国气象科学研究院大气物理研究所徐大海等[31]利用大气平流扩散方程积分得到多尺度箱格预报模型，引入空气污染潜势指数，开展城市大气污染潜势预报；杨成芳[32]通过统计历史资料，总结了影响济南市空气污染物扩散的 7 个气象预报因子，并给出空气污染潜势预报的预报方法和方程，预测了空气质量的演变趋势。王迎春[33]、杨民[34]、王川[35]分别建立了北京、兰州、西安的城市空气污染潜势预报方法。刘实等[36]建立了长春市空气污染潜势预报的统计模型。上海市通过建立空气污染潜势预报方法，自 2004 年起开展了一周潜势预报业务工作。

7.2.2　统计预报

7.2.2.1　方法概述

空气质量统计预报方法，是以大气污染物与气象观测资料为基础，将历史上的污染物浓度数据及同期气象资料（如风速、风向、温度、湿度等气象因子、天气形势及过程等）利用统计方法进行数学分析，建立具有一定可信度的统计关系或数学模型后，利用该关系对未来大气污染物浓度进行预报。

空气质量统计预报方法建立在污染物浓度的变化主要受气象因素影响的假设条件下，无需掌握污染变化的机理，以及准确的污染源排放状况。相对于数值预报方法，特别是在目前污染源来源复杂多样、污染物的迁移扩散转化机理还不完全清楚的情况下，统计预报方法较为简单实用。

7.2.2.2　统计预报方法分类

统计预报是不依赖污染物的物理、化学和生态过程，通过分析发展规律进行预测的一种方法。对特定的城市区域，在历史气象、污染物浓度资料的基础上，分析变化规律特征，找出典型参数，建立参数与相应污染物浓度数据之间的定量或半定量的预报模型，从而进行预报。

目前国内外应用较为广泛的主要包括三类：统计学回归方法、分类法、神经网络方法。

1) 回归方法

回归方法是目前气象预报和空气质量预报中较为常用的一种方法，主要是根据实测值与预测值的相关性，应用过去的浓度、气象资料进行统计分析、建模，再利用污染物浓度和气象实时监测数据，预测未来污染物浓度。回归方法包括线性回归和非线性回归，线性回归由于其方法简单、理论严谨，在空气质量统计预报中应用最为广泛。

在空气质量统计预报中，通常寻找与预报量线性关系很好的单个因子是很困难的，而且实际上某个污染物浓度的变化是和前期多个污染因子或气象要素有关。因而大部分空气质量统计预报中的回归分析都运用了多元回归方法，所谓多元回归是对某一预报量 y，研究多个因子与它的定量统计关系。在多元回归中我们又着重讨论较为简单的多元线性回归问题，因为许多多元非线性问题都可以转换为多元线性回归来处理[37]。

2) 分类法

分类法是通过分析过去的污染物浓度与天气形势之间的对应关系，导出每类天气型的浓度时空分布特征，并在两者之间建立起定量关系以预报污染物浓度分布的统计方法。其中应用较为广泛的是决策树。

决策树是实现分类的一种重要模型。决策树学习是以实例为基础的归纳学习算法，它着眼于从一组无次序、无规则的事例中推理出决策树表示的分类规则。构造决策树的目的是找出属性和类别之间的关系，用它来预测未来未知的类别。决策树构成步骤中，主要的就是找出节点的属性和如何对属性值进行划分(与之相关算法的差别之处也在于此)，及如何选择属性和它们的顺序作为划分的条件。根据分割方法的不同，决策树算法分为两类：①基于信息论的方法；②基于最小 GINI 指标方法(CART 等)。

3) 神经网络方法

神经网络方法是一个通过人工构造的方式由大量简单的处理单元(神经元)广泛连接组成的网络系统，用来模拟人脑神经系统的结构和功能。它能从已知数据中自动地归纳规则，获得这些数据的内在规律，具有很强的非线性映射能力。

人工神经网络通过模拟人脑的结构以及对信息的记忆和处理功能，以神经元连接的方式实现从输入输出数据中学习有用知识，解决模式识别、预测预报、函数逼近、优化决策等复杂任务。与多元线性回归、分类法等传统方法相比，人工神经网络具有分布式存储信息、并行协同处理信息、信息处理与存储合二为一、对信息的处理具有自组织自学习等主要特点[38, 39]。

7.2.2.3 统计预报方法的现状与发展

国际上较早开展空气质量预报研究的有美国、英国、日本等。20 世纪 60 年代和 70 年代初期大多采用潜势预报方法预报污染气象条件，进而定性预报污染物浓度。国内外关于空气质量统计预报的研究始于80年代以后。Landsberg H. E.等[40]用500 hPa天气形势结合早晨及下午混合层高度和地面风速对美国东部重污染的出现进行了相关分析，从而驱动美国国家气象中心的数值模式开展大气污染预报。Reddy等[41]依据科罗拉多州能见度标准，结合能见度与大气污染及天气条件之间的统计关系，对丹佛地区进行能见度统计预报，预报出了76%的高能见度，67%的低能见度日。Kin-Che Lam和Shouquan Cheng[42]采用天气气候学的方法预测我国香港SO_2和NO_x的浓度，该研究通过开发自动天气程序来预测污染最严重的天气类别时污染物的浓度。

我国内地开展空气质量统计预报起步较晚。蒋明皓和张元茂[43]应用门限自回归模型，以上海市环境空气质量序列监测数据和相应的气象数据建立门限自回归大气污染预测模型，对上海市空气质量进行预测，结果表明门限自回归模型计算较为简便且便于计算机自动建模，显著性检验表明门限自回归预报方程高度显著，在实际应用中，采用最新的数据建模和分站建立模型的方法可以使预测精度进一步提高。官义明等[44]利用2005—2006年污染物浓度观测数据和同期气象观测资料，利用多元线性回归和逐步回归等统计方法，建立了空气质量指数的预报方程。魏璐等[45]利用2005—2006年数值模式输出产品和郑州市大气污染物常规观测数据，利用自然正交分解和多元回归方法建立了PM_{10}、SO_2和NO_2等污染物质量浓度的预报方程。阴俊等[46]基于2000—2002年污染物浓度资料及常规气象数据，利用方差分析方法区分不同污染程度下的气象条件，并采用逐步回归方法对各分类类型建立起相应的预报模型，预报检验结果显示，分类统计模型较全样本统计模型预报精度有所提高。

统计预报方法简单、经济，且易于实现，是目前多数开展空气质量预报城市常采用的预报方法，但该方法用于模拟非线性情况时所得结果往往偏低，此外还要求数据是高斯分布或正态分布，实际情况往往不能符合，这也对其准确度有一定的影响。

7.2.3　数值预报

空气质量数值预报在给定的气象场、源排放以及初始和边界条件下，通过一套复杂的偏微分方程组描述污染物在大气中的各种物理化学过程（输送、扩散、转化、清除等），并利用数值计算方法进行求解，得到污染物浓度的空间分布和变化趋势[47, 48]。经历了数十年的研究努力，目前已发展起了四代较为成熟的空气质量模式，并正在向适宜大规模并行计算、具备数据同化功能及气象-污染模式在线耦合等诸多特点的新一代数值模式发展[49—51]，其基本组成结构如图7-1所示。

7.2.3.1　发展与回顾

自20世纪70年代以来，空气质量数值模型已历经几代发展，从第一代拉格朗

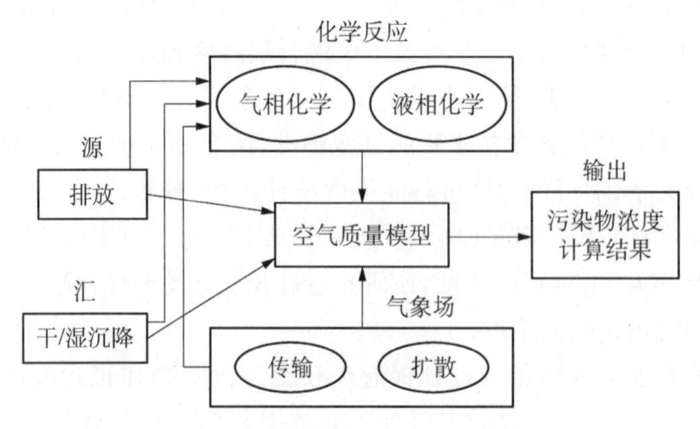

图 7-1　数值模式基本组成结构

日轨迹模型到第二代欧拉网格模型，发展到当今主流的以美国环保署“Models-3/CMAQ”为代表的第三代区域多尺度空气质量模型系统，再到气象与污染耦合的在线空气质量模型系统 WRF-Chem，空气质量数值模拟技术已日渐成熟并广泛应用于空气质量预报、污染成因分析以及环境政策评估等多个领域。

20 世纪 60 年代至 80 年代初发展起来的第一代空气质量模式主要为箱式模型、局地烟流扩散模型以及拉格朗日轨迹模式。这类扩散模型采用较为简单、高度参数化的线性机制描述大气物理化学过程，难以在复杂地形和对流条件下使用，适于模拟化学活性较低、大气状态稳定的惰性污染物长期平均浓度[52]。

20 世纪 70 年代末至 90 年代初，大气化学、边界层物理等基础理论研究工作取得显著进展，进而推动了模式研究的长足发展，逐渐形成了以欧拉网格模型为主的第二代空气质量模式。欧拉模式使用固定坐标系来描述污染物的输送与扩散，能够更好地描述存在时间变化(非定常)污染物浓度的分布状况[53]。这一时期的模式研究仍侧重于单一的大气污染问题，如针对酸沉降问题开发的 RADM、STEM-Ⅱ和 ADOM 模式；针对光化学污染的 CIT、UAM 模式等。由于排放到空气中的污染物种复杂多样，各种环境问题相互关联，往往呈现出复合型污染的特点，因而单独针对特定污染类型的模式无法满足日益增长的研究需要。

20 世纪 90 年代后，“一个大气”的概念被提出，将整个大气作为研究对象，能在各个空间尺度上模拟所有大气物理和化学过程的第三代空气质量模式系统逐步发展起来。代表模式如美国环保局开发的 Model-3 系统[54]，包括源排放模式(SMOKE)、中尺度气象模式(WRF)和通用多尺度空气质量模型(CMAQ)三部分，可在局地、城市、区域和大陆等多种空间尺度上针对包含各种气态污染物和气溶胶成分在内的 80 多种污染物展开逐时模拟，并有更加完善的化学机制可供选择。由中科院大气物理研究所自主研发的嵌套网格空气质量预报模式系统(NAQPMS)也属于这一代产品[55]。下面就目前国内外应用最为广泛的第三代空气质量数值模型展开介绍。

7.2.3.2　应用广泛的数值模式

1）Models－3/CMAQ

美国环保署在 20 世纪 90 年代初开始开发新一代空气质量预报和评估系统 Models－3，经 6 年努力在 1998 年正式发布第一版本。Models－3/CMAQ 具有统一的动力框架，完善的化学机制，能够进行城市、区域、大陆尺度的空气污染模拟和预报工作，尤其关注对流层臭氧、颗粒物、酸沉降和有毒污染，时间尺度从几分钟至几星期，是第三代区域空气质量预报系统的代表。

Models－3 系统不仅能够进行空气质量的模拟与预报工作，还可以为环境决策提供科学依据，其开放式的计算平台和强大的模式工具加强了对模式结果的再分析和对污染源优化控制的研究能力。Models－3 由中尺度气象模式、排放源模式和公共多尺度空间质量模式 CMAQ(Community Multiscale Air Quality Model)三部分组成，其核心是公共多尺度空气质量模式 CMAQ，气象模式和排放源模式为 CMAQ 提供污染数值计算所需要的气象场和污染源排放清单。CMAQ 具有先进的动力框架，完善的化学机制，科学的参数化方案，被认为是目前最为先进的空气污染数值模式之一。

CMAQ 基于“一个大气”的理念设计完成，同时考虑大气中多物种和多相态的污染物以及它们之间的相互影响，克服目前模式主要针对单一物种的缺点。考虑化学输送平流模式过程、气相化学过程、烟羽处理等过程，同时包含有气溶胶模块，可计算气溶胶转化、干沉降、湿沉降等多个过程，提供 CB4、SAPRC99、RADM2 气相化学机制选项。

在技术层面上，CMAQ 采用单向嵌套技术、并行技术及通用数据格式。CMAQ 模式网格的嵌套功能为单向嵌套，即先算完母区域，再由母区域为子区域提供边界条件，驱动子区域的计算。嵌套计算的使用有效地减小了计算量，间接提高了模式预报的时效性。在并行方面上，CMAQ 模式采用 MPICH 消息通信并行方式，实现模式的并行计算。集合系统实现了 CMAQ 模式主模块化学传输模块 CCTM 在 Infiniband 网高效并行计算。CMAQ 模式采用通用数据格式 NETCDF，有利于各模式研究与应用小组研发数据交流，是未来空气质量模式发展方向，也为整个地球模式系统的耦合奠定基础。

(1) 模式组成。

CMAQ 模式由 6 个模块组成，核心是化学传输模块 CCTM。ICON 和 BCON 为 CCTM 提供污染场初始场和边界场，JPORC 计算光化学分解率，MCIP 是气象模式 MM5 和 CCTM 的接口，为 CCTM 提供气象驱动场，SMOKE 是排放源模式，为 CCTM 提供污染源排放清单输入。CMAQ 还包括两个后处理模块 PROCAN 和 AGGREGATION，前者用于对物理过程和化学过程的诊断分析，后者用于估算或预测排放源或污染物的季节和年际平均场。CMAQ 模块化的结构便于修改和维护,接受更多的数据来源。

图 7-2 阐述了用于模拟化学和污染物的 CMAQ 模式系统,还说明了 CMAQ 如何与 Models-3 其他的模式连接。Models-3 包括气象模式、污染排放模式和分析模块。CMAQ 模拟需要输入资料,例如气象数据和排放源数据。利用这些资料,CMAQ 化学输送模式(CCTM)可以模拟每个影响输送、转换、臭氧的去除、颗粒物和其他污染物的过程。

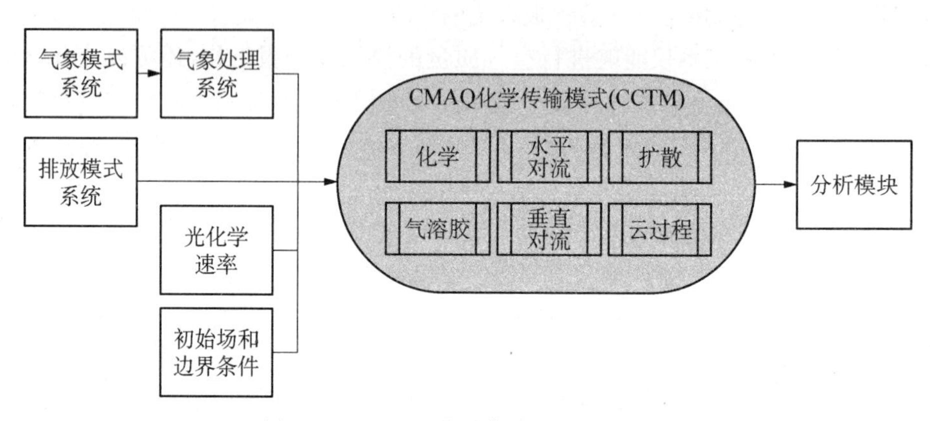

图 7-2　CMAQ 化学传输及其相关模块

(2) 气相化学。

在 CMAQ 中模拟对流层气态化学物的各种模块已经得以改进,涵盖从为工程设计的简单线性和非线性系统模型,到大气酸性、氧化性方程等相关的详细化学转化过程的综合全面的化学表述。在 CMAQ 的 4.6 版本中,气相化学物可以用 CB04(2005 年已更新到 CB05),以及 SAPRC99 光化学机制来进行模拟[56]。由于 CCTM 的模块化,用户还可以改变目前默认的光化学机制或者增加新的机制。为了计算随时间变化物种的浓度和它们形成/损耗的速率(称之为化学动力学),控制化学反应动力学和物种守恒的方程必须包括所有的物种。CCTM 利用特别的数值技术,这种技术称作化学处理,用来计算每个步长污染物的浓度和速率。

不同的处理算法被用来研究化学动力学,包括准确率的最佳平衡、广泛性,以及大气系统模块的计算效率。CCTM 现在包括解决气相化学转换的选项:ROS3、EBI 和 SMVGEAR。这个版本还包括特别程序来跟踪硫酸和有机碳物种。

(3) 光解作用。

CCTM 利用科学的技术来模拟光模块的光化学反应,光解作用以及它的反应速率是由太阳光驱动的。和非光化学反应的动力反应一样,光化学反应率说明在特定时间内有多少反应物生成。光解作用的速率是太阳辐射总量的一个方程,而太阳辐射会根据时间、季节、纬度、地形特征而改变。太阳辐射也会受云量、气溶胶吸收和大气散射等因素影响。光解率也取决于物种分子属性，如吸收截面（当有效分子领域的一个特定的物种吸收太阳辐射时，导致了阴影区域背后的粒子）。这些分子属性取决于入射辐射波长以及温度（因此，取决于光子能）。因此，估算光解率与这些温度和波长的关系就更复杂了。CCTM 模式系统包括一个先进的光解模块（JPROC）来为 CCTM 的光解模拟计算出随时间变化的光解率。

（4）扩散和对流。

CCTM 里，对流过程分为水平和垂直两方面。这种分类是因为大气的平均运动是水平的。垂直运动常常和动力与热力的相互作用密切相关。对流过程依赖于连续方程的质量守恒特性。在空气质量模拟中使用 MCIP 的动力热力一致性的气象数据可以保持数据的一致性。当气象资料和数值平流算法不完全一致时，就需要一个修正的平流方程[57]。CMAQ 中的水平对流模块使用 PPM[58] 方法。垂直对流模块在模式底和模式顶都没有质量的交换来解决垂直对流。CMAQ 也用 PPM 作为垂直对流模块。CCTM 的 PPM 算法和陡峭程序是垂直对流默认的方案，因为光化学空气条件观测发现示踪物浓度有强的梯度。

（5）颗粒物。

CCTM 用了一种颗粒物模型[59]来模拟 $PM_{2.5}$（粒径等于或小于 2.5 μm 的颗粒物），粗颗粒物（粒径大于 2.5 μg 但等于或小于 10 μg 的颗粒物），以及 PM_{10}（粒径等于或小于 10 μg 的颗粒物）。$PM_{2.5}$又被分成了艾特肯和累积模型。目前粗颗粒物主要代表扬尘和普通人为源物种。PM_{10}是 $PM_{2.5}$和粗颗粒物的总和。

（6）云和水相化学。

云是空气质量模拟中非常重要的组成部分，它在水相化学反应、污染物的垂直混合，以及污染物的湿清除方面都起着重要的作用。云还通过改变太阳辐射间接影响污染物浓度，影响光化学污染物，例如臭氧以及生物源的排放量。CMAQ 中的云模块可模拟与云物理及化学相关的几个过程。CMAQ 中可模拟三种云：次网格降水云、次网格非降水云以及网格云。

（7）烟羽模块（PinG）。

模拟高大点源次网格尺度的烟羽抬升和扩散，包括其动力过程和化学过程。CCTM 的动力扩散模型（PDM）考虑了由于湍流、纯粹过程以及排放位置所导致的抬升高度、垂直/水平增长。当一定的物理尺度或化学规则耦合在一起时，拉格朗日烟羽反应模型说明了相关的次网格羽动力及化学过程，并将羽物质混合到了网格的交叉点中。PinG 主要是为较大分辨率的网格模拟设计的（36 km 和 12 km），对于较小尺度如 4 km，则不能调用。分辨率较小时，排放源将直接排放到网格点中，次网格范围的排放羽分辨率则并不需要。可假设分辨率较小时排放源会立刻得以混合。

2) NAQPMS

嵌套网格空气质量预报模式系统 NAQPMS 是中科院大气物理研究所自主研发的区域-城市空气质量模式系统，它充分借鉴吸收了国际先进的天气预报模式、空气污染数值预报模式等的优点，并体现了中国各区域、城市的地理、地形环境、污染源排放等特点。该模式可代表现今国内空气质量模式发展的水平，并被国家"十五"科技攻关项目选定为区域示范模型之一。

该套数值模式系统在计算机技术上采用高性能并行集群的结构，低成本地实现了大容量高速度的计算，从而解决了预报时效问题；在研制过程中考虑了自然源对城市空气质量的影响，设计了东亚地区起沙机制的模型；并采用城市空气质量自动监测系统的实际监测资料进行计算结果的同化。该模式系统被广泛地运用于多尺度污染问题的研究，它不但可以研究区域尺度的空气污染问题(如沙尘输送、酸雨、污染物的跨国输送等)，还可以研究城市尺度的空气质量等问题的发生机理及其变化规律，以及不同尺度之间的相互影响过程。NAQPMS 模式成功实现了在线的、全耦合的包括多尺度多过程的数值模拟，模式可同时计算出多个区域的结果，在各个时步对各计算区域边界进行数据交换，从而实现模式多区域的双向嵌套。同时，模式系统的并行计算和理化过程的模块化有效保证了 NAQPMS 模式的在线实时模拟。目前该模式系统已成功地模拟了我国台湾局地的海陆风和山谷风与当地的臭氧浓度分布的影响、我国和东亚地区硫化物与黄沙输送、沙尘对东亚地区酸雨的中和作用等。此外，该模式系统采用高性能并行集群的结构，低成本地实现了大容量高速度的计算，确保了预报时效，在此基础上的业务系统实现了高度自动化，在整个预报过程中不需要任何人工操作，已连续五年为台湾春季沙尘密集观测计划提供了实时预报结果，台湾大学及"中央研究院"研究中心均采用此系统研究台湾高污染(臭氧和悬浮颗粒物)的形成和产生机制，并为台湾南部的观测实验提供预报结果。该系统已在上海等全国多个城市环保系统中投入业务运行，支持每日空气质量的数值预报工作，取得了较好的效果。该套数值预报系统在 2008 年北京奥运会、2010 年上海世博会和 2010 年广州亚运会环境空气质量保障中均发挥了不可或缺的科技支撑作用。

NAQPMS 模式成功实现了在线的、全耦合的包括多尺度多过程的数值模拟，模式可同时计算出多个区域的结果，在各个时步对各计算区域边界进行数据交换，从而实现模式多区域的双向嵌套。数据格式采用大气科学界通用格式 GrADS 格式，可用 GrADS 软件直接画图分析，同时较容易实现自动作图分析，GrADS 绘图软件具有较强的大数据读取功能，绘图效率高。同时，模式系统的并行计算和理化过程的模块化则有效地保证了 NAQPMS 模式的在线实时模拟。NAQPMS 模式已经实现在 Infiniband 高效局域网的高效并行计算。

NAQPMS 模式包括了平流扩散模块、气溶胶模块、干湿沉降模块、大气化学反应模块。大气化学模块的反应机制有 CBMZ、CB4 可供选择，其中 CBMZ 是基于 CB4 发展起来的按结构分类的一个新的归纳化学机理。CB4 机制主要应用于城市尺度的模拟，对一些物种和化学反应作了一定的简化。引入 CBMZ 化学反应机制并将其耦合入 NAQPMS 中，以提高模式对区域尺度臭氧等化学反应活跃的大气污染物的模拟能力。相比较 CB4，CBMZ 在活性长寿命物种及中间产物的化学反应、无机物的化学反应、活性烷烃、石蜡以及芬芳烃的化学反应、若干自由基以及异戊二烯的化学反应等方面考虑得更为全面周到。该机制还发展出包括背景条件、城市、远郊和生物区以及海洋等四个反应场景的反应模式，适用于全球、区域和城市尺度的研究。同时该模式发展出一套独特的污染来源与过程跟踪分析模块，在线实时解析大气污染模式过程，突破大气物理化学过程的非线性问题，通过基本假定，跟踪大气复合污染过程，实现污染来源的反向追踪与定位，形成一种大气污染分析来源与过程的新技术手段，对了解污染物来源有重要意义。

NAQPMS 模式系统由四个子系统构成，即基础数据系统、中尺度天气预报系统、空气污染预报系统和预报结果分析系统，系统结构框架如图 7－3 所示。

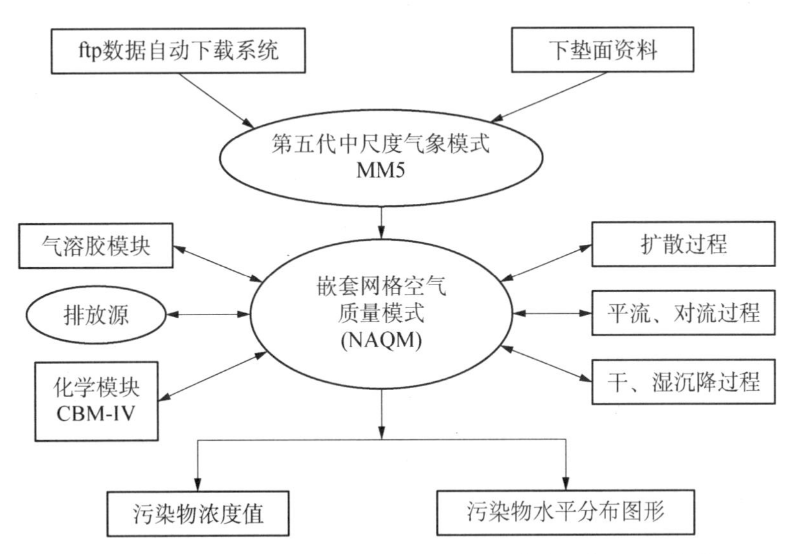

图 7－3　NAQPMS 嵌套网格空气质量预报模式系统的主要架构

（1）基础数据子系统。

基础数据子系统是整个空气污染数值预报业务系统的基础，它包括下垫面资料（USGS）、污染物资料（WYGE）、气象资料（NCEP）和实时监测污染物的监测资料（JCGE）4 个部分。

下垫面资料采用 USGS 的植被、地形高度等资料，污染源资料有主要大气污染源烟尘的排放浓度资料和每个污染源的地理经纬度资料，全部区域划分为诸多网格，每个网格作为一个污染面源的TSP浓度资料和网格的地理经纬度资料，上面两部分系统在数据系统初始化前作为基础数据输入和存储在数据库中，以后有了新的数据可以随时输入或替换旧的数据。

气象资料的获得是开展城市空气污染预报最重要的基础，这里所说的气象数据并不是原始台站的气象实测数据，而是经过GCM(全球大气环流模式)处理后的网格化气象数据。GCM提供的网格化气象数据包括两类数据，一是再分析数据，即实测气象数据经过资料同化后的网格化气象数据，作为GCM模式和中尺度气象模式的初值；另一类是GCM预报数据，作为GCM的预报结果和中尺度模式的边界条件或初值。

(2) 中尺度天气预报系统。

NAQPMS模式系统中采用第5代中尺度天气预报模式(MM5)进行气象场的模拟，为空气质量预报子系统提供逐时的气象场。MM5是美国国家大气科学研究中心(NCAR)与宾夕法尼亚州州立大学合作发展的第五代中尺度静力/非静力模式。由于MM5的模式源代码完全公开，在全球各国大气物理科学家的共同努力下，MM5现已发展成目前全球最成熟的中尺度天气预报系统之一。

(3) 空气质量预报子系统(NAQPM)。

空气质量预报子系统(NAQPM)为整个模式系统的核心，其空间结构为三维欧拉输送模式，垂直坐标采用地形追随坐标。水平结构为多重嵌套网格，采用单向、双向嵌套技术，分辨率为3～81 km，垂直不等距分为20层。其中考虑的主要污染物包括SO_2、NO_x、C_mH_n、O_3、CO、NH_3、PM_{10}、$PM_{2.5}$等，主要处理污染物之排放，平流输送、扩散，干、湿沉降和气相、液相及非均相反应等物理与化学过程。

(4) 预报结果分析系统。

此模块主要是对模式的输出结果进行转化，使用GrADS、Vis5D等图形处理软件以及Dreamweaver、Javascript、HTML等网页制作软件将模式的输出结果进行可视化并进行网络发布，使得公众更为直观清晰地了解污染物的变化情况。

3) WRF-Chem

WRF-Chem模式是由美国NOAA预报系统实验室(FSL)开发的，是气象模式(WRF)和化学模式(CHEM)在线完全耦合的新一代区域空气质量模式。该模式广泛应用于国内外科研院所开展大气污染领域研究。

研究人员的目的是将WRF设计成一个灵活先进的大气模拟系统，能够方便、高效地在并行计算平台上运行，可应用于几百米到几千公里尺度范围，具有广泛的应用领域，包括理想化的动力学研究(如大涡模拟、对流、斜压波)、参数化研究、数据同化、业务天气预报、实时数值天气预报、模型耦合、教学等。

WRF系统组成包括动力学求解器、物理过程及其接口、初始化程序、WRF-Var以及WRF-Chem。其中，WRF提供了两种动力学求解器：ARW和NMM。

前者主要由 NCAR 开发，采用地形追随坐标及 Arakawa - C 网格，侧重科学研究；后者由 NCEP 开发，采用地形追随混合垂直坐标及 Arakawa - E 网格，主要用于业务化预报。

作为最新发展的区域大气动力-化学耦合模式，WRF - Chem 的最大优点是气象模式与化学传输模式在时间和空间分辨率上完全耦合，实现真正的在线传输。模式考虑输送(包括平流、扩散和对流过程)、干湿沉降、气相化学、气溶胶形成、辐射和光分解率、生物所产生的放射、气溶胶参数化和光解频率等过程，其流程如图 7 - 4 所示。

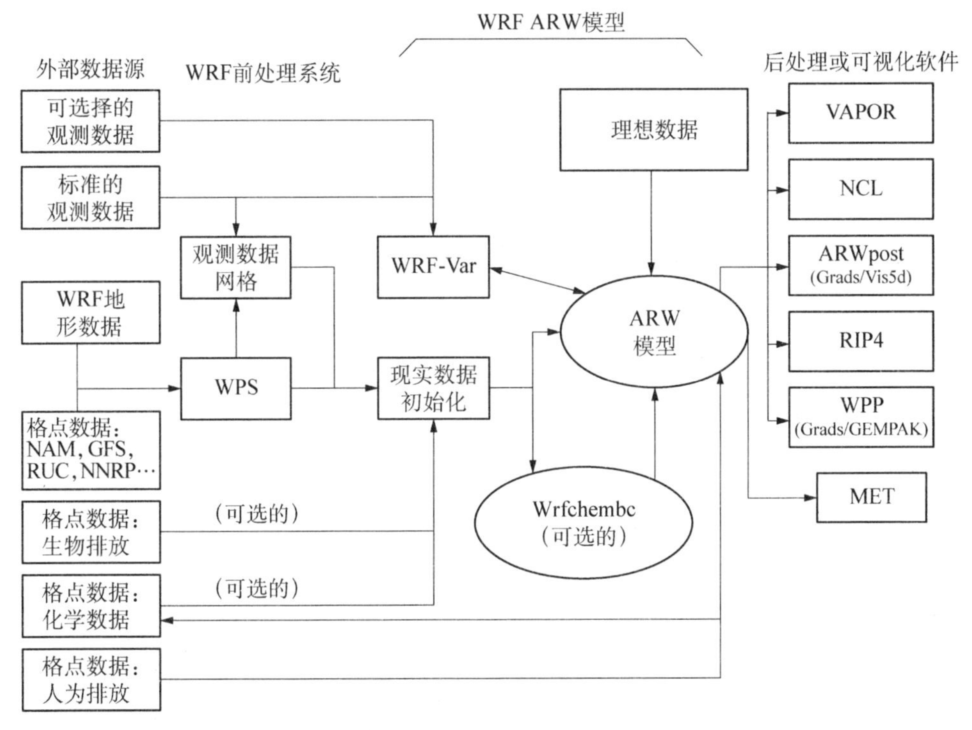

图 7 - 4　WRF - Chem 流程

WRF - Chem 包含了一种全新的大气化学模式理念。它的化学和气象过程使用相同的水平和垂直坐标系，相同的物理参数化方案，不存在时间上的插值，并且能够考虑化学对气象过程的反馈作用。有别于这之前的大气化学模式，如 SAQM 模式、CALGRID 模式、Models - 3/CAMQ 模式等，它们的气象过程和化学过程是分开的，一般先运行中尺度气象模式，得到一定时间间隔的气象场，然后提供给化学模式使用。这样分开处理以后，存在一些问题：首先，利用这样的气象资料驱动化学过程的时候就存在时间和空间上的插值，而且丢失了一些小于输出间隔的气象过程，如一次短时间的降水等，而这些过程对化学过程来说可能是很重要的；其次，气象模式和化学模式使用的物理参数化方案可能是不一样的；再次，不能考虑化学过程对气象过程的反馈作用。事实上，在实际大气中化学和气象过程是同时发生的，并且能够互相影响，如气溶胶能影响地气系统辐射平衡，气溶胶作为云凝结核，能影响降水，而气温、云和降水对化学过程也有非常强烈的影响。因此，WRF-Chem 能够模拟再现一种更加真实的大气环境。

WRF 模式系统是美国气象界联合开发的新一代中尺度预报模式和同化系统。WRF 模式是一个可用来进行 1～10 km 内高分辨率模拟的数值模式，同时，也是一个可以做各种不同广泛应用的数值模式，例如：业务单位正规预报、区域气候模拟、空气质量模拟、理想个例模拟实验等。故此模式发展的主要目的是改进现有的中尺度数值模式，例如：MM5(NCAR)、ETA(NCEP/NOAA)、RUC(FSL/NOAA)等，希望可以将学术研究以及业务单位所使用的数值模式整合成单一系统。这个模式采用高度模块化、并行化和分层设计技术，集成了迄今为止在中尺度方面的研究成果。模拟和实时预报试验表明，WRF 模式系统在预报各种天气中都具有较好的性能，具有广阔的应用前景。

化学模式 CHEM 包括了污染物的传输和扩散、干湿沉降、气相化学反应、源排放、光分解、气溶胶动力学和气溶胶化学(包括无机和有机气溶胶)等，并且每一个过程也都是高度模块化的，有利于模式的扩展和维护，也有利于用户选择最合适自己的方案。

7.2.4 集合预报

数值预报的不确定性主要来源于大气初始状态的不确定性和预报模式本身如侧边界条件、各种参数化方案等的不确定性，大气运动的非线性特征决定了无论来自初始场还是来自模式本身的极小误差在模式积分过程中将被放大，导致模式在一定时间后失去可预报性。基于大气的这一混沌性特征，Epstein[60] 和 Lorenz[61] 提出了集合预报的思想和方法。

随着计算机条件的改善和数值模式的发展，集合预报技术在近几年取得了一些重大进展，其中最显著的是从单纯的初值问题延伸到模式的物理不确定性问题，进而发展了多模式集合预报技术。多模式集合预报技术的发展，避免了单一模式中由于改变参数化方案从而改变模式最佳表现状态的问题。这一方法可以同时使用两个或两个以上的模式，然后把这几个子集合预报的值汇成一个确定性的结果，称为超级集合(super-ensemble)预报。该技术由 Krishnamurti 于 1999 年提出，它利用多个模式的输出结果，根据这些模式过去的性能对其预报进行统计订正，以获得最好的决定性预报[62]。目前集合模式预报技术已在北京、上海等地开展了长期业务应用，取得了一系列研究进展[63, 64]。

除集合预报方法外，资料同化技术也是改善模式预报效果的重要手段。相对于数值模式，利用各种手段观测得到的数据通常被认为比模式结果准确率更高、可信度更大。但观测数据在时间、空间分布上受很大限制。因此，如何综合观测信息和模式结果给出最优估计，以及对模式不确定因素给出更准确的估计，都是资料同化方法所涉及的问题。

资料同化是20世纪60年代初随着气象领域数值计算和数值预报业务的发展而发展起来的一种能够将观测数据和理论模型相拟合的方法，它可以最大限度地提取观测数据所包含的有效信息，提高和改进分析与预报系统的性能。目前资料同化正不断得到发展和完善，逐渐由理论走向实际应用，为数值模式的发展和应用开辟了新的途径，已经广泛地应用在气象、海洋等领域[65]。

国外对资料同化在空气质量预报中的应用研究起步较早，始于20世纪70年代初，研究内容主要是针对与空气质量数值预报相关的浓度初始值、边界值、排放清单、模型参数、气象场等方面展开的，旨在提高空气质量预报的准确程度。

采用的具体方法包括卡尔曼滤波、减秩平方根(PRSQRT)滤波、集合卡尔曼滤波等。随着观测手段的不断提高和计算机技术的不断发展，松弛逼近、变分分析等方法逐渐引入空气质量预报中。松弛逼近和变分分析是连续四维资料同化中两种主要的方法。相对于国外，国内关于资料同化在空气质量预报中的研究较少，开始于21世纪初，所采用的方法主要是卡尔曼滤波法，研究的内容主要是由卡尔曼滤波法建立可变的预报递推模型，根据新增加的资料不断修正模型参数以提高预报的准确率。

到目前为止，资料同化在空气质量预报的应用研究中，经过同化后的气象场作为空气质量预报模型的输入以及污染物浓度初始场的改进对空气质量预报的影响仍是研究的两个主要方向。随着优化控制理论的引入，关于污染源排放清单的优化以及模型参数的优化等问题的研究也逐渐开展起来。其具体应用情况如下所述。

7.2.4.1　用于空气质量模型系统的气象场同化研究

空气污染物经排放进入大气层后，其活动决定于各种尺度的大气过程，这些过程包括：水平平流和扩散、垂直平流和扩散、干沉积、湿沉积等，因此，气象条件是影响空气污染物浓度分布的一个重要因子。近年来，将气象数据进行资料同化作为空气质量预报的一个预处理过程已经得到了广泛的关注。气象场是空气质量模型的一个输入部分，气象数据的准确程度对空气质量预报具有重要影响。空气质量模型所需要的网格化气象数据可以由往年气象观测数据建立经验性诊断模型后得到，也可以由动力模型(带有/不带有资料同化)经过模拟后得到。随着高速计算机和四维资料同化的引入，气象预报的时空分辨率得到了很大的改善。这些都对空气质量预报的改善起到积极作用。

7.2.4.2　空气质量预报模式的初始场改进

模式启动时，需要预报区域内和边界上每个网格点的浓度初值，这些初值常常是由观测资料经过网格处理后得到的，由于观测的时空分布很不均匀，存在时间误差、空间误差和观测误差。此外，不同的空气质量预报模式是根据不同的特定的目标而设计和建立的，因此模式往往着重考虑的是特定尺度、特定时段的动力、热力或其他特征，而观测数据一般是空气污染物的某一状态的抽样，因此模式所需要的初值和观测资料之间有一定的差别，直接将观测数据输入模式进行计算，可能会对模式产生冲击，甚至破坏模式的正常运行。为了确保预报结果的合理性和预报精度，需要对初始场进行同化处理。国内外一系列研究表明经同化后的初始场可以改善污染物浓度的预报结果[66—68]。

7.2.4.3 排放清单和模型参数的优化

源模型（source model）是根据排放源条件和气象条件计算受体处的污染物浓度。它的物理意义明确，但是由于模型的输入、参数以及算法等并非完全理想，因此降低了模型的准确度。受体模型（receptor model）则是根据在受体处测得的颗粒物浓度和排放源的化学成分估计排放源的贡献。它不要求调查每个排放源的排放强度、位置等具体信息，不考虑污染物在大气中的散布过程，无需气象资料，能解决某些扩散模型难以处理的问题。但是受体模型，特别是某些多元受体模型，在处理相同数据时可能得到多个结果，需要使用者根据物理意义和实际情况选择合理的结果；受体模型通常只能解析出某类排放源的贡献，而不像源模型那样可以计算单个排放源的贡献；难以对较小的源进行解析。将受体模型和源模型结合起来，受体模型可以根据在受体处测得的污染物浓度值来调整和优化源模型的排放清单和模型参数，此时受体模型就是一个反演模型。对于反演问题的求解，资料同化方法扮演了重要的角色，为环境管理者提供了更加准确的污染源排放数据和模型参数。

7.2.5 动力统计预报

目前客观定量的预报方法有 3 种，即数值预报、经典统计预报和动力统计预报。近年来，数值预报物理基础坚实，其天气形势预报已超过人的经验预报水平，并不断提高和完善。但由于城市下垫面环境复杂，数值模式中所需要的边界条件及初始条件存在不确定性，且高分辨率排放清单精度不高，导致数值预报结果的精度差强人意。经典统计预报虽然客观，但缺乏坚实的物理基础，难以周密考虑预报因子与预报对象之间的物理联系，因子的选取也因人而异，准确率往往不够稳定，效果不佳。数值预报与经典统计预报相结合的动力统计预报方法，是利用数值预报的形势预报（包括某些物理量和要素预报）作为因子，通过统计方法预报局地要素和天气，随着数值预报模式的不断改进，动力统计预报方法的准确率也随之提高。

国内研究者长期从事空气质量预报系统的研制开发工作，并在很多城市进行过大气污染预报试验，但真正在国家级业务平台上投入使用的空气质量模式系统非常有限。一方面是因为空气质量数值预报涉及多个部门，而我国部门之间的资料共享和传输尚未完全建立；另一方面，当前污染源排放清单依然是制约空气质量模式预报水平的瓶颈，数值预报水平尚有待提高，大多数省市级环保部门仍然使用经验方法进行空气质量预报，以上原因也限制了我国空气质量预报方法的改进和提高。也有学者采用统计方法进行空气质量的预报试验，但预报模型仅局限于前后期的污染物和气象要素观测资料，并没有将污染数值模式产品加以应用。国内外关于动力统计方法在气象数值预报领域的广泛应用表明，动力-统计相结合的方法能够改善数值模式产品的不确定性，显著提高其预报效果。

动力统计预报方法按其处理手段的不同可分为 PP 法和 MOS 法两种。PP 法是以数值预报模式制作的环流预报为依据，先建立实际环流参数与预报对象间同时的统计关系-预报方程，然后用数值预报的环流参数，根据已建立的预报方程制作要素预报。这种方法的优点是：①预报方程不受数值模式改变的影响，较适用于在没有大量预报图积累的初期阶段使用，也可同时利用几个不同的数值预报模式进行性能比较。②能充分利用大量的历史资料，有利于制作小概率天气的预报，缺点是没有考虑数值预报的误差。因此，数值预报的成败直接影响本方法的效果。MOS 法是利用数值预报的环流参数与预报对象间建立同时的统计关系-预报方程。即得到数值预报的环流参数后，使用已建立的预报方程做出具体要素预报。一般认为 MOS 法优于 PP 法，“至少是用均方根误差鉴定预报性能时是如此”。究其原因，MOS 法能在某种程度上考虑数值模式的系统性误差，缺点是预报方程随数值模式改变而改变。当数值模式已经稳定，并积累了足够长时间的数值预报图后，选用 MOS 法效果较优。

使用动力统计预报方法时应注意以下问题：①对数值预报能力要有所了解。无论使用哪种数值预报产品都必须统计其误差分析和预报能力，尽量选择影响大，误差小的因子，并了解相关误差，可以减少使用中的盲目性。②选择预报因子。以预报经验为线索选择因子，并不断在实践中总结，也可以通过机器普查因子，另外建议选入少量实况因子，用以弥补数值预报的不足。③数学处理。对因子进行综合的数学处理方法，应以严谨、简便为原则，根据相关文献报道，不同的统计方法，如多元回归、多元逐步回归、模糊聚类、逻辑代数及训练迭代等方法，相比之下，效果大同小异，因此，重要的不是综合因子的数值方法，关键是需选入好的预报因子。

7.3　$PM_{2.5}$预警

$PM_{2.5}$预警是指 $PM_{2.5}$浓度上升到对人体健康造成危险的程度，并根据以往的规律或观测，预计将持续一段时间，在此情况下为避免或减轻对公众的伤害，政府部门采取的一系列应急措施。按照执行效力的地理范围，$PM_{2.5}$预警可分为区域预警、省级预警和市级预警等。区域预警是指基于灰霾污染的区域性、复杂性，要控制灰霾，需要区域内相关管理部门和企事业单位联防联控，统一行动、统一政策。省级预警是指在各省、直辖市行政区域范围内，政府部门为应对空气重污染而采取的应急措施。市级预警是指在各市行政区范围内，政府部门为应对空气重污染而采取的应急措施。其中，区域预警效力最大，省级预警和市级预警的方案不能与区域预警相矛盾；省级预警效力高于市级预警，市级预警方案不能与省级预警相矛盾。

7.3.1 国外发展现状

7.3.1.1 新加坡

每年 6 月至 10 月是东南亚地区的传统旱季，主要由土地清理和“刀耕火种”等农业行为引起的土地和森林火灾易发，成为东盟南部地区的一个长期问题。这些火灾产生的灰霾严重污染了周围的环境空气，成为新加坡出现重污染天气的主要原因。新加坡在应对这些灰霾污染的过程中积累了许多经验，采取了一系列应急措施。受周边火灾影响，1994 年新加坡最高污染标准指数(PSI)达到 142。为应对本次灰霾污染，新加坡成立了一个跨部门灰霾行动小组(Inter-Agency Haze Task Force, HTF)，由国家环境局(NEA)主持，包括了教育部、社会及家庭发展部、国防部和内政部等 23 个政府部门和机构，旨在减轻灰霾对公众的影响。灰霾行动小组制订了灰霾行动计划，在 24 小时污染标准指数超过了 100 并达到“不健康”等级时，该行动计划将会被激活。行动小组各成员机构在各自负责监督的领域内制订并实施相应的灰霾支持计划(Haze Support Plans)。

灰霾支持计划从环境、健康、交通、公共通信、基础设施、教育和社区、安全等方面采取一系列应对措施。例如，环保部门向公众及时发布环境空气质量监测数据和气象条件，告知灰霾对健康的潜在影响及防护措施；教育部向学校下发关于限制户外运动的通知；社会及家庭发展部要求托儿中心和幼稚园取消所有户外活动，密切观察孩童的健康状况，如有孩童生病，校方必须通知家长，立即将孩子送去就医；国防部的行动指导将根据污染指数调整户外训练，通过修改户外活动的性质和强度，将能确保士兵安全地进行训练。

2013 年 6 月 20 日，受苏门答腊中部火灾影响，新加坡污染标准指数一度升至 371，空气污染程度达到有史以来最严重程度。为应对空气重污染，新加坡召集灰霾行动小组，启动了灰霾行动计划，为保障公众健康安全起到了重要作用。

7.3.1.2 美国

20 世纪 50 年代，美国大气污染问题频发，特别是光化学烟雾对公众健康造成严重威胁。在处理大气污染紧急事件的过程中，政府环境管理部门逐渐意识到建立完善的重污染预警体系的必要性。经过不断积累经验，美国建立了一套适合本土的预警体系，包含4大关键要素：各污染物的触发水平、各阶段的要求（预警分级）、针对排放源的行动计划、应急方案。其中，各污染物的触发水平需要综合考虑当前环境空气质量、气象条件、光化学反应条件等因素；按照分级预警的原则，预警体系分为三个阶段，随着污染程度的加重而提高；行动计划是针对本地污染源解析结果而制订的；按照规定，各大工业和企业需制订应急方案，提交环境管理部门审查和批准，并严格实施。

各预警阶段及其应急方案随污染程度加重逐步升级：阶段1期间，告知公众、学校、医院，自发地采取应急措施；阶段2期间，在阶段1的基础上增加一些强制性措施，例如中止户外体育活动等；阶段3期间，在阶段2的基础上采取更多的强制性措施，例如驾驶禁令、暂停工业活动等。

7.3.2 国内发展现状

伴随经济的飞速发展，我国的环境问题也越来越突出，先后出现区域性的酸雨、光化学烟雾、灰霾等大气污染问题。为应对重污染天气，政府、科研院校等做了大量努力，从最初的临时性应急工作到建立长效机制，我国空气质量监测预警应急体系的发展是一个不断完善的过程。国家投入了大量资源，出台了一系列的法律、法规、政策、行动计划、技术指南等，并取得了显著成效。

7.3.2.1 临时性预警应急体系

起初，我国主要在举办重大体育赛事和会议时，制订和实施一系列预警应急措施来保障赛会的顺利进行。从组织保障、预警流程、应急措施等方面逐渐进行改进，使预警体系更适合当地情况，为之后建立系统的、完善的监测预警应急体系奠定基础。

2008年北京奥运会时，北京为了实现蓝天达标的承诺，累计投入了1 200亿来治理空气污染。2007年10月，国务院批准了由环境保护部和北京、天津、河北、山西、内蒙古和山东6省区市共同制订的《第29届奥运会北京空气质量保障措施》。为落实《保障措施》，6省区市政府先后制订并发布了相关实施方案，在控制燃煤污染、机动车污染、工业污染、扬尘污染等方面实施严格的污染治理和临时减排措施：关停首都钢铁集团5座高炉中的4座，北京市及周边约1 100家制造厂停产，1.63万个燃煤锅炉改为清洁燃料，北京市内实行私家车单双号限行措施等。

为防止极端不利气象条件的出现，保障运动员身体健康，环境保护部、北京市、天津市、河北省政府共同制订了《北京奥运会残奥会期间极端不利气象条件下空气污染控制应急措施》。如遇极端不利气象条件的影响，空气污染加重，预测未来48小时空气质量超标时，在保障措施的基础上，将进一步加大停产停业限行措施的力度，经总指挥部批准后由北京市、天津市和河北省负责组织实施，环境保护部负责协调监督。

上海作为北京奥运会的协办城市，在空气质量保障工作方面积累了一定经验，为2010年上海世博会奠定了基础。为做好世博会的空气质量保障工作，上海市环境保护局组织编制了《2010年上海世博会环境空气质量保障措施》，成立世博会环境空气质量应急保障工作领导小组，市环保局领导任组长，负责环境空气质量应急保障工作的组织协调。领导小组下设联络组，具体负责与各应急保障成员单位的联系。应急保障成员单位包括市发展改革委、市经济信息化委、市建设交通委、市农委、市绿化市容局、市气象局、市环保局和各区县环保局，各成员单位指定一名联络员负责与联络组的信息沟通。

当预报API在90～100之间时，联络组组织相关部门和单位召开污染预警会商，提出预警联动的范围和具体内容建议，报领导小组签发。当预报API达到100以上时，联络组立即提出预警建议，报领导小组签发。根据领导小组签发意见，联络组通过短信和传真方式发布《空气污染预警通知》至相关应急保障成员单位。相关应急保障成员单位应根据《上海市人民政府办公厅关于转发市环保局制订的〈2010年上海世博会环境空气质量保障措施〉的通知》（沪府办[2010]6号）中关于环境应急保障工作的内容和职责分工，立即启动应急保障措施，落实各项减排要求。

7.3.2.2 建立长效机制

随着大气污染问题的不断加重，政府认识到有必要建立预警应急的长效机制。同时，各种赛会的空气质量保障工作积累了很多经验，建立监测预警应急体系的时机也越来越成熟。

为贯彻落实《国务院关于加强环境保护重点工作的意见》（国发〔2011〕35号）、《国家环境保护"十二五"规划》（国发〔2011〕42号）和第七次全国环境保护大会精神，全面实施新修订的《环境空气质量标准》（GB 3095—2012），加快建设先进的环境空气质量监测预警体系，环境保护部于2012年3月23日发布了《关于加强环境空气质量监测能力建设的意见》，提出加快建设先进的环境空气质量监测预警体系。

为提高城市大气重污染预防预警和应急响应能力，切实保障人民群众身体健康，指导县级以上城市人民政府大气重污染应急预案的编制工作，2013年以来中国政府部门出台了一系列有关 $PM_{2.5}$ 预警的文件，如表7-1所示。2013年5月6日环境保护部出台《城市大气重污染应急预案编制指南》，规定了应急预案编制的程序、内容等基本要求，具有重要的指导意义。

2013年9月10日，国务院印发《大气污染防治行动计划》，明确提出"建立监测预警应急体系，妥善应对重污染天气"、"到2014年，京津冀、长三角、珠三角区域要完成区域、省、市级重污染天气监测预警系统建设；其他省（区、市）、副省级市、省会城市于2015年底前完成"，并对应急预案的制订和实施等进行了规定。

表7-1　2013年以来中国政府部门出台的一系列有关$PM_{2.5}$预警的文件

序号	文　　件	印发时间
1	城市大气重污染应急预案编制指南	2013.5.6
2	关于做好大气污染源清单编制工作的通知	2013.6.26
3	关于发布《大气颗粒物来源解析技术指南(试行)》的通知	2013.8.14
4	国务院关于印发大气污染防治行动计划的通知	2013.9.10
5	关于认真学习领会贯彻落实《大气污染防治行动计划》的通知	2013.9.13
6	京津冀及周边地区落实大气污染防治行动计划实施细则	2013.9.18
7	京津冀及周边地区重污染天气监测预警方案	2013.9.27
8	关于做好2013年冬季大气污染防治工作的通知	2013.11.1
9	关于加强重污染天气应急管理工作的指导意见	2013.11.18
10	关于做好空气重污染监测预警信息发布和报送工作的通知	2013.12.6
11	关于做好重污染天气信息报告工作的通知	2014.1.20
12	关于春节期间加强环境质量监测预警工作的通知	2014.1.23
13	关于落实大气污染防治行动计划严格环境影响评价准入的通知	2014.3.25
14	大气污染防治行动计划实施情况考核办法(试行)实施细则	2013.7.21
15	关于加强重污染天气应急预案编修工作的函	2014.11.3
16	国务院办公厅关于加快应急产业发展的意见	2014.12.8
17	中华人民共和国大气污染防治法	2015.8.29

7.3.3　应急预案编制情况

按照《大气污染防治行动计划》和《城市大气重污染应急预案编制指南》等要求，全国各省区市积极落实预案编制工作，如表7-2所示。截至2015年3月，全国近20个省(区、市)、近2/3的地级市编制了应急预案，建立了相应的领导组织架构，共发布200余次重污染天气预警并采取响应措施，在削减空气重污染峰值、降低重污染频次、保障群众健康等方面发挥了积极作用。

应急预案一般由环境保护厅(局)牵头组织，会同各职能部门编制应急预案。编制应急预案前，调查、分析当地大气环境、自然和社会等数据，培养大气污染预测技术人才队伍。组织专家、公众制定和改进应急预案。应急预案内容包括组织机构和职责、监测、预警发布与解除、预警分级、预警措施、响应程序和分级、响应措施等。

表 7-2 全国主要省、自治区、直辖市重污染天气应急预案编制情况

省(市)	预案名称	印发时间
天津市	天津市重污染天气应急预案	2013.10.26
山东省	山东省重污染天气应急预案	2013.11.4
河北省	河北省重污染天气应急预案	2013.12.16
北京市	北京市空气重污染应急预案(试行)	2013.12.21
山西省	山西省重污染天气应急预案	2013.12.25
安徽省	安徽省重污染天气应急预案	2013.12.30
上海市	上海市空气重污染专项应急预案	2014.1.1
四川省	四川省重污染天气应急预案	2014.1.13
吉林省	吉林省重污染天气应急预案	2014.1.15
内蒙古自治区	内蒙古自治区重污染天气应急预案	2014.1.21
广东省	珠江三角洲区域大气重污染应急预案	2014.1.28
青海省	青海省重污染天气应急预案	2014.2.12
江苏省	江苏省重污染天气应急预案	2014.2.19
甘肃省	甘肃省重污染天气应急预案	2014.2.19
浙江省	浙江省大气重污染应急预案(试行)	2014.3.6
福建省	福建省大气重污染应急预案	2014.4.4
陕西省	陕西省重污染天气应急预案	2014.9.26
河南省	河南省重污染天气应急预案	2014.10.21
北京市	北京市空气重污染应急预案	2015.3.16

7.3.3.1 组织保障

为保障重污染天气应急预案的有效实施,各省区市根据要求建立了一套完善的领导组织体系。重污染天气应急指挥部负责指挥、组织、协调全省(或自治区、市)重污染天气预测预警、应急响应、检查评估等工作,总指挥由(副)省长(或自治区(副)主席、(副)市长)担任。

重污染天气应急指挥部下设重污染天气应急指挥部办公室,负责组织落实重污染应急指挥部的决定,协调和调动成员单位应对空气重污染应急相关工作;收集、分析工作信息,及时上报重要信息;负责发布、调整和解除预警信息;配合有关部门做好空气重污染新闻发布工作。重污染天气应急指挥部办公室设在省(或自

治区、市）环保厅（局），由环保厅（局）长担任办公室主任。

重污染天气应急指挥部成员单位由各有关职能部门和各市（或自治州、区县）政府组成。各成员单位按照职责分工制订细化实施分预案，并在规定时间内报指挥部办公室备案。在空气重污染发生时有效组织落实各项应急措施并对执行情况开展监督检查。空气重污染预警解除后将应急措施落实情况以书面形式报指挥部办公室。

重污染天气应急指挥部办公室组织成立专家组，主要负责参与重污染天气监测、预警、响应及总结评估的专家会商，针对重污染天气应对涉及的关键问题提出对策和建议，为重污染天气应对工作提供技术指导。

7.3.3.2　预警分级

目前，全国大部分省市已公布的预警方案依据环境空气质量预报，并综合考虑空气污染程度和持续时间，将空气重污染分为 4 个预警级别，由轻到重顺序依次为Ⅳ级预警、Ⅲ级预警、Ⅱ级预警、Ⅰ级预警，分别用蓝、黄、橙、红颜色标示，红色为最高级别，但由于大气污染情况不同，各地采取的预警分级办法有所区别。部分省市预警分级情况如表 7－3 所示，其中山东省和杭州市分为三级预警，没有蓝色预警。

表 7－3　部分省市预警分级情况

	北京市	上海市、浙江省	天津市	杭州市	山东省	河北省		
						城市	区域	全省
蓝色预警	未来 1 天重度污染	未来 1 天 AQI 为 201～300	未来 2 天 AQI>200 或 1 天 AQI>300			未来 1 天 AQI 为 201～499		
黄色预警	未来 1 天严重污染或 3 天重度污染	未来 2 天 AQI 为 201～300	未来 3 天 AQI>200	未来 2 天 AQI 为 201～300	未来连续 3 天及以上 AQI 为 201～300	未来 3 天 AQI>200		
橙色预警	未来 3 天交替出现重度污染或严重污染	未来 1 天 AQI 为 301～450	未来 3 天 AQI 为 301～499	未来 2 天 AQI 为 301～450	未来连续 3 天及以上 AQI 为 301～499	未来 3 天 AQI 为 301～499	未来 3 天区域一内三个及以上，区域二、区域三内两个及以上相邻设区市 AQI 为 301～499	未来 3 天三个区域各有两个及以上设区市 AQI 为 301～499

（续表）

	北京市	上海市、浙江省	天津市	杭州市	山东省	河北省		
						城市	区域	全省
红色预警	未来 3 天严重污染	未来 1 天 AQI＞450	未来 1 天 AQI≥500	未来 1 天 AQI＞450	未来 1 天 AQI≥500	未来 1 天以上 AQI≥500	未来 1 天以上区域一内三个及以上，区域二、区域三内两个及以上相邻设区市 AQI≥500	未来 1 天以上三个区域各有两个及以上设区市 AQI≥500

7.3.3.3 应急措施

启动重污染预警后，需要采取相应的应急减排和防护措施，蓝色、黄色、橙色、红色预警分别对应Ⅳ级、Ⅲ级、Ⅱ级、Ⅰ级应急措施。应急措施一般分为建议性措施和强制性措施。例如，提醒公众减少户外活动、尽量乘坐公众交通工具、倡导节约用电等为建议性措施；重点工业限产停产、搅拌站停止作业、增加道路保洁频次、采取防尘抑尘措施、车辆限行、严禁秸秆露天燃烧等为强制性措施。随着污染水平的加重，应急措施逐级增强力度，增加强制性措施。应急预案制订过程中，全国各省市根据自身特点来制订应急措施，因此各地应急措施有所差异。

7.3.4 应急预案实施情况

重污染天气来临时，已发布实施应急预案的省区市严格按照应急预案启动预警、采取应急措施，对保障公众健康安全、缓解污染程度发挥了重要作用。

京津冀是全国重污染高发地区，以秋冬季污染最为严重，这与冬季采暖、极端不利气象条件等有关。在应对重污染天气的过程中，应急预案开始实施，启动预警，向公众发布预警和空气质量数据，提醒公众采取健康防护措施，各成员单位实施污染减排措施，并接受监督检查。表 7－4 是 2013 年 11 月—2014 年 3 月京津冀地区预警发布情况汇总。这期间，北京市发布预警 10 次，其中蓝色预警 7 次、黄色预警 2 次、橙色预警 1 次。

表 7－4 2013 年 11 月—2014 年 3 月京津冀地区预警发布情况汇总

预警级别		北京	天津	石家庄	保定	邢台	廊坊	邯郸	衡水	唐山
红色	次数	0	0	0	0	0	0	0	0	0
	发布天数	0	0	0	0	0	0	0	0	0

（续表）

预警级别		北京	天津	石家庄	保定	邢台	廊坊	邯郸	衡水	唐山
橙色	次数	1	0	2	1	3	0	1	2	0
	发布天数	6	0	11	5	12	0	5	11	0
黄色	次数	2	2	8	10	7	6	5	4	2
	发布天数	6	8	17	39	16	28	10	21	9
蓝色	次数	7	0	2	0	0	1	1	0	1
	发布天数	7	0	2	0	0	2	1	0	1
合计	次数	10	2	12	11	10	7	7	6	3
	发布天数	19	8	30	44	28	30	16	32	10

据统计，2013 年 10 月 1 日至 2014 年 4 月 30 日，上海市根据《上海市环境空气质量重污染应急方案（暂行）》共启动发布重污染预警五次、严重污染一次；根据《上海市空气重污染专项应急预案》启动发布蓝色预警一次，具体如表 7－5 所示。

表 7－5　2013 年 10 月 1 日至 2014 年 4 月 30 日上海市重污染天气预警信息发布情况汇总

序号	预警发布范围（省/区域/市）	预警发布时间	预警解除时间	预警级别
1	上海市	2013 年 11 月 8 日 7 时	11 月 8 日 17 时	重度污染预警
2	上海市	2013 年 11 月 15 日 15 时	11 月 17 日 12 时	重度污染预警
3	上海市	2013 年 12 月 1 日 19 时	12 月 3 日 18 时	重度污染预警
4	上海市	2013 年 12 月 5 日 18 时	12 月 8 日 8 时	重度污染预警
5	上海市	2013 年 12 月 6 日 13 时	12 月 7 日 15 时	严重污染预警
6	上海市	2013 年 12 月 20 日 13 时	12 月 21 日 7 时	重度污染预警
7	上海市	2014 年 1 月 18 日 15 时	1 月 19 日 13 时	蓝色预警

2013 年 12 月 5—8 日是上海市一次连续污染预警过程，在 5 日 18 时首次启动重度污染预警后，6 日 13 时升级为严重污染预警，随着污染减弱，在 7 日 15 时降级为重度污染，于 8 日 8 时解除重度污染预警，整体上算启动一次重度污染预警和一次严重污染预警。启动重污染预警和采取应急减排措施对缓解污染、保障公众身体健康安全起到重要作用，但同时也存在启动预警应急工作滞后的问题。如图 7－5 所示，4 日 22 时开始 AQI 大于 200，5 日 15 时开始 AQI 大于 300，启动重度污染预警滞后 20 个小时，启动严重污染预警滞后 22 个小时。导致这个问题的主要原

因是复杂气象条件下的空气质量预测预报能力、科研支撑能力和区域性合作有待进一步加强。

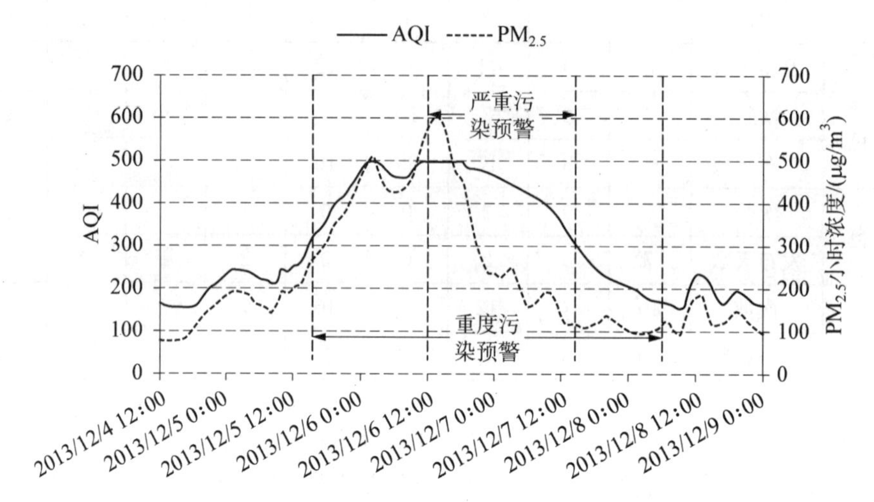

图 7-5　2013 年 12 月 4 日 12 时至 2013 年 12 月 9 日 0 时，上海市 AQI 和 $PM_{2.5}$小时浓度随时间变化曲线

参考文献

[1] 唐孝炎，张远航，邵敏. 大气环境化学[M]. 北京：高等教育出版社，2006.

[2] 胡敏，何凌燕、黄晓峰，等. 北京大气细粒子和超细粒子理化特征、来源及形成机制[M]. 北京：科学出版社，2009.

[3] 宋宇，唐孝炎，张远航，等. 夏季持续高温天气对北京市大气细粒子($PM_{2.5}$)的影响[J]. 环境科学，2002，23(6)：33-36.

[4] 杨夏沫，贺克斌，马永亮，等. 北京大气细粒子 $PM_{2.5}$的化学组成[J]. 清华大学学报(自然科学版)，2002，42(12)：1605-1608.

[5] 魏复盛，滕恩江，吴国平，等，我国 4 个大城市空气 $PM_{2.5}PM_{10}$污染及其化学组成[J]. 中国环境监测，2001，17(S)：1-6.

[6] Byun D W. Dynamically consistant formulations in meteorological and air quality models for multi-scale atmospheric applications: Part 1. Governing Equations in Generalized Coordinate System [J]. Journal of Atmospheric Science, 1999, 56(21): 3789-3807.

[7] 何东阳，黄美元. 一个适用于区域大气环境模拟的大气光化学模式[J]. 环境科学学报，1992，12(2)：182-192.

[8] 安俊岭，王自发，高会旺，等. 区域性光化学模式与 LLA-C 机制的模拟性能比较[J]. 大气科学，1999，23(4)：422-426.

[9] 高会旺,黄美元,徐华英. 气溶胶表面上 SO_2 的非氧化过程[J]. 中国科学,D 辑,1997,27(4):380-384.

[10] Dennis R L, Byun D W, Novak J H, et al. The next grneration of integrated air quality modeling: EPA's Models-3 [J]. Atmospheric Environment, 1996,30:1925-1938.

[11] Zhang M G, Uno I, Carmichael G R, et al. Large-scale structure of trace gas and aerosol distributions over the western Pacific Ocean during the Transport and Chemical Evolution Over the Pacific (TRACE-P) experiment [J]. Journal of Geophysical Research, 2003,108.

[12] 费建芳,王锐,王益柏,等. 一次大雾天气下 $PM_{2.5}$二次无机粒子的数值模拟[J]. 大气科学学报,2009,32(3):360-366.

[13] Hanna P D, Marhias W R. Modification of an operational dispersion model for urban application [J]. J. Appl. Meteor, 2001,40:864-879.

[14] Olesen H R, Berkowicz R. An improved dispersion model for regulatory use: The OML model, Air pollution Modeling and its Applications [J]. New York: Plenum Press, 1992:29-38.

[15] 张美根,韩志伟,雷孝恩,等. 天津市空气污染数值预报实验中的模式系统[J]. 气候与环境研究,1999,4(3):283-289.

[16] Wang Z, T Maeda M, et al. A nested air quality prediction modeling system for urban and regional scales: application for high-ozone episode in Taiwan [J]. Water Air and Soil Pollution, 2001,130:391-396.

[17] 房小怡,蒋维楣. 城市空气质量数值预报模式系统及其应用[J]. 环境科学学报,2004,24(1):111-115.

[18] 王自发,吴其重,等. 北京空气质量多模式集成预报系统的建立及初步应用[J]. 南京信息工程大学学报(自然科学版),2009,1(1):19-26.

[19] 王茜,伏晴艳,王自发,等. 集合数值预报系统在上海市空气质量预测预报中的应用研究[J]. 环境监控与预警,2010,2(4):1-6.

[20] 陈焕盛,王自发,吴其重,等. 亚运时段广州大气污染物来源数值模拟研究[J]. 环境科学学报,2010,30(11):2145-2153.

[21] 房小怡,蒋维楣. 城市空气质量数值预报模式系统及其应用[J]. 环境科学学报,2004,24(1):111-115.

[22] 徐祥德,丁国安,周丽,等. 北京城市冬季大气污染动力:化学过程区域性三维结构特征[J]. 科学通报,2003,48(5):496-501.

[23] 王会祥,唐孝炎,王木林,等. 长江三角洲痕量气态污染物的时空分布特征[J]. 中国科学,D 辑,2003,33(2):114-118.

[24] Tie X. Effect of sulfate aerosol on tropospheric NO_x and ozone budgets: Model simulations and TOPSE evidence [J]. Journal of Geophysics Research, 2003, 108

(D4):8364.

[25] Tourpali K, Tie X X, Zerefos C S, et al. Decadal Evolution of Total Ozone Decline: Observations and Model Results [J]. Journal of Geophysics Research and Atmosphere, 1997,102(D20):23955 - 23962.

[26] Emmons L, Hess P, Klonecki A, et al. Budget of Tropospheric Ozone During TOPSE from two chemical transport models [J]. Journal of Geophysics Research and Atmosphere, 2003,108(D8):8732.

[27] 李灿,许黎,邵敏,等.一种大气 CO_2 源汇反演模式方法的建立及应用[J].中国环境科学,2003,23(6):610 - 613.

[28] Jang, Emmons L, Hess P, et al. Budget of Tropospheric Ozone During TOPSE from two chemical transport models [J]. Journal of Geophysics Research and Atmosphere, 2003,108(D8):8732.

[29] 许建明,徐祥德,刘煜,等. CMAQ - MOS 区域空气质量统计修正模型预报途径研究[J].中国科学 D 辑:地球科学,2005,35(Sup1):131 - 144.

[30] 谢敏,钟流举,陈焕盛,等. CMAQ 模式及其修正预报在珠三角区域的应用检验[J].环境科学与技术,2012,35(2):96 - 101.

[31] 徐大海,朱蓉.大气平流扩散的箱格预报模式与污染潜势指数预报[J].应用气象学报,2000,11(1):1 - 12.

[32] 杨成芳,孙兴池.济南市空气污染潜势预报[J].山东气象,2000,6(2):54 - 56.

[33] 王迎春.北京市空气质量业务预报[C].全国城市空气污染预报及防治会议论文集,2001,(8):1 - 12.

[34] 杨民,杨文科,王庆梅,等.兰州市冬季空气质量潜势预报[J].甘肃气象,2003,21(1):24 - 27.

[35] 王川,刘子臣,孟炜.西安空气污染气象条件预报服务系统[J].陕西气象,2002(3):19 - 20.

[36] 刘实,王宁,朱其文,等.长春市空气污染潜势预报的统计模型研究[J].气象,2001,28(1):8 - 12.

[37] 黄嘉佑.气象统计分析与预报方法[M].北京:气象出版社,2004.

[38] 焦李成.神经网络的应用与实现[M].西安:西安电子科技大学出版社,1995.

[39] 胡守仁.神经网络导论[M].北京:国防科技大学出版社,1992.

[40] Landsberg H E, Green D J. Association of meterological pollution potential with 500-mb weather types [J]. Maryland Univ. Institute for Physical Science and Technology Technical Note BN840, 1976.

[41] Reddy P J, Barbarick D E, Osterburg R D. Development of a statistical model for forecasting episodes of visibility degradation in the Denver metropolitan area [J]. Journal of Applied Meteorology, 1995,34(3):616 - 625.

[42] Lam K C, Cheng S Q. A synoptic climatological approach to forecast concentrations of

sulfur dioxide and nitrogen oxides in Hong Kong [J]. Environment Pollution, 1998, 101:183 - 191.

[43] 蒋明皓,张元茂. 采用门限自回归模型预测环境空气质量[J]. 上海环境科学,2001,20(8):375 - 377.

[44] 官义明,吴小明,等. 永安市空气质量预报方法的建立及应用[J]. 福建气象,2007,5(10):39 - 41.

[45] 魏璐,朱伟军,陈海山. 郑州市空气质量统计预报方法探讨[J]. 南京气象学院学报,2009,32(2):314 - 320.

[46] 阴俊,谈建国. 上海城市空气质量预报分类统计模型[J]. 气象科技,2004,32(6):410 - 413.

[47] Seinfeld J H. Ozone air quality models: A critical review [J]. Journal of Air Pollution Control Association, 1988,38:616 - 645.

[48] 许建明. 城市大气环境数值技术的集成、改进和应用研究[D]. 南京:南京信息工程大学,2006.

[49] Gregory R C, Adrian S, Chai T F, et al. Predicting air quality: Improvements through advanced methods to integrate models and measurements [J]. Journal of Computational Physics, 2008,227(7),3540 - 3571.

[50] Sportisse B. A review of current issues in air pollution modeling and simulation [J]. Computational Geosciences, 2007,11,159 - 181.

[51] Adolf E, H. J J, Michael M, et al. Numerical forecast of air pollution advances and problems [J]. Advances in Air Pollution Modeling for Environmental Security, 2005, 54:153 - 163.

[52] Hogo H, Gery M W. User's guide for Executing OZIPM-4 with CB-IVor Optional Mechanisms, Vol. 1. Description of the Ozone Isopleth Plotting Package-Version 4. 1988. U. S. EPA/600/8-88/073a, USEPA, RTP, NC.

[53] 蒋维楣,刘建宁,曹文俊,等. 空气污染气象学(第二版)[M]. 北京:气象出版社,2004.

[54] Byun D, Schere K L. Review of the governing equations, computational algorithms, and other components of the Models-3 Community Multiscale Air Quality (CMAQ) modeling system [J]. Applied Mechanics Reviews, 2006,59(3):51 - 77.

[55] Wang Z F, Xie F Y, Wang X Q, et al. Development and application of nested air quality prediction modeling system [J]. Chinese Journal of Atmospheric Sciences, 2006,30(5):778 - 790.

[56] Yarwood G, Roa S, Yocke M, et al. Updates to the Carbon Bond Chemical Mechanism: CB05 [M]. Final report to the US EPA, RT-0400675. Available at: http://www.camx.com. 2005

[57] Byun D W. Dynamically consistant formulations in meteorological and air quality models for multi-scale atmospheric applications: Part 1. Governing Equations in

Generalized Coordinate System [J]. Journal of Atmospheric Science, 1999, 56(21): 3789 - 3807.

[58] Colella P, Woodward P R. The piecewise parabolic method (PPM) for gas-dynamical simulations [J]. J. Comput. Phys., 1984, 54:174 - 201.

[59] Binkowski F S, Shankar U. The Regional Particulate Model: Part I. Model description and preliminary results [J]. J. Geophys. Res., 1995, 100:26191 - 26209.

[60] Epstein E S. Stochastic dynamic prediction [J]. Tellus. 1969, 21:739 - 759.

[61] Lorenz E N. Deterministic nonperiodic flow [J]. Journal of Atmosphere Science. 1963, 20:130 - 141.

[62] 杨学胜. 业务集合预报系统的现状及展望[J]. 气象, 2001, 27(6):3 - 9.

[63] 王自发,吴其重,Alex G,等. 北京空气质量多模式集成预报系统的建立及初步应用[J]. 南京信息工程大学学报(自然科学版), 2009, 1(1):19 - 26.

[64] 王茜,伏晴艳,王自发,等. 集合数值预报系统在上海市空气质量预测预报中的应用研究[J]. 环境监控与预警, 2010, 2(4):1 - 11.

[65] 白晓平,李红,方栋,等. 资料同化在空气质量预报中的应用[J]. 地球科学进展, 2007, 22(1).

[66] Van L M, Builtjes P, Segers A J. Data assimilatin of ozone in the atmospheric transport chemistry model LOTOS [J]. Environmental Modeling & Software, 2000, 15(6 - 7):603 - 609.

[67] Elbern H, Schmidt H. A four dimensional variational chemistry data assimliation scheme for Eulerian chemistry transport modeling [J]. Journal of Geophysical Research, 1999, (104):18583218598.

[68] 崔应杰,王自发,朱江,等. 空气质量数值模式预报中资料同化的初步研究[J]. 气候与环境研究, 2006, 11(5):616 - 626.

第8章　公众信息服务

8.1　空气质量公众信息服务概况

随着人们环境意识的不断提高，环境空气质量信息已经成为公众急需了解的信息之一。每天空气质量状况如何？对健康影响如何？发生空气污染时应采取何种措施才能最大限度地减小污染对健康的影响？未来24小时或者更长时间内空气质量状况如何？这些已经成为公众日常生活中常讨论的话题。

8.1.1　国外相关研究概况

近年来，国外很多国家均在空气质量实时发布和公众服务方面开展工作，其中美国AIRNow(www.epa.gov/airnow)是目前发展最完善的一个空气质量发布系统，该系统以一个集中的数据处理中心(DMC)为核心。该中心从超过115个美国和加拿大质量监控代理机构实时接收臭氧和$PM_{2.5}$数据，并从300多个美国城市实时接收空气质量报告。发布内容相当全面，不仅涵盖各主要AQI指数、未来24小时和48小时AQI预报、各城市空气质量健康影响、各污染物多点位历史数据查询等诸多功能，发布形式也以公众简单易懂的不同色标来区分不同的AQI指标和健康危害等级，详如图8-1所示；实时发布重点对美国公众关注的主要超标污染物O_3(8-hr)和$PM_{2.5}$的逐时浓度利用不同色标通过空间分布方式表示出来，方便公众直观判断当日当时的空气质量状况和健康影响，详如图8-2所示；美国发布空气质量AQI和健康指标的内容详如表8-1和表8-2所示。

加拿大以AQHI(Air Quality Health Index)形式公告空气污染对健康的影响，主要描述臭氧(O_3)、颗粒物($PM_{2.5}$/PM_{10})、二氧化氮(NO_2)对人体健康的综合影响，其发布网页(www.ec.gc.ca/cas-aqhi/)主要对一般公众常关注的信息突出显示(AQHI介绍、所在当地的AQHI状况、所在地空气质量是否存在健康风险)，并置于网页中间，让公众一目了然。若还需要深入了解其他有关信息，可通过网页左边的分类进行深入了解，具体内容包括：AQHI介绍、所在地的AQHI状况、所在地是否存在健康风险、如何改善空气质量、行动中的AQHI、空气质量和天气

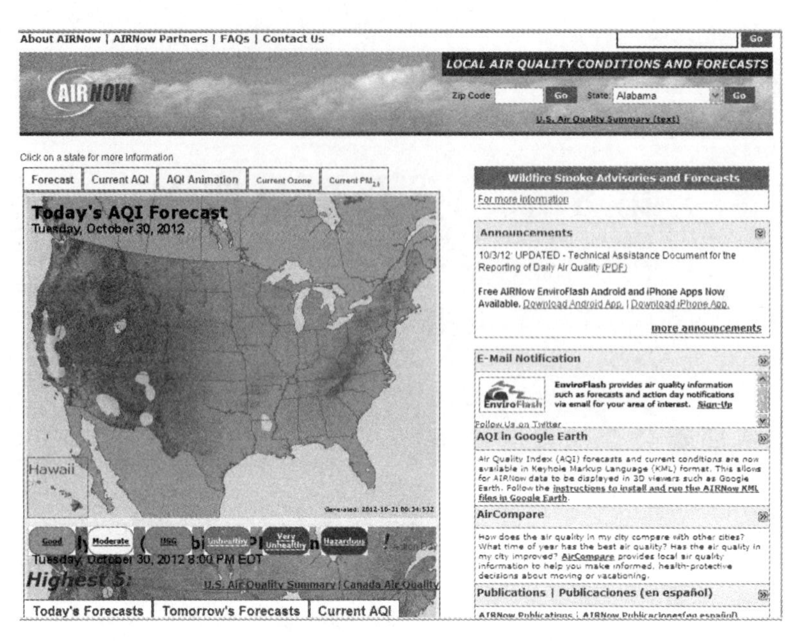

图 8-1　美国 Airnow 系统发布网站界面

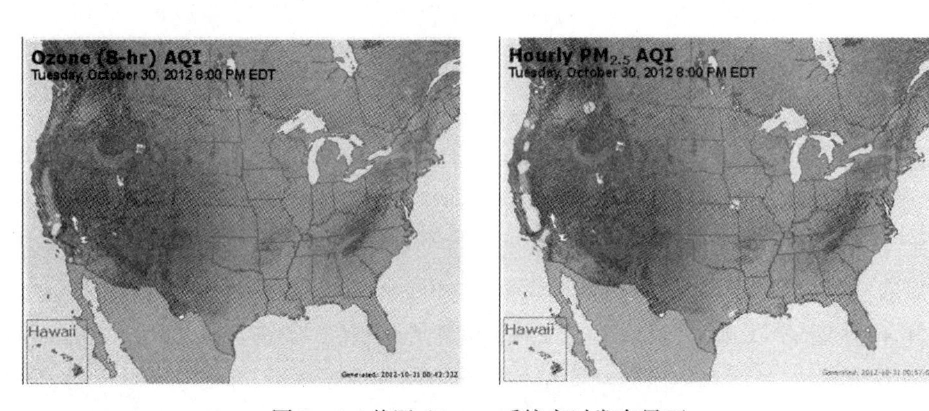

图 8-2　美国 Airnow 系统实时发布界面

表 8-1　美国空气质量分级指数表

AQI 范围	O_3 1 h	O_3 8 h	CO 8 h	SO_2 24 h	PM_{10} 24 h	$PM_{2.5}$ 24 h
	ppm①	ppm	ppm	ppm	μg/m³	μg/m³
0～50	—	0～0.059	0～4.4	0～0.034	0～54	0～15.4
51～100	—	0.06～0.075	4.5～9.4	0.035～0.144	55～154	15.5～35.4
101～150	0.125～0.164	0.076～0.095	9.5～12.4	0.145～0.224	155～254	35.5～55.4
151～200	0.165～0.204	0.096～0.115	12.5～15.4	0.225～0.304	255～354	55.5～140.4
201～300	0.205～0.404	0.116～0.374	15.5～30.4	0.305～0.604	355～424	140.5～210.4

（续表）

AQI 范围	O_3 1 h	O_3 8 h	CO 8 h	SO_2 24 h	PM_{10} 24 h	$PM_{2.5}$ 24 h
	ppm	ppm	ppm	ppm	μg/m³	μg/m³
301～400	0.405～0.504	—	30.5～40.4	0.605～0.804	425～504	210.5～350.4
401～500	0.505～0.604	—	40.5～50.4	0.805～1.004	505～604	350.5～500.4
500	—	—	—	—	605～4 999	500.5～999.9

① ppm 指 10^{-6}。

表 8－2　美国空气质量指数对应的区间含义

空气质量指数健康影响水平	数值	空气质量指数区间含义
优	0～50	空气质量令人满意，空气污染造成很少或没有风险
适中	51～100	空气质量是可接受的，但某些污染物可能对极少数异常敏感人群健康有较弱影响
对敏感人群有影响	101～150	敏感人群会受到影响，大部分人群不会有影响
不健康	151～200	空气质量明显下降，会影响到每个人的身体健康，对敏感人群健康影响更为严重
很不健康	201～300	健康提醒：每个人都可能会遇到更严重的健康影响
有害	301～500	空气质量已经达到警戒状态，对人群会产生更严重的健康影响

状况、常见问题及回答和站点地图等。这样可以满足不同公众对空气质量信息的需求，详如图 8－3 和图 8－4 所示，具体的 AQHI 指标内容详如表 8－3 所示。

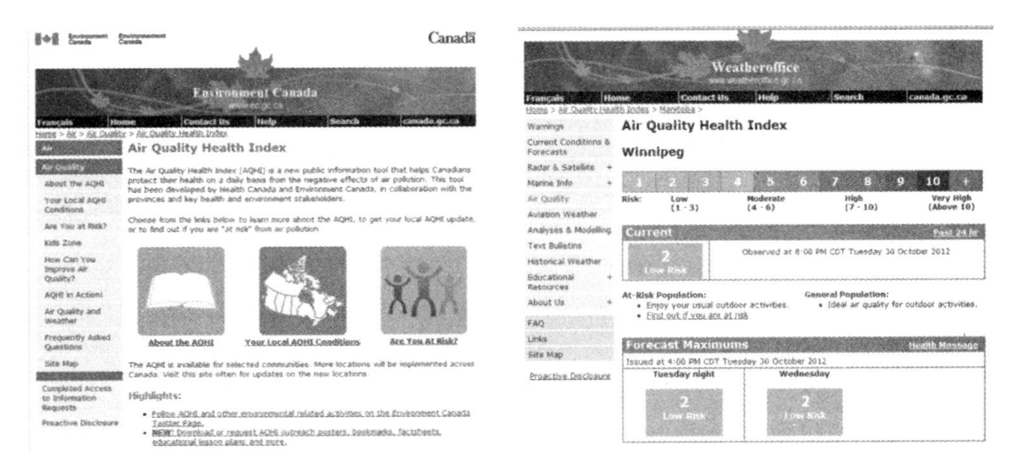

图 8－3　加拿大 AQHI 实时发布界面

图 8－4 加拿大针对儿童的 AQHI 实时发布界面

表 8－3 加拿大空气质量指数(AQHI)对应的区间含义

空气质量健康指数级别	空气质量健康指数	对健康危害	
		敏感人群	一般人群
低健康风险	1～3	可正常活动	可正常活动
中健康风险	4～6	心脏病或呼吸系统疾病患者根据医生建议安排户外活动，或减少外出活动	如不出现特殊病症，不需改变正常活动
高健康风险	7～10	儿童、老人、心脏病或呼吸系统疾病患者应减少户外运动和体力消耗，发病概率增加。指数较低时，心脏病和呼吸系统疾病患者外出活动谨遵医嘱	会出现喉咙发炎、咳嗽等不适症状，在指数较低时，避免户外重体力劳动，减少体力消耗
非常高健康风险	＞10	儿童、老人、患有心脏病或有呼吸问题的人应避免户外活动。患有心脏病或有呼吸问题的人根据医生意见安排出行	减少外出和重体力劳动，避免体力消耗

欧盟环境署每天将其境内的各测点 O_3 浓度值实时发布在其网站上(http://www.eea.europa.eu/maps/ozone/map)，对测点以外地区浓度值提供了插值工具。

英国将空气污染指数分为 10 个等级，空气污染对人体健康的影响程度分为 4 个级别，反映的是二氧化硫(SO_2)，二氧化氮(NO_2)，可吸入颗粒物(PM_{10})、一氧化碳(CO)、臭氧(O_3)五种污染物的综合影响，分别公布实时空气污染状况和 24 小时污染状况。

表 8-4 英国空气质量分级指数表

级别	空气污染指数	O_3		NO_2		SO_2		CO		PM_{10}	
		8 h 均值或小时均值		小时均值		15 min 均值		8 h 均值		24 h 均值	
		$\mu g \cdot m^{-3}$	ppb[①]	$\mu g \cdot m^{-3}$	ppb	$\mu g \cdot m^{-3}$	ppb	$mg \cdot m^{-3}$	ppm	$\mu g \cdot m^{-3}$ (Grav. Equiv.)	$\mu g \cdot m^{-3}$ (Ref. Equiv.)
低	1	0—33	0—16	0—95	0—49	0—88	0—32	0—3.8	0.0—3.2	0—21	0—19
	2	34—65	17—32	96—190	50—99	89—176	33—66	3.9—7.6	3.3—6.6	22—42	20—40
	3	66—99	33—49	191—286	100—149	177—265	67—99	7.7—11.5	6.7—9.9	43—64	41—62
中	4	100—125	50—62	287—381	150—199	266—354	100—132	11.6—13.4	10.0—11.5	65—74	63—72
	5	126—153	63—76	382—477	200—249	355—442	133—166	13.5—15.4	11.6—13.2	75—86	73—84
	6	154—179	77—89	478—572	250—299	443—531	167—199	15.5—17.3	13.3—14.9	87—96	85—94
高	7	180—239	90—119	573—635	300—332	532—708	200—266	17.4—19.2	15.0—16.5	97—107	95—105
	8	240—299	120—149	636—700	333—366	709—886	267—332	19.3—21.2	16.6—18.2	108—118	106—116
	9	300—359	150—179	701—763	367—399	887—1 063	333—399	21.3—23.1	18.3—19.9	119—129	117—127
很高	10	≥360	≥180	≥764	≥400	≥1 064	≥400	≥23.2	≥20	≥130	≥128

① ppb 指 10^{-12}。

表 8-5　英国空气质量指数对应的区间含义

级别	空气污染指数	健康状况影响
低	1，2，3	除个别对污染物敏感的人外对大部分人没有影响
中等	4，5，6	有轻微影响，不需要采取防护措施，个别敏感人群要注意
高	7，8，9	对环境敏感人群有很大影响，要采取措施避免或者减少这些影响(例如：减少户外运动时间)。哮喘病患者会感到肺部不适
很高	10	对敏感人群健康影响很大，有可能加重病情

8.1.2　国内相关研究概况

20 世纪 80 年代初，我国开始开展空气质量评价，1997 年 3 月 15 日，原国家环保局发出了《关于在重点城市开展空气污染周报工作有关问题的通知》(环监[1997]176 号文)后，中国环境监测总站分批组织环保重点城市开展了空气质量周报工作。1998 年 1 月 1 日起，陆续在中央电视台、中国环境报、新华社、中央人民广播电台、工人日报、科技日报等新闻媒体上向社会公众公布。这是我国环境空气质量监测历史上一次重大转变：环境空气质量信息由政府管理部门的内部信息变为可以向社会公众公布的大众信息。2000 年，中国环境监测总站根据原国家环境保护总局的有关要求，以技术文件形式发布了《环境空气质量日报技术规定》(总站办字[2000]026 号)，组织 47 个环保重点城市开展环境空气质量日报工作。图 8-5

图 8-5　环境保护部网站上发布的空气质量日报

为环境保护部网站上发布的空气质日报。监测项目为二氧化硫、二氧化氮和可吸入颗粒物，发布形式为空气污染指数、首要污染物、空气质量级别和空气质量状况。根据原国家环境保护总局和中国气象局“关于开展环境保护重点城市空气质量预报工作的通知”（环发[2000]231号）的文件精神，中国环境监测总站于2001年发布《城市空气质量预报技术规定（暂行）》（总站气字[2001]055号）。2001年6月5日，全国47个重点城市向社会公众发布了空气质量预报。从2002年6月起到2005年6月，向中国环境监测总站报送日报数据的重点城市扩展到113个。到2010年，除113城市向中国环境监测总站报送空气质量日报数据外，近300个城市在地方电视台、电台和网络等新闻媒体发布空气质量日报。

截至2010年，国内300多个城市通过多种途径，每天向公众发布空气质量状况。2011年1月1日，在全国重点城市开展每小时一次正式对外公布实时空气质量监测数据。但由于采用旧的API空气质量评价指标对空气状况进行评价，使得发布的空气质量状况与公众的感受存在较大的差异。2012年2月29日，国家环保部发布了最新的环境空气质量标准与空气质量指数技术规定，其中不仅提高了已有的空气质量标准，还新增了 $PM_{2.5}$ 与 O_3 的浓度限值标准[1]。目前，国内已有近400个城市，实时对公众发布空气质量指数（AQI）和小时浓度数据。

8.2　空气质量对健康的影响与分级防护建议

政府部门为加强环境空气质量管理，及时方便地向公众传递空气质量信息，往往通过指数的形式，将空气质量进行分级，并赋予相应的健康防护建议。各个国家和地区的指数名称、计算方法和健康指南各不相同。

1）美国

美国环境保护署发布空气质量指数（AQI），并将指数分为6级，分别予以不同的健康示警。以 $PM_{2.5}$、O_3、SO_2、NO_2、CO中AQI数值最大者为当天的AQI对外发布。单个污染物的AQI为当日浓度的分段线性函数值。

如表8－6所示，指数300以上为“危险”，50以下为“良好”。

表8－6　美国AQI分级健康指南

AQI数值	健康信息	预警颜色
0～50	良好	绿色
51～100	尚可	黄色
101～150	对敏感人群不健康	橙色
151～200	不健康	红色

(续表)

AQI 数值	健康信息	预警颜色
201～300	非常不健康	紫色
301～500	危险	褐红色

2) 加拿大

加拿大有两种相关的指数对外发布，一种是 AQI，另一种是空气质量健康指数(AQHI)。与 AQI 相比，AQHI 具有突出的优点。①AQHI 以多个污染物作为指示污染物，可更全面地反映空气质量及其对健康的影响；AQI 以数个污染物中最大的 AQI 值反映当天的空气质量，难以全面反映空气质量对健康的影响。②AQHI 表明空气质量与健康效应间存在线性无阈值关系；而 AQI 是分段线性函数值，当低于某一限值时，即认为无健康危害。③AQHI 采纳了当地的暴露反应关系曲线，更符合当地污染情况和人群健康特征。④AQHI 能更好地反映当天空气质量的急性健康效应。AQHI 基于时间序列分析，能反映空气污染水平短期波动对健康的影响；而 AQI 所依赖的日均值标准限值，部分源于年均值和日均值统计学对应关系转换，年均值标准的制定则主要来源于美国 ACS 长达十数年的队列研究结果。

AQHI 为从 1 到 10＋的整数值，数值越大，健康风险越大。数值对应的健康风险如表 8－7 所示。其中低健康风险为(1～3)、中健康风险为(4～6)、高健康风险为(7～10)、非常高健康风险为(10＋)。不同等级的健康防护信息如表 8－7 所示。陈仁杰、李军等人，也对我国空气质量健康指数进行了初步研究[2－4]。

表 8－7　加拿大 AQHI 分级健康指南

SAQHI	分级	健康信息	
		敏感人群	一般人群
0～3	低度风险	户外活动一般可正常进行。若心肺系统疾病患者正经历严重症状，应减少户外活动。	适宜进行户外活动
4～6	中度风险	心肺系统疾病患者应减少户外活动	不必减少正常的户外活动
7～10	高度风险	老年人、儿童和心肺系统疾病患者应减少户外活动	若出现呼吸系统不适症状，则应减少户外活动
10 以上	极高度风险	老年人、儿童和心肺系统疾病患者应避免户外活动	每个人均应减少户外活动

3) 新加坡

新加坡使用污染物标准指数(PSI)来发布其空气质量及相关的健康防护信息。

表 8－8 为新加坡 PSI 分级健康指南。

表 8－8　新加坡 PSI 分级健康指南

PSI	健康水平	一般健康效应
0～50	良好	无
51～100	适中	对一般人群几乎没有效应
101～200	不健康	敏感人群的症状稍有增加或短暂出现
201～300	非常不健康	敏感人群的症状发作频次增加，耐受性降低。健康人群出现短暂的刺激症状
301～400	危险	敏感人群的症状明显加重，诱发疾病。健康人群的运动耐受性降低
400 以上	危险	对敏感人群的健康风险可能致命。健康人群可能出现明显的症状，运动耐受性明显降低

4）韩国

韩国环保部门通过发布综合空气质量指数（CAI）来定量描述空气质量现状及其相关的健康风险。CAI 范围为 0～500，可分为 6 级，如表 8－9 所示。在 $PM_{2.5}$、O_3、SO_2、NO_2、CO 5 个污染物中，以 CAI 最大值作为当日的 CAI。

表 8－9　韩国 CAI 分级健康指南

CAI	健康水平	健 康 意 义
0～50	良好	不会影响敏感患者
51～100	适中	在长期暴露的情况下，仅会产生微弱的影响
101～150	对敏感人群不健康	对敏感患者和敏感人群可能有不良影响
151～250	不健康	对敏感患者和敏感人群可能有不良影响，并且对公众有一定的感官影响
251～350	很不健康	急性暴露会对敏感患者和敏感人群可能有严重影响
361～500	危险	可能需要对敏感患者和敏感人群采取紧急措施，并且可能对一般公众有不良影响

5）英国

英国最常使用的指数是每日空气质量指数（DAQI），将空气质量分为 4 级。该指数基于 PM_{10}、$PM_{2.5}$、O_3、SO_2、NO_2 5 个污染物。各污染物中 DAQI 最大值则为当日的 DAQI 对外发布。表 8－10 为 DAQI 分级健康指南。

表 8－10 DAQI 分级健康指南

空气污染分级	数值	敏感人群	一般人群
低	1～3	户外活动不受限	户外活动不受限
中	4～6	有症状的心肺疾病患者可减少户外重体力活动	户外活动不受限
高	7～9	有症状的心肺疾病患者可减少户外重体力活动；哮喘患者可能有必要增加使用吸入药物；老年人应该减少户外体育活动	若有眼、鼻、咽喉部症状，可考虑减少体力活动，尤其是户外活动
很高	10	心肺疾病患者应避免重体力活动；哮喘病患者有必要加大使用吸入药物制剂	减少体力活动（尤其是户外活动），尤其是当有眼、鼻、咽喉部症状时

6）我国的空气质量指数（AQI）

按照《城市空气质量日报技术规定》（总站办字[2000]026）的要求，我国自 2000 年以来，在全国范围内开展了空气质量日报工作。环境保护部（原国家环境保护总局）网站上发布环境空气质量日报的城市由最初的 47 个城市已发展到了 113 个城市，全国共有近 300 个城市在地方媒体上发布各自地方城市的环境空气质量情况，促进了城市环境空气质量不断改善，公众环境保护意识不断提高，为增强政府环境空气质量管理能力做出了重要贡献。

随着国家经济的高速发展和人们环保意识的不断提高，《城市空气质量日报技术规定》在污染物的种类、分级标准、报告时间等方面都已不能适应新形势的需要。以我国现有的环境空气质量监测体系、评价标准体系和重点城市环境空气质量日报体系为技术基础，参考、借鉴国外发达国家、地区和世界卫生组织空气质量评价标准和信息发布技术，着眼未来发展、兼顾各方需要，我国环境保护部对 2000 年版《规定》进行了修订，并于 2012 年 2 月 29 日正式发布《环境空气质量指数（AQI）技术规定》。

AQI 的评价指标主要为《环境空气质量标准》（GB 3095—2012）规定的污染物，同时还考虑了我国大气污染现状并参考国外发达国家和 WHO 的经验。AQI 包括以下 7 种分指数（IAQI）：SO_2、NO_2、PM_{10}、$PM_{2.5}$、CO、O_3－1 h、O_3－8 h，AQI 为其中的最大值。空气质量指数范围及相应的对健康影响和建议措施详如表 8－11 所示。姚玉刚等人对 AQI 与 AQHI 的优缺点做了详细比较[5]。

表 8-11 空气质量指数范围及相应的对健康影响和建议措施

空气质量指数	空气质量状况	表示颜色	对健康影响情况	建议采取的措施
0~50	优	绿色	空气质量令人满意,基本无空气污染	各类人群可正常活动
51~100	良	黄色	空气质量可接受,但某些污染物可能对极少数异常敏感人群健康有较弱影响	极少数异常敏感人群应减少户外活动
101~150	轻度污染	橙色	易感人群症状有轻度加剧,健康人群出现刺激症状	儿童、老年人及心脏病、呼吸系统疾病患者应减少长时间、高强度的户外锻炼
151~200	中度污染	红色	进一步加剧易感人群症状,可能对健康人群心脏、呼吸系统有影响	儿童、老年人及心脏病、呼吸系统疾病患者避免长时间、高强度的户外锻炼,一般人群适量减少户外运动
201~300	重度污染	紫色	心脏病和肺病患者症状显著加剧,运动耐受力降低,健康人群普遍出现症状	儿童、老年人及心脏病、肺病患者应停留在室内,停止户外运动,一般人群减少户外运动
>300	严重污染	褐色	健康人群运动耐受力降低,有明显强烈症状,提前出现某些疾病	儿童、老年人和病人应停留在室内,避免体力消耗,一般人群避免户外运动

8.3 空气质量公众信息调查研究

8.3.1 国内外空气质量信息发布公众需求概况

本节针对国内外关于空气质量信息发布的成功案例与经验进行调研,主要选取了美国、英国、欧盟、加拿大、新加坡、我国香港和珠江三角洲区的空气质量信息发布作为国内外最佳案例研究对象。

美国的 AIRNow 网站是政府向公众发布空气质量信息的一个网站。这个网站不仅提供空气质量指数的预报,而且还提供超过 200 个城市的实时空气质量信息。在 AIRNow 网站上,空气质量指数、$PM_{2.5}$ 和臭氧指数以动态地图、颜色条和等级等丰富的形式呈现给公众,公众可以通过地图上的颜色变化来发现污染程度的变化。此外,网站还提供空气质量的预报信息和针对儿童、学生、老师和其他成年人的健康建议,网站上的空气质量信息每小时会更新一次。公众可以通过 iPhone 和 android 手机应用来获知空气质量信息,而随着社交媒体的不断发展,人们还可以通过各种社交媒体，如 Twitter，Facebook，APP 和 RSS 阅读器等更方便地获知空气质量信息。

英国政府建立了一个专门的网站发布伦敦的空气质量信息。网站上发布空气污染物一氧化氮、二氧化硫、臭氧、一氧化碳、PM_{10} 和 $PM_{2.5}$ 的值，并将空气污染指数分成 1～10 档，划分为“低(1～3)、中等(4～6)、高(7～9)和非常高(10)”四个等级，并且在动态地图上用颜色和数字来表示污染的程度。和美国的 AIRNow 网站类似，英国公众也可以通过 iPhone 和 Android 手机应用得到空气质量的信息。此外，英国政府提供的空气污染的热线电话也是人们可以获知空气质量信息的一个渠道。同时，网站还提供对空气污染知识的指导，即指导公众在不同程度的空气污染下采取相应的保护措施。

欧洲环境局(EEA)是欧盟的一个机构，它向公众提供全面和独立的环境信息，主要通过网站，以动态地图、指数、颜色和图表的形式提供每小时臭氧的污染程度。考虑到 25 个成员国的不同语言，EEA 在网站上提供了 25 种不同语言的网页。EEA 承担着两个使命，一个是帮助成员国在改善环境、将环境因素融入其经济政策和实现可持续性发展方面做出理性的决策；另一个是协调欧洲的环境信息和观测网络。欧洲经济区试图实现与公众的双向沟通，以准确地了解公众对于信息的需求，并确保公众获得并理解其提供的信息。

新加坡国家环境局发布的空气污染物种类包括二氧化硫、臭氧、一氧化碳、二氧化氮和 PM_{10}。空气质量被分成“好、中等、不健康、非常不健康和有毒害的”五等，每一等级都对应一个区间段的空气污染指标(PSI)，比如，PSI 在 0～50 表示空气质量等级是“好”。该网站发布新加坡东部、南部、西部、北部、中部和新加坡总体上的空气质量信息。同时，它还提供空气质量知识的普及和健康建议。网站上有关于烟雾危害的介绍，也有不同的空气污染指标对人体健康的影响、公众需要注意的事项等信息。公众可以通过网站和 RSS 订阅的方式获知空气质量信息。

加拿大空气质量信息发布的污染物主要是臭氧和 $PM_{2.5}$。用数字和颜色条来表示加拿大各城市不同的污染程度，如：污染指数 1～3 表示健康风险低，用蓝色表示；污染指数 4～6 表示健康风险一般，颜色由蓝色变为浅灰色；污染指数 7～10 表示健康风险高，颜色变成深灰色；污染指数超过 10 则表示健康风险非常高，颜色条变成红色。值得注意的是，加拿大在发布空气质量信息的同时，指出了易受空气污染影响的人群，包括有呼吸道疾病和心血管疾病的人、儿童、老人和户外运动者等。同时，网站还呼吁公众如何从自身出发减少空气污染，网站分别介绍了在家里、在学校、在工作时、在路上以及在社区时公众可以采取哪些措施来帮助减少空气污染。

我国香港的空气质量信息发布的经验也是值得学习的。香港政府发布的空气污染物包括可吸入颗粒物、二氧化硫，二氧化氮，臭氧和一氧化碳，罗马数字

Ⅰ，Ⅱ，Ⅲ，Ⅳ，Ⅴ被用来将空气质量分成 5 类，人们可以通过网站、报纸、收音机、电视和热线电话来获知空气质量信息。此外，空气质量信息发布的网站还提供专门针对普通民众、儿童、老年人和户外运动者的出行建议。值得注意的是，香港政府发布的空气质量数据的地点分为一般监测站和路边监测站，一般监测站包括中西区、东区、葵涌和观塘等 11 个，路边监测站包括铜锣湾、旺角和中环 3 个。总之，香港在发布空气质量信息方面是以公民需求为导向的，人们可以获知明确的、科学的和真实的空气质量信息。

北京和粤港珠三角区的空气质量发布也已经有所实践，但是还处于起步阶段。纵观国内外空气质量信息发布的实践，我们可以发现，美国、英国、欧盟、新加坡、加拿大和我国香港关于空气质量信息发布的案例都是以公民需求为导向、满足了不同人群的不同需求。他们都试图提供准确的、完整的、原始的、主要的、及时的和易为公民得到的空气质量信息，他们尽力做到无歧视地向所有人提供空气质量信息。目前我国空气质量信息发布的实践仍处于初级阶段，虽然确实发布了空气质量信息，但是似乎还远远不能满足公众对于信息的需求。

8.3.2　公众对空气质量信息的需求调研

公众对空气质量信息的需求调研是公众信息服务的第一步，通过采样定性的方法，包括小组讨论和深度访谈等方式，来探究不同人群对于空气质量信息发布的渠道、形式、地点、频率和语言的不同需求。2011 年，上海市环境监测中心联合复旦大学，开展了《上海市空气质量实时发布与公众服务应用研究》课题，采用小组讨论和深度访谈的方法，调查了上海的不同人群对于空气质量信息发布的需求，包括大学生、白领工人、外国人、游客、老年人、呼吸道疾病患者以及那些特别关注空气质量的人群，比如全职妈妈、幼儿园老师和小学老师。在访谈中，主要关注不同人群对空气质量发布的不同需求，尤其关注空气质量易感人群的需求，如呼吸道疾病患者、老年人和小孩。调研中组织了由 10 位大学生参加的小组讨论，深度访谈了 25 位公民。另外，还访谈了 2 位在空气质量信息发布领域工作的公务员。此次研究总共访谈了 37 位公民，每次访谈平均持续半个小时到一个小时。

研究发现，公众对空气质量有不同的需求。首先，公众需要提升对空气质量的认知和对空气质量的关注度；其次，人们需要知晓并了解空气质量信息；再次，公众需要得到健康建议，以在空气质量较差的情况下及时采取防护措施；最后，公众最需要的是洁净的空气。

研究还发现，公众对空气质量信息发布的需求因人而异。在上述分析中，已经说明了不同的人对于空气质量信息发布有不同的需求，本部分将对公众需求按照不同的人群作进一步的深入分析。不同教育水平、不同收入、不同国家、不同地区、不同健康状况以及不同年龄的人群对空气质量信息发布的需求将在这部分专门阐述。

1) 不同教育水平

不同教育水平的人对于空气质量信息发布语言的需求以及对空气质量重要性的认知有着明显的差异。高学历的人对于语言的需求更高,他们希望空气质量信息能同时用普通话和英语发布,而其他人一般只希望有普通话就可以了。

与此同时,学历高的人通常更关注空气质量。高学历的全职妈妈表示,“空气质量和环境保护的知识应从小学就开始普及。”正是因为她们接受过高等教育,所以她们意识到,空气质量的改善是一个长期的过程,并且很大程度上依赖于对孩子的教育。而那些并未接受过高等教育的人对于空气质量问题比较消极,他们通常接受着别人给他们的东西,缺乏搜集信息以保护自己免受空气污染伤害的主观能动性。

2) 不同收入

不同收入的人对于空气质量发布的渠道有着不同的需求。高收入人群主要希望通过社交媒体和智能手机应用来获知空气质量信息,因为高收入人群通常自驾出门,所以他们很少乘坐公共交通,也就很少能接触到移动电视等渠道。中产阶级通常通过社交媒体、每天乘坐的公交或地铁上的移动电视来获得空气质量信息。收入较低的人群经常通过广播和电视获得信息。部分低收入人群是退休工人或失业人员,他们大多数时间是待在家里的,所以广播和电视成为他们主要的信息来源。

3) 不同地区

不同地区的人对于空气质量信息发布的关注程度不同。市区居民往往非常关注空气质量,而郊区居民几乎不关注空气质量。同时,市区居民对空气质量信息发布的需求也比郊区居民多。一位居住于市区的出租车司机说:“我一直关注空气质量的,我会根据空气质量的不同选择不同的户外运动。如果空气质量很差,我会打乒乓;如果空气质量好,我就会去跑步。”

郊区居民基本上很少关注空气质量。一位郊区居民说:“我不关心空气质量的,有时候偶尔会看到空气质量播报,也是因为我正在看天气预报,空气质量预报正好排在天气预报之后。”

为什么市区居民和郊区居民对空气质量的关注程度存在很大差别?原因可能是郊区的空气一般比市区清新。市区有很多污染源,比如汽车尾气排放等,市区居民每天遭受这些污染,因此会更关注空气质量。

然而,随着城市化进程的不断推进,污染排放企业逐渐从市区迁往郊区,空气污染的区域性和复合型等特点日益突出,郊区的空气已经不再像传统观念中那么清洁,这会给持有传统观念的人们带来错觉,空气质量信息的发布将会改变人们的一些固有观念。

4）不同国家

中国人和外国人对空气质量信息发布的需求不同。外国人对于空气质量信息发布的很多方面要求都比中国人高。第一，大多数外国人希望知道 $PM_{2.5}$ 和臭氧的数值，而中国人大多数只想知道传统的污染物数值，如二氧化碳、可吸入颗粒物等。这可能是由于在国外，$PM_{2.5}$ 和臭氧的信息是已经向公众发布的，而在国内，2011 年起人们才开始慢慢关注 $PM_{2.5}$，很多人甚至现在还不是很了解 $PM_{2.5}$。

第二，外国人认为空气质量信息应该按照具体的路段和学校区域来发布，而中国人认为空气质量信息可以按照行政区划或商圈来发布。这个差别还是与国外的实践经验有关。由于缺乏空气质量的相关知识，很多中国人不知道繁忙路段和学校区域的空气质量是非常重要、非常关键的。

第三，外国人希望空气质量不仅要用普通话发布，还要用英文发布，而大部分中国人只希望用普通话发布。这是由于国别不同，英语更易为外国人所理解。

5）不同健康状况

很明显，空气质量敏感人群与不敏感人群对于空气质量信息发布频率的需求不同。敏感人群除了要求每天至少播报 2～3 次空气质量，还要求空气质量的预报。这样，他们就能决定是否要外出。一位患有严重鼻炎的患者表示："如果空气质量很糟糕，我情愿不出门。"

敏感人群还更关注健康建议。一位患有哮喘的受访者表示："政府应该普及空气质量知识，并且告诉老人和小孩在不同的空气质量状况下，哪些事情他们是可以做的，哪些事情是不能做的。"

6）不同年龄

小孩和老人对空气质量的健康建议往往有着更迫切的需求。很多受访者提到，应该更关注小孩和老人，因为他们对空气污染更敏感。小学老师指出："当政府发布空气质量信息的时候，还应告知老人和小孩如何保护自己。"一位 60 岁左右的受访者说："这些年我身体越来越弱了，在了解空气质量的同时，我还想知道我今天外出散步是不是安全的。"

根据以上调研，我们将公众对空气质量的需求总结成表 8－12。

表 8－12　公众对空气质量的需求

对空气质量需求的种类	对空气质量信息发布的需求	不同人群的需求
空气质量知识、空气质量信息、健康建议和洁净的空气	数字、标准、渠道、形式、地点、频率和语言	不同教育水平、不同收入、不同地区、不同国家、不同健康状况和不同年龄

8.4 空气质量公众信息发布

Cresswell 指出，政府部门不应仅被动回应信息资源的需求，更应该主动使用各种方式管理或改变信息流向[6]。Helbig 等指出，政府数据开放要求政府更自由地以更多的形式提供更多的数据，以提高使用率[7]。根据刘新萍等人调查发现[8]，公众对空气质量的关注程度普遍较高。公众对空气质量数据的发布内容、标准、渠道、形式、途径、地点、时间等方面都提出了更高的需求。首先，公众希望获得的污染物数据更加全面及时，标准更高。公众不仅需要实时数据，也需要历史数据和未来预警，不仅希望政府按照行政区划发布数据，还希望针对特殊地理位置进行发布，如交通繁忙区域、商业区、学校区域和重点污染区域等。同时、公众还期望发布的数据形式多样化，更易解读；发布的渠道多元化，能覆盖不同人群的需求。此外，政府仅仅发布空气质量数据已不能满足公众的需求，政府应该向公民提供更多的附加服务，例如健康建议、空气质量知识和治理措施，从而达到服务公众和教育公众的目的。

8.4.1 发布目的

及时发布空气质量信息满足公众环境知情权，是积极实施大气污染防治行动计划的重要环节，不但能为日常出行提供健康指引，最大程度降低污染天气对人体健康的影响，而且公众对空气质量信息的使用体会等互动过程，可以为空气质量信息服务的完善提供相应的信息反馈，提高公众爱护环境、保护环境的意识。

8.4.2 发布内容

发布内容主要包括实时空气质量、空气质量预报、空气重污染预警等。

1）实时空气质量

根据相关标准和技术规定，对当前空气质量进行评价，将当前空气质量状况实时告知公众，主要内容包括当前空气质量指数（AQI）、等级、对应颜色表达、空气质量状况、对健康的影响、建议措施等。

2）空气质量预报

预报信息包括 24 小时预报（次日 00:00—24:00）、未来 3 天污染潜势（次日 00:00 起连续 72 小时）等。24 小时预报产品信息包括城市空气质量级别和首要污染物；未来 3 天污染潜势预测产品信息包括空气质量级别和首要污染物。空气质量变化较快的地区可以进行分段预报，将 24 小时预报分成不同时间段进行精细化预报。

3）空气重污染预警

空气污染达到重度等级时，根据程度可分为蓝色、黄色、橙色、红色预警信号，空气重污染预警信息还应该包括不同等级情况下的防护措施。

8.4.3　发布原则

公众服务信息发布原则应该遵循“易懂、易用、易得”等原则，也就是让公众理解，方便使用操作，并且可以通过多种方式获取信息。

8.4.4　发布方式

发布方式包括电视、广播、报纸、杂志、网站、手机媒体、微博、移动电视等。

电视适合早晚定时发布空气质量实况、预报等信息，高污染预警信息为不定时信息，可采用滚动字幕的方式发布，这样在时间上机动灵活，不占版面，更容易引起公众的注意。

广播除早晚定时发布空气质量实况和预报信息外，还可在其他时间多次定时播报空气质量实况，定时播报有利于培养听众习惯，高污染预警可随时插播。

报纸杂志时效性不佳，但具有深度和广度的特点，适合发布空气质量专报、公众教育等信息。

网站具有成本低、速度快、时效性强、人力投入少等特点，适合发布空气质量实况、变化趋势、常规预报、污染预警、空气质量科普知识等信息，可以使用文字、图表/图片、声音、视频等方式为公众提供服务，是最全面的一种发布方式。

手机媒体包括手机软件和手机短信，是人们获取信息最便捷的方式，适合发布空气质量实况、常规预报污染预警信息。

微博是一种通过关注机制分享简短实时信息的广播式的社交网络平台，具有时效性强、传播速度快、内容简练等特点。适合定时发布空气质量实况、常规预报和高污染预警等信息。

移动电视作为新兴媒体，覆盖了公交、地铁、公共楼宇等场所，它具有覆盖广、反应迅速、移动性强的特点，具备应急信息发布的功能。

8.5　空气质量信息发布实例——以上海为例

8.5.1　空气宝宝

上海空气质量实时发布系统用空气宝宝来表示污染程度，空气宝宝的不同表情和发色代表不同的污染等级，网站的背景图片颜色也会随着污染等级而变化（见图8-6）。

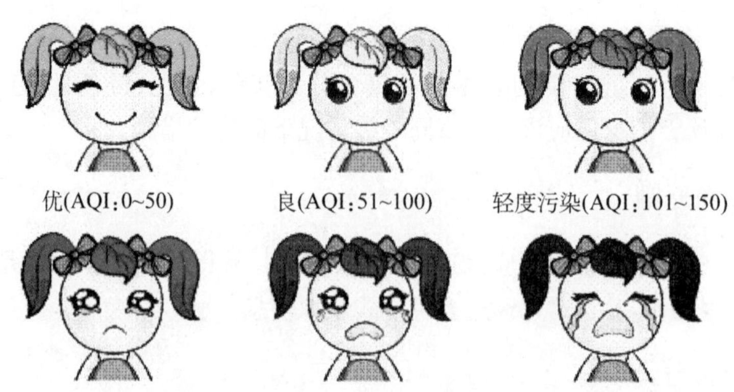

图 8-6　空气质量宝宝

8.5.2　实景图片

考虑到霾污染与公众的视觉感受比较贴近，为帮助公众更直观地“感知”当前的空气质量状况，上海空气质量实时发布网站还发布了外滩地区的实景照片，可查看过去 24 小时每个整点的实景照片，便于市民从感观上直接判断当前的霾污染状况(见图 8-7)。

图 8-7　外滩实景照片

8.5.3　手机发布软件

为了便于公众随时随地了解空气质量信息，特别推出上海市空气质量手机发布软件。在上海市空气质量实时发布系统网站上还提供手机版软件的下载，公众可以免费下载(目前提供版本包括 Android 系统和 iPhone 手机客户端)，并附相应的安装说明(见图 8-8)。

图 8-8　上海空气质量手机下载页面

8.5.4　微博发布

“上海环境”官方微博在新浪网、腾讯网、东方网、新民网四大微博平台上每天发布 2～4 次(7:00、10:00、14:00、17:00)信息，包括文字和图片，如图 8-9 和图 8-10所示。

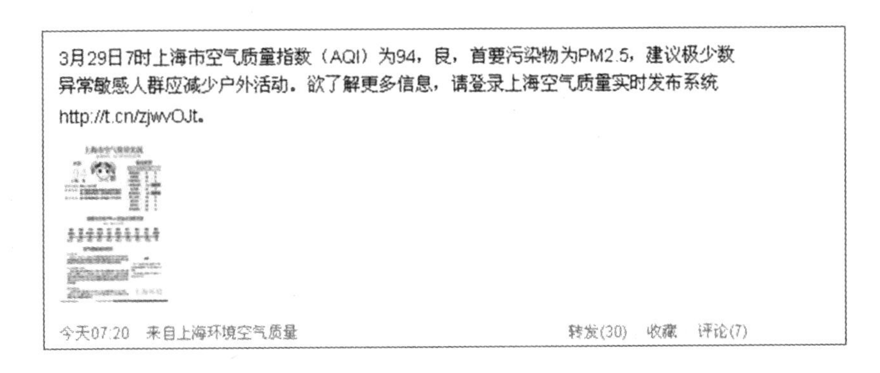

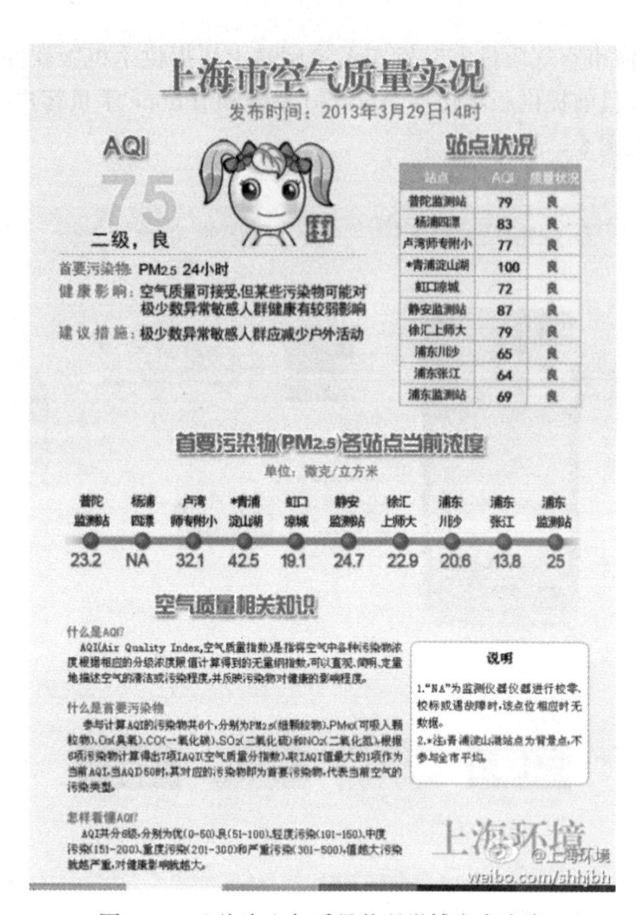

图 8-9　上海市空气质量状况微博发布内容

图 8-10　上海市空气质量发布微博

8.5.5　电视电台发布

上视新闻综合频道每天 7 点早新闻、12 点午新闻、18:30 新闻报道、21:30 新闻夜线播出 4 次最新正点实时数据；上海人民广播电台、东方广播电台每天随新闻栏目多次播报最新空气质量信息(见图 8 - 11)。

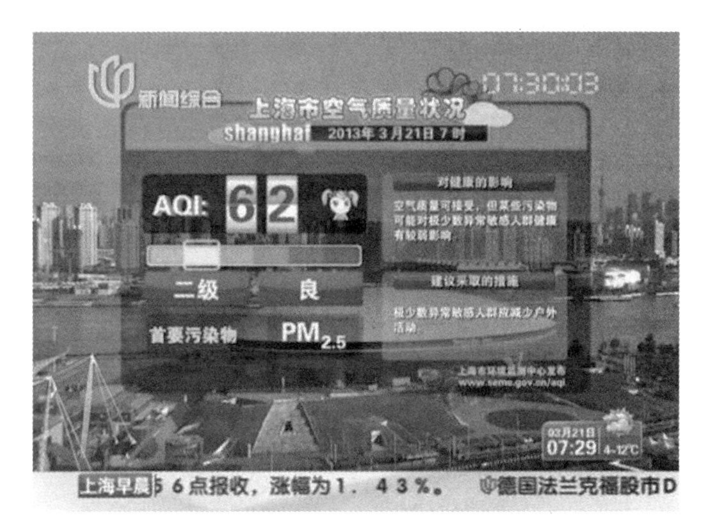

图 8 - 11　新闻综合频道早 7 点新闻发布上海市空气质量

参考文献

[1] 中国环境保护部科技标准司. 环境空气质量标准. 中华人民共和国环境保护部网站[S/OL]. 2012 - 2 - 29. http://www.mep.gov.cn/image20010518/5298.pdf

[2] Chen R J, Wang X, Meng X, et al. Communicating air pollution-related health risks to public: An application Air Quality Health Index in Shanghai, China [J]. Environment International, 2013, 51: 168 - 173.

[3] 陈仁杰，陈秉衡，阚海东. 上海市空气质量健康指数的构建及其应用[J]. 中华预防医学杂志，2012，46(5)：443 - 445.

[4] 李军. 健康防护紧跟指数走[N]. 中国环境报，2014 - 2 - 13.

[5] 姚玉刚，邹强，张仁泉，等. 灰霾监测研究进展[J]. 环境监控与预警，2012，5(4)：15 - 17.

[6] Cresswell A M. Exemplary Practices in Electronic Records and Information Access Programs [R/OL]. 2013 - 09 - 09. http://www.ctg.albany.edu/publications/reports/exemplary_practices/exemplary_practices.pdf.

[7] Helbig N, Cresswell A M. The Dynamics of Opening Government Data [R/OL]. 2013 -

09-09. http://www.ctg. albany. edu/publications/reports/opendata/opendata. pdf.
[8] 刘新萍,徐慧娜,陆健英,等. 上海市空气质量数据公众需求问卷调查报告[J]. 电子政务,2013,10(130):19-33.

索　　引

H

J

K

L

M

N

P

Q

R

S